KB263638

*일러두기

· 이 책은 2013년도부터 2016년까지 최근 4년간 엔자임헬스 임직원이 사내 안식월 제도를 통해 다녀온 여행을
  바탕으로 쓰였으며, 본문에 등장하는 여행정보나 가격정보는 현재의 상황과 다를 수도 있습니다.
· 이 책에 실린 대부분의 사진들은 저자들이 직접 여행에서 찍은 사진들이지만 일부는 독자의 이해와 감상을
  위해 부득이 렌탈 이미지 사진을 사용했습니다.
· 이 책에 실린 인용문구는 원 저자와 출판사를 별도로 명시했습니다.
· 이 책에 실린 외래어 표기는 국립국어원 표기법을 따르되, 일부 예외를 두었습니다.

# 한 달 휴가

월급걱정, 출근부담, 업무생각 없이
지구 곳곳으로 떠난
직장인 10명의 안식월 여행 이야기

**떠난이**

조민희

서민경

강현우

류정민

이현선

김지연

유혜영

장은영

이미진

김동석

Prologue


어제 탔던 버스를 타고

어제 걷던 길을 걷다가

어제 탔던 엘리베이터를 타고 다시 회사에 간다.

오늘이 며칠인지, 어제 무슨 일이 있었는지 어렴풋하다

일에 파묻혀 있을 때는 느끼지 못하다가 한숨 돌릴라 치면

지금 내가 잘하고 있는 건지, 잘 가고 있는 건지 의문이 든다.


일과 회사생활에 익숙해질수록

신입사원 때의 호기심과 긴장감은 희미해진다.

딱히 회사와 업무에 불만이 있는 것도 아닌데

안정된 회사생활이 조급하고 답답한 건 왜일까?

열심히 일을 하고 점점 인정받고 있지만 왠지 뒤쳐지고 있는 느낌.

새로운 무언가를 시작해야 할 것 같은 압박감.

용기 있게 회사를 떠나는 동료를 볼 때마다 마음은 더 흔들린다.

그렇다고 특별히 하고 싶은 일이 있는 것도 아닌데…….

직장인에게는 '3, 6, 9'라는 고비가 있다. 일명 '369증후군'.

입사 3년, 6년, 그리고 9년마다 회사생활에 고비가 찾아온다는 말이다.

일에 애정을 갖고 하루하루 집중해온 사람일수록 고비에 더 약해진다.

그만큼 많은 에너지를 쏟아냈기 때문이리라.

상상해보라. 1,000일이 넘도록 반복되는 비슷한 일상들.

이런 고비가 찾아오는 건 어쩌면 자연스러운 일.

잠시 '쉼표'가 필요한 때다.


한 발짝 뒤로 물러서 현재의 나를 바라볼 시간

사회에 첫발을 디뎠을 때의 간절함과 에너지를 다시 찾을 시간

다른 사람의 선택에 흔들리지 않는 진짜 나 자신에 집중할 시간

이 과정을 아무렇지도 않은 듯 외면하고 일상에 다시 젖어든다면

회사와 일에 대한 근거 없는 의문은 더 커지고

회사생활에 의미 없이 순응하는 그저 그런 직장인이 되기 쉽다.


그 작은 해법이 바로 '한 달 휴가'다.

인생의 속도를 조절하고 인생의 방향을 점검하고 인생의 가치를 확인할

한 달간의 안식휴가.

적지 않은 회사들이 안식월 휴가 제도를 도입했다지만

간판만 달았을 뿐 실제로 실천하는 회사는 많지 않다.


생산성

고객 서비스

업무의 연속성

남아 있는 동료들의 업무 부담

하지 말아야 할 이유를 찾는다면 숨이 찰 정도로 많다.

중요한 것은 장애물을 세는 노력이 아닌 구성원들의 의지와 협력이다.
'엔자임헬스' 역시 비슷한 어려움을 겪었지만
이제 안식월은 자연스러운 제도로 자리 잡았다.
서로가 서로를 배려하고 서로가 서로의 노고를 인정하는 순간
안식월은 누려도 되는 당연한 제도로 거듭났다.

2016년 12월 현재 40번째의 안식월 휴가가 진행중이다.
매 3년마다 주어지는 달콤한 한 달간의 유급휴가
대표는 벌써 세 번 다녀왔고
두 번 다녀온 사람
처음 안식월을 맞는 사람
그리고 3년을 손꼽아 기다리는 대기자들도 있다.

이 책은 한 달간 휴가를 다녀온 직원들의 자유분방한 여행기다.
일터에서 멀리 떨어져 더 자유로웠을 것이고,
낯선 해외여행이어서 더 좋았으리라.

우리는 이 책『직장인의 한 달 휴가』를 통해 이 땅의 모든 직장인들에게
스스로를 보듬는 최소한의 시간이 필요하다는 이야기를 하고 싶었다.
한 달 동안 온전히 자신에게 집중하고,
자신의 일과 자신의 미래에 대해 되짚어보는 시간.
설혹 아쉽게도 이 한 달이 새로운 길을 찾는 결정적 계기가 되더라도
그것이 본인이 선택한 행복한 길이라면 그것 역시 축하할 일이라는
어쩌면 무모할 것 같은 회사의 이런 배려가
결국 일상에 지친 사람들로 가득한 회사가 아닌
활력 넘치는, 자신의 일에 확신이 있는 사람들로 가득해질 것이라는 기대.

그래서 더 많은 회사들이 이 책을 통해
직원들에게 필요한 한 달의 휴가에 대해 생각해보는
그런 작은 계기가 되기를 바란다.


당신에게 한 달의 휴가가 주어진다면
생각만으로도 가슴 설레고 즐거운 일일 것이다.

# 차례

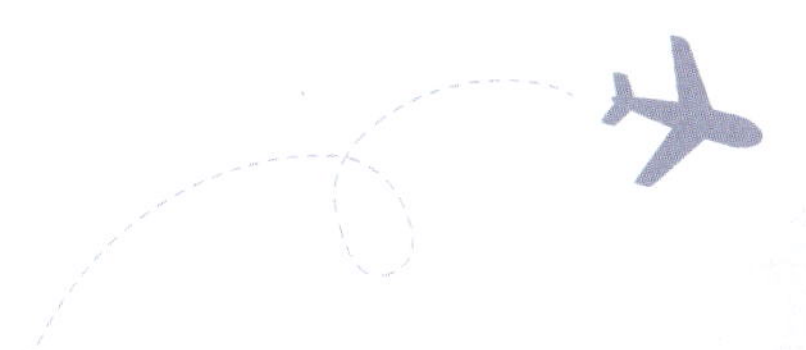



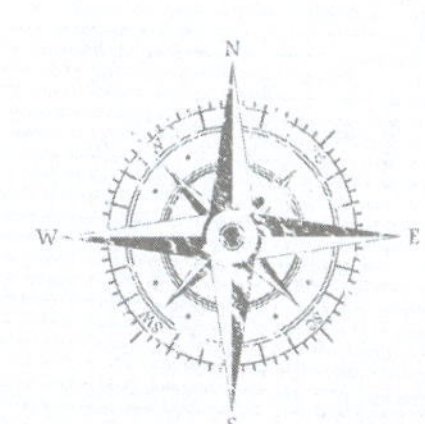

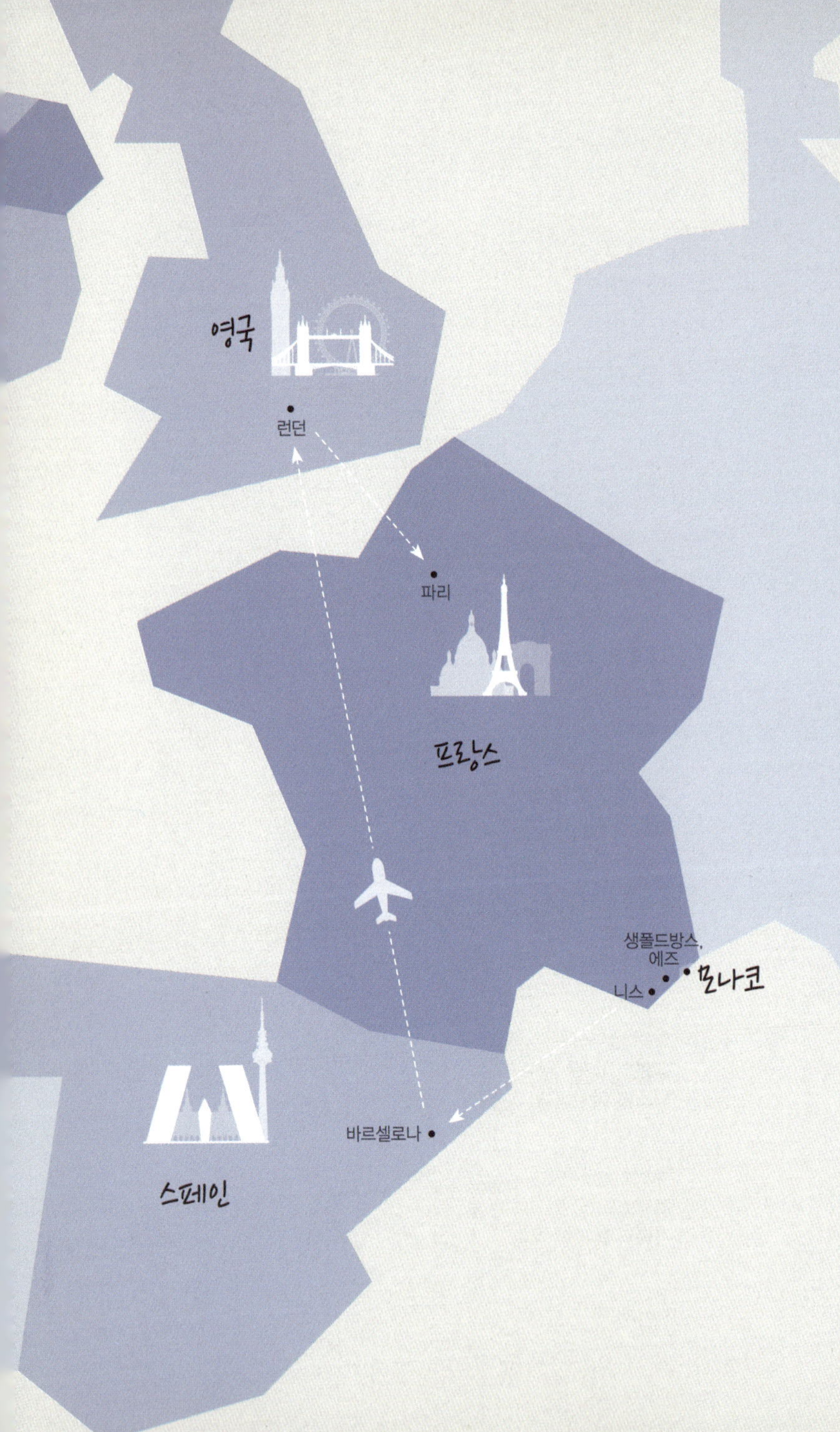

영국
런던
파리
프랑스
생폴드방스,
에즈
니스
모나코
바르셀로나
스페인

# 여행을 일상처럼,
# 일상을 여행처럼

---

조민희

이 여행 끝에 답이 없다고 해도 분명한 것은

전과는 다른 내가 서 있을 거라는 것.

이제 일상으로 돌아갈 시간.

곰곰 들여다보니 나의 일상도 여행만큼이나

멋지다는 생각이 들었다.


행복은 느닷없이!

## 나에게 안식월이란?

자력으로 얻어낸 생애 첫 쉼표. 인생에서 숙제가 없던 유일한 시간. 덕분에 한 달 동안 다른 세상에서 생활해보는 경험을 할 수 있었다. 해야 하는 일보다 하고 싶은 일에 집중할 수 있어 가장 나다웠고, 나를 발견할 수 있었던 기회. 안식월은 더 이상 세상에 휘둘리지 않도록 나의 중심을 세워주는 면역력. 3년형 예방백신이다.

**조민희.** 헬스케어 PR본부 차장

유학 시절 '헬스 커뮤니케이션'의 매력에 빠져 귀국하자마자 엔자임헬스에서 첫 직장생활을 시작했다. 직장인이라기보다는 전문가라는 신념으로 일해왔다. 어릴 적 가능한 많은 나라에서 살아보고 싶다고 생각했다. 세상은 넓고 지구는 둥그니까. 어른이 되고 나서야 그것을 이루기가 현실적으로 얼마나 힘든지 깨달았다. 나에게 여행이란 삶의 무대를 한 번씩 바꾸는 일이다. 더불어 일상의 소중함을 새삼 깨닫는 기회이기도 하다. '일상을 여행처럼. 여행을 일상처럼.'

## 수고했어. 안식월을 축하해!

3년 전, 입사 4년차. 롤러코스터 같은 3년이었다. 짜릿한 성취감을 느낄 때가 더 많았지만, 곤두박질치는 날도 있었기에 방심할 수는 없었다. 상황을 똑 부러지게 재단하지 못한 날, 예상치 않게 일이 꼬이고 꼬여 잘 안 풀린 날. 하지만 내가 보다 주의를 기울였다면, 그랬다면 모두 평안했을 그런 날들. 일하면서 한 번씩 겪을 수 있다. 그런데도 유독 끝없이 하강할 것만 같은 두려움에 휩싸일 때도 있었다. 사회생활은 호락호락하지 않았다. 어느 날은 출근길 전철을 기다리며 눈물을 삼키고 입술을 깨물었다. 폭삭 무거워진 마음으로 귀가하던 차가운 밤도 많았다.

그러면서 깨달은 한 가지, '때로는 그냥 견디는 것도 방법'이라는 것. 천직이라 생각했던 일이 나와는 맞지 않는 것처럼 느껴질 때, 아주 좋다가도 너무 힘들 때 나는 버티기에 돌입했다. 물에 빠졌을 때 발버둥치지 말고 새우등 뜨기를 해야 하는 것처럼! 해답을 찾으려 너무 애쓰기보다 잠시 숨을 고르며 완급을 조절하는 때도 필요한 것이다. 항상 좋을 수만은 없다. 내려가는 순간이 있기에 오르는 순간이 있다. 나는 눈을 질끈 감고 받아들였다. '원하는 대로 안 되는' 수많은 경우들에 대해서도.

"해답은 이기든 지든 끝까지 자기 힘으로 버티어내는 데 있었다." 영화평론가 허지웅은 영화 〈록키〉와 이 얘기를 끝으로 2년 6개월간 〈한겨레〉에 기고했던 칼럼을 마쳤다. 1년만, 2년만 하던 나는 어느새 입사 4년차가 되었다. '버티는 힘'의 얘기를 전해주고 싶은 후배도 생겼다. 후배의 손을 잡고 허지웅의 강연장을 찾아가, "그의 마지막 칼럼을 읽었을 때 록키처럼 나의 방식으로 내 존재가치를 온전히 증명한 것 같은 쾌감을 느꼈다"고 말했다. 아무것도 모르던 신입이 온전하게 4년차 PR 컨설턴트가 된 것만으로.

'안식월'은 나를 버티게 해준 또 다른 힘이었다. 입사 초, 회사 블로그에서 선배들의 안식월 후기를 읽으며 '내게도 저런 날이 올까' 생각했었다. 그런데 그날이 왔다. 중대한 이슈 매니지먼트 프로젝트로 시간의 흐름을 헤아릴 수도 없던 그해에. 안식월 대상자가 된 지 5개월만인 다소 한적한 11월이었다. 일로 하얗게 불태운 해였으니 후련하게 떠날 수 있을 것 같았다. "열심히 일한 당신, 떠나라!" 대학 시절 유행한 광고 카피가 드디어 내 마음속에서도 울렸다. 막상 떠나자니 한 달이나 자리를 비운 채 훌쩍 떠난다는 게 멋쩍기도 했다.

그런데 뜻밖의 축하를 받았다. "그동안 수고했다. 안식월을 축하한다." 다들 그렇게 말해주었다. 우리 팀도, 동료들도 다른 팀의 선후배와 클라이언트까지. 편지로, 이메일로 고마운 말들로 마음이 전해졌다. 자신의 일처럼 축하해주고 한 달간 어떻게 보내야 하는지 따뜻한 조언을 아끼지 않았다. 책상에 놓여진 책 선물들, 『런던 디자인 산책』, 『우리에겐 일요일이 필요해』.

'LONDON, 지루하지 않게 여행하기!'_기획관리본부 현선 이사님
'30일간의 일요일 행복하게 보내길 기원할게'_PR본부 민정 부장님

메모에 온기가 느껴졌다. 우리는 기대치 않았던 것들에 벅차게 감동한다. 진심 어린 위로와 인정만큼 좋은 안식처가 있을까? 하지만 고민고민 끝에 첫 안식휴가 때는 그토록 가고 싶었던 런던을 가지 않았다. 먼 여행보다 일의 롤러코스터에서 내려와 일상의 행복에 잠시 한 발을 내딛고 싶었다. 사회 초년생의 갈등과 적응기를 막 끝내가고 있던 기특한 나를 위해 차분한 안식의 시간을 주기로 했다.

여윳돈이 더 모이면, 더 좋은 계절에, 더 길게 가야지. 왠지 더 좋은 때가 있을 것 같았다. 나는 한 달 동안 소소한 여행을 했고 서울에서의 달콤한 일상을 즐겼다.

## Now is good

어느덧 입사 6년차, 안식월 휴가의 달콤한 기억이 흐릿해지고 있었다. 다시 일에 흠뻑 빠져 있을 때 심리검사지 분석을 통해 나의 심리 특성을 알아볼 수 있는 기회가 있었다. 결과지에 나온 나의 두드러진 심리코드 첫번째, '일에 대한 열정과 에너지가 남다릅니다'.

고백하자면, 나는 일을 사랑하게 되었다. 담당 프로젝트, 프로덕트, 클라이언트와 나의 팀, 회사에 마음을 쏟았다. 그러나 지나친 애정에는 독이 따르는 법. '때로는 본인도 모르게 신체적·심리적 문제를 유발할 정도로 많은 에너지를 소모할 수도 있습니다'라는 말도 함께 적혀 있었다. 당시 나의 우선순위는 '일'이었다. 일과 삶은 제로섬이 아니라 플러스섬이어야 한다는데, 나는 나를 잃어가는 방식으로 일에 몰두했다. 중간관리자가 되고부터 차라리 내 감정을 알지 못하는 편이 편했다. 책임감은 가장 익숙한 감정이었다. '누군가를 지적하지도, 지적당하지도 않는 삶'이 문득 그립긴 했다.

번아웃 증후군. 우리나라 직장인의 대다수가 일에 지나치게 집중한 나머지 모두 불타버린 연료처럼 무기력해지는 이 증후군을 앓는다는 뉴스로 떠들썩할 무렵이었다. 나 역시 더 이상 이런 방식으로는 안 된다고 느꼈다. 게다가 나는 우리 회사의 사명인 '건강한 세상을 만드는 건강한 사람들'의 '건강한 사람'이니까. 이제 성숙한 사랑을 해야 했다. 에리히 프롬에 의하면 성숙한 사랑은 자기 자신을 유지하면서도 타인과 일치시키는 힘이다.

> "노련한 레이서는 가속페달보다 브레이크를 더 잘 쓴다."
> _하야마 아마리, 장은주 역『스물아홉 생일 1년 후 죽기로 결심했다』

때는 이때다. 두 번째 안식휴가를 신청했다. 어느 책 제목처럼 지금이 아니면 안 될 것 같았다. 지금껏 나중으로 미뤄왔던 소중한 것들을 되찾고 싶었다. 무엇보다 내 자신을.

이번에는 한 달간 유럽 여행을 떠나기로 했다. 그토록 가보고 싶었던 런던. 첫 유럽 여행이자 처음으로 혼자 하는 여행. '낯선 곳에 혼자 가면 나를 발견할지도 몰라', '더 담대해질 수도 있겠지' 하다가도 '괜히 사서 고생하는 걸까' 하는 망설임도 따랐다. 그러던 중 유럽 여행을 떠난 사람들의 애기를 엮은 책『유럽여행 바이블(중앙북스)』에서 발견한 글귀에 용기를 얻었다.

> "비슷비슷한 선택의 문제가 있다면, 예를 들어 자동차,
> 좋은 옷 등을 희생하고 떠나보는 건 아주 중요하고 뜻깊은 일이다.
> 유럽은 배울게 많다."_탁재형

그래, 더 이상 나중을 위해 지금을 포기하지 말자.
이 순간 살아지기보다 살아가고픈 의지가 있다면, 지금이 맞다.
원하는 것을 하기에 지금도 충분히 괜찮다.

## 행복은 느닷없이

첫날 아침, 후다닥 깼는데,
아차! 늦잠을 잤구나 조마조마해하며 창문을 열었는데,
바다인 거야.
햇살이 나비처럼 내려앉고 있더라고.
그제야 알았지.
난 여행을 떠나온 거야.
눈물이 핑 돌더라고 글쎄.
_최갑수『당분간은 나를 위해서만』

프랑스 니스 공항에서 버스로 15분을 달려 코발트 블루빛 지중해변 시작
점에 내렸다. 선명하게 아름다운 니스의 경치와 기후에 반한 영국인들은
그 옛날 기부금을 모아서 니스 해안굴곡을 따라 3.5km 산책로를 조성했
다. 프랑스어로 '프롬나드 데 장글레(Promenade des Angleais, 영국인 산책
로)'. 그 시작과 끝을 따라 숙소, 관광지가 초승달처럼 둘러 있다. 세계적
휴양지인 니스의 숙박비는 비싼 편이라 나는 시내 중심에서 조금 떨어진,
해변가 부근 주거지에 숙소를 잡았다.

나의 첫 유럽. 프로방스의 눈부신 색채에 이끌려 정착한 19세기와 20세기의 화가들처럼, 니스를 찾았다. 니스는 프랑스 남동부 지중해 연안, 알프스의 푸른 해변이라 이름 붙여진 '코트다쥐르(Côte d'Azur)'의 관문이다. 한 달의 바캉스를 위해 11개월 일한다는 프랑스인들이 가장 많이 찾는 휴가지로도 꼽힌다.

버스정류장에 내렸을 때 제일 먼저 마주한 건 청명한 웃음소리들. 어렸을 적 동네에서 아무 걱정 없이 뛰놀던 포근한 기억이 떠올랐다. 이방인의 느낌을 가질 새도 없이 풍경에 동화되었다. 까르르 까르르. 해변가에서 공놀이를 하는 아이들과 어른들, 산책 중인 노년의 부부들. 그곳에서는 모두가 행복해 보였다. 완벽하게 평안한 초저녁이었다. 밤 9시였지만 이제 해질 무렵이었다. 낯설고 어두운 밤을 헤치며 숙소를 찾을 거란 예상과는 딴 판이었기에 더욱 신났다. 캐리어를 쥔 채로 폴짝폴짝 뛰며 모르는 길을 힘차게 나섰다. 길 건너 까르푸에서 'édition limitée(한정판)'라고 적힌 프랑스 맥주 '1664 블랑'도 두 병 샀다. 정원이 있는 빌라형 여관의 하얀 침대 시트 위에서 맥주와 함께 니스 배경의 영화 〈킬러스〉를 보다 잠이 들었다. '내가 지금 여기 있다'고 안도하고 뿌듯해 하며. 그날 밤은 한 번도 깨지 않았다.

기분 좋은 아침을 맞이한 게 얼마 만이었을까? 니스의 아침을 걷는데, 옆으로 펼쳐진 바다와 따뜻한 햇살과 공기, 처음 보는 연보랏빛 나무에도 설레고 감사했다. 바다는 에메랄드 에메랄드 에메랄드빛. 여행 일정도 엑셀 파일에 시간대별로, 각 동선과 시간을 계산해 효율적인 쪽으로 짜는 것이 그 무렵의 나였다. 그러나 이번에는 각 여행지에 대해 사전조사만 해두고 아침에 눈떴을 때 그날하고 싶은 것을 하기로 마음먹었다. '오늘 나 뭐하고 싶지' 생각하며 깨던 한 달간의 아침, 안식월의 진정한 묘미다.

월요일만 빼고 아침마다 열리는 살레야 광장의 꽃 시장에 갔다. 남부 프랑스는 꽃과 향수의 고장이다. 니스에서는 매년 2~3월, 사순절 전날까지 2주 동안 카니발이 열린다. 코트다쥐르에서 피어난 미모사, 데이지, 장미 등 꽃 10만 송이를 던지는 '꽃의 전쟁'으로 유명하다. 아침 시장에서의 형형색색한 꽃 구경은 상쾌했다. 함께 열린 식료품 시장에서 체리를 사 쓱쓱 닦아 먹었다. 그림으로만 보던 잎사귀까지 달린 당근이 귀여웠다. 남부 프랑스 전통 디저트 '콩피(껍질 벗긴 과일을 설탕에 통째로 절인 것)'를 맛보고 길거리 음식 '소카(콩가루로 만든 크레페)'로 점심을 때웠다.

콜린성터에서 내려다 본 천사의 만

쁘띠 트레인을 타고 니스를 한 바퀴 돌았다. 높은 언덕 위 옛 콜린성터에 올라 천사의 만을 내려다보았다. 남은 날들은 무작정 트램을 타고 크지 않은 구시가지와 신시가지를 누볐다. 샤갈 미술관에서, 니스 해변에서, 한참을 그냥 앉아 있기도 했다. 이어폰을 꽂고 음악을 들으며 해수욕도 하고 밤 버스를 타지 못한 어느 날은 황홀한 밤 경치를 따라 왕복 3시간을 걸었다. 내가 영국인 산책로를 모두 걸을 줄이야!

버스를 타고 근교의 '생폴드방스', '에즈'와 '모나코'를 다녀오는 일도 어렵지 않았다. 기억에 남는 생폴드방스. 샤갈이 사랑한 마을 생폴드방스는 그림 같이 작고 조용한 마을이었다. 그런데도 길을 헤맸다. 가고 싶었던 미술관은 생각보다 먼 곳이어서, 식당은 철자를 잘못 메모해서. 산처럼 경

사진 길을 오르락내리락하며 '아, 오늘 여행은 망했구나' 생각했다. 더 이상 찾기를 포기하고 여러 번 지나쳤던 식당에 들어갔다. 찾아다녔던 La Terrace와 비슷한 'La Terrasseis'. 세상에, 내가 찾던 바로 그곳이었다. 혹시나 하고 입구에 놓인 메뉴판을 읽었지만 대표메뉴라던 생선수프(soup de passion)가 적혀 있지 않아 발길을 돌렸던 그곳. 샤갈도 들여다보았을 멋진 풍경이 내다보이는 2층 테라스에서 원하던 대로, 생선수프를 먹었다. 조급함도 가셨다. 먹고 나오는데 바로 앞 골목길 모퉁이에서 피노키오 인형을 파는 가게를 발견했다. 목적지만 찾아 헤매던 때는 보이지 않던 곳. 이 마을이 아까와는 다르게 보였다.

피노키오 연필, 피노키오 연필깎이, 그리고 예쁜 엽서를 하나 골랐다. 불과 30분 전까지 막막함에 진땀을 흘렸는데, 갑자기 행복해졌다. 엽서에 그려진 분수대 앞에 걸터앉았다. 그리고는 비행기에서 읽은 『꾸뻬씨의 행복여행』처럼 내가 발견한 행복에 대해 적었다.

1. 행복은 기분 좋은 아침을 맞이하는 것
2. 행복은 가까운 곳에. 발견하는 자의 몫

유일한 엽서에는 편지를 썼다. 뜻밖에도 회사 상사께. "느닷없이 행복해
지는 여름 보내세요!"


나는 다시 보랏빛 라벤더가 넘실대는 굽은 길을 지나 니스로 돌아왔다.
내일 아침에는, 바르셀로나로 떠날 것이다.


행복은 느닷없이!

## 바르셀로나, 한여름 밤의 꿈

다시 밤 9시. 여기는 스페인 바르셀로나.

바르셀로나는 '부에나스 따르데스(Buenas tardes)' 하고 인사했다. 그곳은 '좋은 오후'였다.

도착 후 숙소에서 잠이 들었다 깨어보니 바깥이 어두워지고 있었다. 걸어서 10분 거리에 꽤 유명한 타파스 맛집 '퀴멧퀴멧(Quimet & Quimet)'이 있다는 것을 떠올리고는 벌떡 일어나 식당을 향했다. 부스스하지만 미지를 향한 흥미로운 발걸음으로.

정확히 40분 뒤 목적지에 당도했다. 지도로 확인했을 땐 쉽게 찾아갈 수 있을 것 같았는데 특징 없는 무수한 골목을 헤매고 스쳐 돌고 돌았다. 휴대폰 인터넷이 안 돼서 수첩에 적힌 식당 주소와 길에서 마주치는 사람들에게 의지했다. 카탈루냐어와 스페인어를 함께 사용하는 바르셀로나, 애석하게도 나는 두 언어 모두 알아듣지 못했다.

식당은 다양한 국적의 손님들로 발 디딜 틈 없이 시끌벅적했다. 그 활기찬 분위기가 반가우면서도, 혼자여서 쭈뼛쭈뼛 눈치를 살폈다. 바쁜 손으로 타파스를 만들고 있는 사장님 앞의 바에 가까스로 앉았다. 메뉴와 주문 방식을 물어볼 수 있는 최적의 자리. 주문은 대표메뉴인 살몬허니요거트 타파스와 수제 흑맥주로 시작했다. 그 후로 타파스 몇 접시를 더 시켰는지 기억도 나지 않는다. 길을 헤맨 것이 모조리 보상되는 맛이었다.

외워 온 스페인어로 주문은 더듬더듬, 그러나 먹기는 꿀떡꿀떡 아주 잘하는 나에게 사장님이 바쁜 중에도 말을 걸어주었다. 어디서, 왜 왔니. 뭐가 제일 맛있니. 덤으로 음식 몇 가지도.

"근데 그거 알아? 바르셀로나에서는 보통 지금처럼 저녁 시간에는 오후 인사를 건넨다는 거."

스페인은 그 무렵 저녁을 먹는다. 식사 시간이 우리나라보다 두 시간씩 늦다고 보면 된다. 오후 2시쯤 점심을 먹고, 그 후에야 오후 인사를 나눈다. 대부분 식당의 저녁메뉴 개시는 21시부터. 20시에 '이른' 저녁을 먹고 싶다면 미리 전화해서 가능한지 확인해야 한다. 자정이 가까울 무렵, 가게를 나오는데 인심 좋은 사장님이 인사했다. 부에노스 노체스(Buenas noches)!

## 그녀를 위한 사랑의 요리, 빠에야

'빠에야' 쿠킹클래스는 저녁 6시부터였다. 현지인처럼 시장에 직접 가서 장도 보고 빠에야, 상그리아를 직접 만들어볼 수 있다. 음식문화에 대한 설명도 곁들여진다. 주방이 아닌 보케리아 시장에서 수업은 시작됐다. 이곳은 800년 이상의 역사를 지닌 바르셀로나 최대 전통시장이다. 국적도 나이도 다양한 열다섯 명의 수강생이 호기심 가득한 눈으로 선생님 뒤를 따랐다. 한국인은 여자 둘뿐. 현지 셰프인 오늘의 선생님이 파라과요라 불리는 납작 복숭아, 샤프란과 같은 향신료들, 해산물에 얽힌 이야기와 재료 고르는 법을 설명해주었다. 누군가 얘기한 것처럼 보케리아 시장은 알록달록하다. 바르셀로나 출신 화가 살바도르 달리가 디자인한 '츄파춥스' 로고만큼이나! 막 짜내어 주는 싱싱한 오렌지 주스와 달콤한 과일을 맛봐야 한다.

시장에서 구입한 요리 재료를 들고 다이닝 키친으로 왔다. 최현석 셰프 뺨치는 유려한 말솜씨와 화려한 퍼포먼스로 수업 분위기는 고조되었다. "마지막으로 뭘 넣어야 할까요? 바로 L.O.V.E. 사랑."

직접 만들어본 스페인 요리, 빠에야

느끼하지만 능숙하고 유쾌하게 설명했다. 빠에야는 얕고 둥근 프라이팬이라는 뜻이지만 '그녀를 위한'이라는 숨겨진 의미도 있다고. 스페인어로 빠라(para)는 '~을 위한', 에야(ella)는 '그녀'다. 스페인에서는 주로 주말에 남자가 여자를 위해서 만드는 요리라고 한다. 시장에서부터 줄곧 손을 잡고 다니던 노부부, 미국에서 나와 비슷한 일을 하고 있는 회사원들과 여행 얘기를 하며 먹어본 중 가장 맛있는 빠에야를 먹었다.

목, 금, 토요일 밤 9시에서 11시 반까지 하는 몬주익 분수쇼를 보려면 에스파냐 광장까지 30분을 걸어가야 했다. 요리교실에서 만난 언니와 에스파듀를 신고 발에 물집이 잡히도록 잰걸음을 옮겼다. 걸을수록 곧장 숙소로 돌아가 씻고 눕고 싶은 마음이 커졌다. 생각해보니 아침에 숙소를 나선 뒤 종일 밖이었다. '분수쇼가 분수쇼지. 세계 3대 분수쇼라고 뭐 다르겠어?' 그렇게 만약 보지 않았더라면 엄청 후회했을 것이다. 로맨틱하게 물든 그 시간. 세상이 정지했다가, 황홀함이 솟구쳤다. 왜 많은 스페인 연인들이 여기서 청혼을 하는지 이제 알 것 같았다. 그날도 장미꽃을 들고 사랑을 약속하는 커플들을 목격할 수 있었다. 열한 시 반을 끝으로 땡! 다시 현실로 돌아왔지만 나는 세 번째 행복의 정의를 적었다.

### 3. 행복은 몬주익 분수쇼

사랑을 꿈꾸게 하는 아름다운 몬주익 분수쇼

## 우리 진짜 보러 갈까, 밤바다?

이튿날은 금요일이었다. 바르셀로나에서의 마지막 밤. 아침부터 저녁까지 가우디 투어를 하고 숙소로 돌아왔다. 그날 이후 존경하게 된 가우디! 게스트하우스 주인 아주머니가 추천한 플라멩고 공연을 같은 방을 쓰던 언니와 보러 갔다. 근처 Jazzsi club은 저렴한 가격으로 양질의 공연을 볼 수 있는 아는 사람만 아는 곳이라고 했다. 앉아서 보려면 적어도 공연 30분 전부터 자리를 맡아야 한다. 가우디와 플라멩고의 여운을 안고 이제는 당연한 듯 밤 10시에 저녁을 먹으러 갔다.

바르셀로나는 낮보다 저녁에 더 활기를 띠는 도시다. 떠오르는 핀쵸 맛집 '블라디나인'이 있는 골목은 더욱 그랬다. 요새 가장 핫하다. 핀쵸는 타파스와 비슷한 한입 요리지만, 꼬치에 꽂혀 바에 진열돼 있다는 점이 다르다. '핀쵸'는 '꼬치'라는 뜻. 같이 간 언니와 핀쵸를 하나씩 골라먹으며 바르셀로나에 대한 감흥을 나눴다.

"이 도시 분위기 아주 맘에 들어. 언제 또 올 수 있을까?"

"가우디의 성가족교회는 설명을 들으며 보니 훨씬 대단했어요. 우리 완
공되면 다시 와요."

"이 도시는 밤에도 좋아. 어떻게 이 시간에도 이렇게 활기차고 여유로울
수 있지? 아까 투어에서 만난 젊은 친구들은 오늘 바르셀로네타 해변 클
럽 Opium에 간다던데. 젊음이 좋다. 바르셀로네타 밤 풍경이 보고 싶긴
하네. 내일 떠나면 아쉬울 것 같아."


"우리 진짜 보러 갈까, 밤바다?"

우리는 바르셀로네타로 갔다. 노을이 지면 더 아름답고 새벽까지 젊음으
로 가득 찬.

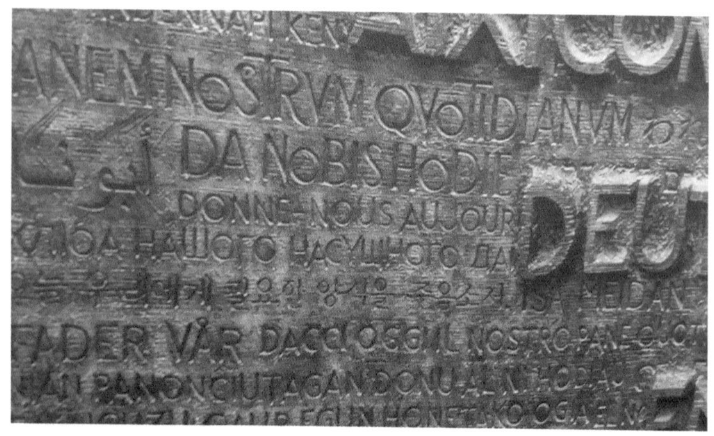

세계 언어로 주기도문이 적힌 성가족성당의 문
오늘 우리에게 필요한 양식을 주옵소서라는 한글 문장이 보인다

# 바르셀로나에서 술 한 잔!

바르셀로나에서 만난 관광객 중 열의 아홉이 이 도시에서 술이 늘었다고 했다.
식전주와 반주가 일상인 곳이다.

① 퀴멧퀴멧의 수제 흑맥주
맥주를 별로 좋아하지 않는 나도 반했다. 넌 감동이었어.

② 바르셀로나의 자존심, 모리츠(Moritz) 맥주
게스트하우스 근처 전통 갈리시안 식당 '브리사스 도실(Brisas Dosil)'에서 먹은 갈리시
안 문어(pulco gallega)와 모리츠 맥주는 환상 궁합.

③ 레몬 맥주 클라라(Clara)
가우디 투어 중 바르셀로나 백반집에서 10유로에 먹은 3코스 점심의 식전주로 나
온 클라라. 상큼해서 더운 날 마시기 좋다. 스페인에서는 집에서 자주 만들어 마신
다. 맥주와 레몬맛 환타를 1:1의 비율로 섞으면 끝.(정확한 비율은 자기 입맛에 맞추
는 것이라고.)

④ 스페인의 스파클링 와인 카바(Cava)
프랑스에 샴페인이 있다면 스페인엔 카바가 있다. 플라멩고 공연을 보러 간 클럽에서
1 free drink 메뉴에 포함돼 있어 마셨다. 카바는 포도주 저장소라는 뜻의 카탈루냐어.

⑤ 와인칵테일
플라멩고 공연 쉬는 시간, 함께 간 언니가 하몽과 함께 사온 와인칵테일. 상그리아와
비슷하지만 과일은 들어가지 않는다. 그 맛은, 새콤달콤시원!!!

⑥ 스페인 하면 '상그리아'
요새 바르셀로나에서 가장 핫한 타파스 바, 블라디나인(Bladi9). 그곳에서 다양한 종
류의 핀쵸에 곁들여 상그리아를 마셔보길.

## British, British, British!

어릴 적부터 '영국'에 대한 로망이 있다고 하면 다들 그 이유를 물었다. 하나로 꼬집어 말하기는 어려운 일이어서 마음속으로만 떠오르는 생각을 나열해봤다. 셰익스피어 극, 셜록과 해리포터 시리즈를 읽으며 영국을 상상했겠지. 브리티시 악센트와 비틀스, 콜드플레이, 릴리알렌을 들으면 왠지 설레니까. 축구와 뮤지컬 보는 걸 좋아하고. 좋아하는 날씨는 비. 그곳은 보건위생과 역학의 발상지. 어쩌면, 그 모든 것들이 '영국'이라는 것을 알았을 때부터였을지도 모르겠다.

드디어 영국.

게트윅 공항까지는 왔는데 런던 시내까지가 막막했다. 진땀을 빼다 결국 택시를 탔다. 내 인생 최고의 택시비 15만 원. 괜스레 영국이 차갑게 느껴졌다. 쓰린 속을 갈색톤의 런던 교외 풍경으로 달랬다. 한 시간 후, 노을 지는 차창 너머로 런던아이가 보였다. 아주 가까웠다. 택시 라디오에서 영국밴드의 '리틀 바이 리틀(Little by Little)'이 흘러나올 때였다. 아, 런던이다! 내가 상상했던 바로 그 느낌의.

런던의 서쪽(West End)에서 탄생한 뮤지컬. 세계적인 뮤지컬은 모두 그곳에 모여 있다. 런던에 머무르며 짬짬이 뮤지컬 할인 티켓을 파는 TKTS를 찾았다. 위키드, 빌리 엘리어트, 라이언킹, 미스사이공을 보던 나날들. 초연부터 상영했을 전용극장에 저렴하게 구입한 표를 들고 앉으면, 그때부터 감동이 밀려왔다. 영국 북부 특유의 악센트가 살아 있는 빌리 엘리어트를 볼 때 뮤지컬 본고장에 있음을 특히 실감했다. 그날부터 "Be yourself!"라는 명대사도 마음에 새겼다.

TKTS가 있는 레스터 광장 중앙에는 셰익스피어 동상이 서 있었기 때문에 나는 종종 그를 마주하고 앉아 그의 희곡을 읽었다. 그러면 셰익스피

어도, 그의 극도 비로소 현실처럼 느껴졌다. 드라마 같은 것은 오히려 지금 내 인생이라고 생각하면서.

어느 한여름 저녁에는 연극을 봤다. 셰익스피어 극단이 공연했던 엘리자베스 시대의 원형극장에서 달빛과 별빛을 조명 삼아 옛 방식으로 상연하는 셰익스피어 작품을. 한번은 5파운드를 내고 서서, 다른 한번은 나무로 된 객석에서. 연극을 다 보고 다시 밀레니엄 브리지를 건너오면 늘 시계탑 종소리가 울렸다. 그곳은 런던이었다.

## 2주간 런더너로 살아보기

런던은 세계에서도 비싼 물가로 유명한 도시지만, 미술관과 박물관만큼은 무료다. 오며 가며 하루 한 번은 갔던 것 같다. 지나가다 들르고, 다 못 보면 또 가고, 또 보고 싶어 또 가고. 지금도 생각나는 2주일간의 '런던 뮤지엄 데이'. 초상화를 좋아해서 트라팔가 광장에 위치한 '국립 초상화 갤러리'를 제일 많이 찾았다. 유일하게 유료였던 '코톨드 갤러리'는 조용한 가운데 고흐, 고갱, 세잔, 쇠라, 마네 등의 작품을 실컷 감상할 수 있어 기억에 남는다. 코톨드 갤러리는 세계에서 가장 아름다운 소규모 미술관으로도 꼽힌다.

세계에서 가장 크고 중요한 도서관인 '대영 도서관' 역시 특별전시를 제외하고는 무료다. 천장까지 빽빽하게 책이 꽂힌 책장 앞에서 책을 읽다 1층으로 내려가 지적인 보물들을 엿봤다. 런던에 반해 영국인으로 귀화한 헨델의 친필 악보, 존 레논, 폴 매카트니가 끄적인 가사 메모, 대문호들의 초판본과 한글로 된 책 등을 볼 수 있었다.

이 도시 곳곳에는 햇볕을 즐길 수 있는 장치가 있다. 바로 한 블록 건널

때마다 보이는 공원들. 날씨가 좋을 때마다 나도 여기 사람들처럼 공원으로 갔다. 앉고 먹고 드러눕고. 공원처럼 동네마다 있는 펍(pub). 1700년대부터 운영했다는 가장 오래된 펍 '램앤드플래그(Lamb & Flag)'나 코넌 도일이 『셜록 홈스』를 집필한 호텔을 개조한 '셜록 펍' 앞은 이른 저녁부터 맥주 한 잔을 들고 삼삼오오 떠드는 사람들로 가득했다.

주일에는 2층 버스를 타고 힐송교회로 가 예배를 드렸다. 아스날 경기장에서 다른 아스날 팬들과 한데 섞여 볼프스부르크와의 경기를 봤다. 비 오는 런던을 걸을 때마다 좋았다. 자주 상상하던 장면이었다. 2주간 런더너로 살아보기.

## A Mouse is a Mouse

이번 여행 동안 일부러 호텔, 여관, 유스호스텔, 게스트하우스, 에어비앤비 등 여러 형태의 숙소에 머물렀다. 런던에서는 사설 기숙사를 이용했다. 좁았지만 런던 1존, 킹스크로스 역 근처에 있어 위치로는 손색이 없었다. 그런데 쥐가 나타났다! 방 책상 밑에서. 방에 들어와 옷장 문을 열다 나는 동물적으로 뒤를 돌아봤고 또 다른 동물을 발견했다. '꺄악' 소리를 지르자마자(위험의 순간, 나는 과연 소리를 지를 수 있을지 의문이었는데 그럴 수 있다는 것을 확인했다) 서로 반대 방향으로 달려갔다. 좁은 방에서 달려봤자 쥐는 다시 책상 밑, 나는 침대 위였다.

용기를 내어, 내가 먼저 방 밖으로 도망쳤다. 숙소의 나이트 가드에게 달려가 "내 방에 쥐가 있어요" 하고 외쳤다. 그는 말했다. "내일은 일요일이니까 안 되고, 월요일에 관리 직원이 네 방을 체크해주길 원하면 신청서를 적어." 내가 "지금 쥐가 있다니까!" 하고 말하자 되돌아온 대답은 "쥐가 쥐지 뭐(A mouse is a mouse.)".

다양한 경험을 할 수 있길 바라며 여행에 나섰다. 그리고, '새로운 나를 발견하는 시간이 되길', '더욱 담대해지길' 빌었다. 지금 그 과정 속에 있는 것일까? 나는 불을 훤히 켜놓고 침대 위에 웅크리고 앉아 뜬 눈으로 밤을 샜다.

엄마의 위로: 호랑이가 나타난 것보단 낫잖아~ 무서워 말고 얼른 자렴.

남동생의 위로: 찍찍− 역시 유럽♡

친구1의 위로: 고양이 소리를 틀어놓고 자면 어떨까.

애니메이션 〈라따뚜이〉에 나오는 것 같이 자그마한 쥐였지만, 다시 보고 싶지는 않았다. 며칠 전 '셜록 펍'에서 대수롭지 않게 쥐를 본 것과는 차원이 다른 문제다. 내 공간에 침입했고, 그 좁은 곳 어딘가에서 언제 또 나타날지 모르니까.

"Danger is real but fear is a choice."

좋아하는 영화 대사 하나를 떠올린다. 2주간의 런더너, 일분일초가 아까운데 이렇게 숨죽이고 있다니 속상했다. 문득, 시작은 라따뚜이 때문이었으나 지금은 나의 선택이라는 생각이 들었다. 보이지 않는 쥐를 원망하며 계속 시간을 낭비하고 있을 것인가, 아니면 빨리 두려움을 털어버리고 거기서 벗어날 것인가. 여러 생각이 든 밤이었다. 단지 '쥐'에 관한 것이 아닌.

"A mouse is not just a mouse!"

## 나는 왜 세상 모든 걸 계산하려 했을까?

여행객에게 '죽기 전에 꼭 봐야 할'이라는 수식어로 더 잘 알려진 세븐시스터즈로 갔다. 기차를 타고 런던에서 한 시간쯤 떨어진 해변도시, 브라이튼으로. 거기서 다시 버스를 타고 40분을 가면 세븐시스터즈 입구가 나온다. 일곱 개의 하얀 초크절벽인 세븐시스터즈, 어디로 가면 잘 볼 수 있을까. 경로 확인차 기념품 가게 겸 안내소인 곳을 들렀다.

"어디로 가야 하나요, 아저씨?"

"저쪽으로."

"그런데 사람들은 다 이쪽 길로 가네요?"

"그쪽으로 가면 일곱 개의 절벽을 다 볼 수 없어. 저쪽으로 돌아가야 다 보이지."

기념품 가게 사장님의 말을 따라, 반대편 길을 택했다. 20분을 걸어가도 그 길에는 나 혼자였다. 슬슬 무서워졌다. 애써 이적의 〈같이 걸을까〉와 같은 노래를 들으며 계속 걸었다. 그러자 천국 같은 풍경이 나타났다. 초록색 들판 위 양 떼와 연못과 동물들.

이곳으로 와 '다행이다'.

혼자였기에 그 풍경은 몽땅 내 차지.

여행을 하며 얼마나 많은 길을 잃어버렸던가. '조바심 내지 말자', '전전긍긍하지 말고 정신 차리고 현재를 살자' 같은 문장이 수첩마다 적혀 있었다. '나는 왜 길치인가, 차라리 갈치였으면' 하고 끄적인 메모도.

길은 잃었지만 결국 어김없이 도착했다. 낯선 곳을 헤매도, 막막해도 걷고 걸으면 또 다른 길이 있고, 어딘가에 도착해 안도하는 순간도 분명 있다. 하려고 마음 먹은 것도 다했다. 미리 다 예측할 순 없다. '현장'이라는 게 있는 거니까. 그때그때 상황에 맞출 수도 있는데 나는 왜 모든 걸 계산하려 했을까. 예배당을 마주칠 때마다 새로운 곳에서 새로운 나를 발견할 수 있기를 기도했다. 무엇을 경험하고 만나든 나답게 살 수 있기를. 광활한 자연을 보면 품어온 걱정이 아무것도 아닌 게 되었다가도, 불투명한 미래가 막막하게 느껴지기도 했다. 하지만 계속 걸어보자, 다짐했다. 이 여행 끝에 답이 없다고 해도 분명한 것은 그 길 끝에는 달라진 내가 있을 것이라는 것. 여행 전의 나와는 다를.

그림 같은 풍경의 하얀 절벽, 세븐시스터즈

이러다가 아무것도 안 되는 것은 아닐까

걱정한 순간도 한두 번이 아니었지만,

역사라는 기나긴 관점에서 바라보았을 때

그들은 성공을 향한 길 위에 있었을 뿐.

온종일 헤매었어도 저녁 무렵 도착했다면 그것으로 충분하리.

_쇼펜하우어 『Never too late to be great』

런던으로 돌아오는 기차 안에서 『시크릿』을 읽었다. 한 선배는 유럽 갈 때 이 단 한 권의 책만 챙기라고 했었다. 뭐든 바라는 대로 이루어질 것이라 믿으면, 온 우주의 도움으로 그렇게 된다는 내용이었다. 책 귀퉁이에 내 소망을 적었다. 모든 살아 있는 것을 사랑하며 살기를. 단 한 사람, 진정한 사랑을 찾길. 내 여행이야기가 기록되기를. 이 시간들이 소비되는 것이 아니라 기록되었으면 하는 바람으로.

불투명한 미래가 막막하게 느껴지기도 했다.

하지만 계속 걸어보자, 다짐했다.

이 여행 끝에 답이 없다고 해도 분명한 것은

그 길 끝에는 달라진 내가 있을 것이라는 것.

여행 전의 나와는 다를.

## 인생은 결코 혼자가 아냐

여행은 길을 찾는 데 꼭 필요한 도구들이 들어 있는,

숨겨놓은 선물 상자 같은 것. _이애경 『눈물을 그치는 타이밍』

"내일 너에게로 갈까?" 바르셀로네타 해변에 함께 갔던 언니에게 연락이 왔다. 십 년 넘게 다니던 대기업을 그만두고 혼자 3개월간의 유럽 여행 중이던 언니는 그 무수한 여행길에서 '소방공무원'이라는 꿈을 만났다. 지금은 서울에서 젊은 친구들과 함께 치열하게 꿈을 좇고 있다. 언제, 어디서 봐도 멋지고 단정한 사람.

언니는 이른 아침 유로스타를 타고 날 보러 런던에 왔다. 자신도 파리여행 중이면서, 당일치기로. 햇살과 부슬비가 함께 내리던 한낮, 두 서울여자는 런던 노팅힐의 포토벨로 입구에서 만났다. 서로 엇갈리지는 않을까 마음 졸이면서.

이미 다녀갔던 런던에 다시 와준 덕분에 한국에서나 볼 줄 알았던 그녀를 만났다. 그날 저녁, 만남과 헤어짐이 교차되는 유럽의 기차역에서 우리는 다시 헤어졌다. 남은 영국 동전들을 내 손에 쥐어주고는 밝게 손을 흔들며 그녀는 다시 파리로 갔다. 호그와트행 열차가 오간다는 킹스크로스 역 9와 3/4 승강장 건너편 광활한 세인트 판크라스 역 한복판에서 오가는 사람과 뒤섞인 채 한참을 혼자 앉아 있었다. 영화 〈클로저〉에서처럼 주드로가 "Hello, stranger(안녕, 낯선 사람)" 하고 말을 걸어 주는 일은, 없었다. 기차를 타고 유럽의 도시에서 도시를, 또 나라를 지나칠 때면 기분이 오묘했다. 어느 역에서 누군가 내리면 누군가는 기차에 올랐다. 떠나가거나 혹은 도착하거나. 그 안에서 유럽은, 어쩌면 우리는 연결되어 있었다.

여행길에서 어려움과 마주치기도 했다. 좁고 높은 계단만이 존재하는 흔한 유럽 역과 같은. 그럴 때마다 늘 도움을 주는 사람이 나타났다. 숨을 크게 한 번 몰아 쉬고 몇 계단 오르면 벌써 내 짐은 번쩍 다른 이의 손에. 길을 찾을 때 각자의 방식으로 도와주던 이들의 온화한 얼굴이 떠오른다. 늘 긍정의 말만 전하던 미희 언니도. 그리고 감사하게도, 내가 도움되는 때도 있었다. 누군가에게 당장 필요한 약이 내게 있거나 내가 헤맸던 길을 알려주는. 종종 "인생은 어차피 혼자"라 외치던 과거의 내가 부끄러워졌다. 세상을 조금 둘러보니 우리는 서로 조건 없이 베풀며 살아가고 있었다. 눈치도 채지 못하는 중에. 우리 팀이 있기에 내가 지금 안식휴가를 보낼 수 있는 것처럼. 파리로 가는 기차역에서 깨달음과 다짐을 적어나갔다.

Live generously, 조건 없이 베풀자. 받으면 부담을 느끼기보다 감사해하고, 그 고마움으로 다른 이에게 베풀자. 한국에서 여행객이 길을 물으면 더 진심으로 답하자.

언니와 만남의 장소, 런던의 포토벨로

## 불꺼진 에펠탑을 본 적 있나요

파리에선 아무것도 안 해도 돼. 조금 걷다 보면 어디서든 에펠탑이 보여. 가로수마저 감상하게 되는 아름다운 길을 걷다 아이스크림 사 먹고, 벤치에 앉아 책 읽고. 바게트 챔피언이 아니더라도, 아침부터 자부심을 풍기는 동네 빵집에서 빵 하나를 사. 저녁 조명에 젖은 센 강을 걸으면 그게 파리. 그냥 있는 것만으로도 로맨틱한 도시.

"파리에 가보고 싶지만, 막상 거기 가면 별것 않고 머물다 올 것 같아" 하며 걱정하는 가까운 친구에게 나는 그렇게 말해줬다. 고작 일주일짜리 파리지엔느의 자격으로.

파리, 적어도 나에게만큼은 낭만 그 자체였다. 우산 없이 비에 젖은 파리를 걸을 때도. 샹젤리제를 걸으며 조금씩 에펠탑에 가까워지는 동안 '언젠간 갈 거야' 다짐했던 수많은 장면들이 스쳤다. 파리를 담은 다큐멘터리인지 영화였는지 모를 TV를 향해 동경의 눈빛을 발하던 열살 무렵부터 꿈꾸던 이십 대를 빠른 속도로 지나, 에펠탑 앞에 꿈 하나를 이룬 서른 살 여자가 섰다. 초승달이 보름달 된 듯 멀리서 면면으로만 보이던 에펠탑이 마침내 훤히 빛나고 있었다.

하루에 한 번은 에펠탑. 그 후로도 매일 에펠탑을 봤다. 샤이오 궁, 트로카데로 정원, 샹드망스 공원 등 각각 다른 곳에서. 영화 〈미드나잇 인 파리〉에도 나오는 분수를 지나치다가도 바토무슈 유람선 타러 가는 길에도 에펠탑을 바라보았다. 그 앞에서 밥도 먹고 음악도 듣고 편지도 쓰고 신문지나 돗자리를 펴놓고 뒹굴었다. 에펠탑 조명 때문에 나는 무엇을 해도 반짝이는 것 같았다.

떠날 날이 얼마 남지 않은 어느 밤, 게스트하우스 주인 아주머니가 싸주신 과일, 치즈와 저렴하게 구입한 와인을 들고 한 친구와 평소보다 늦은 시간에 에펠탑으로 갔다. 시간 가는 줄 모르고 신나게 얘기하던 중에 에펠탑 조명이 꺼졌다. 새벽 1시, 마지막 조명쇼를 끝으로. 당황해서 에펠탑과 서로의 얼굴을 한 번씩 번갈아 쳐다보다 가까스로 현실을 직시한 내가 말했다. "여기 사람들도 잠은 자야지. 그리고 전기세도 생각해야지."

에펠탑의 민낯 앞에서 한참을 웃었다. 왜 에펠탑 조명이 꺼질 거라는 생각을 못했을까? 현실이 있기에 낭만은 빛나고 화려함 뒤에는 일상의 안락함이 있다. 열심히 일했기에 지금처럼 달콤한 순간도 있구나. 시간 가는 줄 모르고 있던 내게 현실이 밀려왔다. 이제 일상으로 돌아갈 시간. 곰곰 들여다보니 나의 일상도 여행만큼이나 멋지다는 생각이 들었다. 그날 밤 나는 처음으로 에펠탑 밑을 지나갔다. 공중화장실을 가기 위해.

이제 일상으로 돌아갈 시간.

곰곰 들여다보니 나의 일상도

여행만큼이나 멋지다는 생각이 들었다.

## 일상도 여행만큼 멋지다

겨울에는 봄의 길들을 떠올릴 수 없었고
봄에는 겨울의 길들이 믿어지지 않는다
_김훈 『자전거여행』

돌아왔다.

한 번도 아프지 않고, 다치지 않고, 잃어버린 것은 칫솔 뚜껑 하나인 것에 감사하며. 인천공항을 지나 집에 도착해서야 비로소 긴장의 끈을 푼다. 여행 중에 긴장이 조금도 스트레스로 느껴지지 않았다. 길을 조금 헤맸어도 도착했음에, 짐이 늦게 나왔어도 잃어버리지 않았음에, 발바닥에 물집이 잡혀도 내 두 발로 온갖 곳을 누볐다는 것에 오히려 감사함을 느꼈다. 정말로 그때마다 눈을 질끈 감고 '감사합니다'를 외쳤다. 이런 마음을 내 일상에도 고스란히 가져가고 싶었다.

- 가장 많이 들은 말: 너희 회사 멋지다!
- 가장 많이 한 말: 감사합니다!
- 늘어난 것: 혼잣말
- 줄어든 것: 두려움
- 잊지 못할 것: 내가 들렀던 도시들. 그곳의 아침과 낮, 밤
- 잃고 싶지 않아진 것: 일상, 가족, 친구, 돌아갈 곳
- 기억에 남는 말: 뮤지컬 〈빌리엘리어트〉의 'Be your self',
  영화 〈나우 이즈 굿〉의 'Now is good'
- 제일 생각난 사람: 30여 년을 휴식 없이 일하신 아버지

다시 덕수궁길을 돌아 출근을 한다.
해야 할 일이 더 많이 떠오르는 아침이다.
하지만 조금 마음을 가다듬고 보니, 여기도 여행지다.

런던에서 1시간여를 기다려서 본 '버킹엄 교대식' 못지 않은 덕수궁의 수문
장 교대식이 펼쳐지는 이곳. 시청광장, 덕수궁, 시립미술관 옆 나의 일터.
태어나 처음으로 나에게만 집중한 시간을 끝으로 다시 여기에 섰다. 이런
마음가짐이 얼마나 갈지는 모르겠지만, 3년만 기다리지 뭐.

바닥에 남은 차가운 껍질에 뜨거운 눈물을 부어
그만큼 달콤하지는 않지만 울지 않을 수 있어
온기가 필요했잖아. 이제는 지친 마음을 쉬어
이 차를 다 마시고 봄날으로 가자.

우리 좋았던 날들의 기억을 설탕에 켜켜이 묻어
언젠가 문득 너무 힘들 때면 꺼내어 볼 수 있게
그때는 좋았었잖아, 지금은 뭐가 또 달라졌지.
이 차를 다 마시고 봄날으로 가자.
_밴드 '브로콜리 너마저'의 노래 〈유자차〉

덕수궁 돌담길에 다시 봄이 왔다.

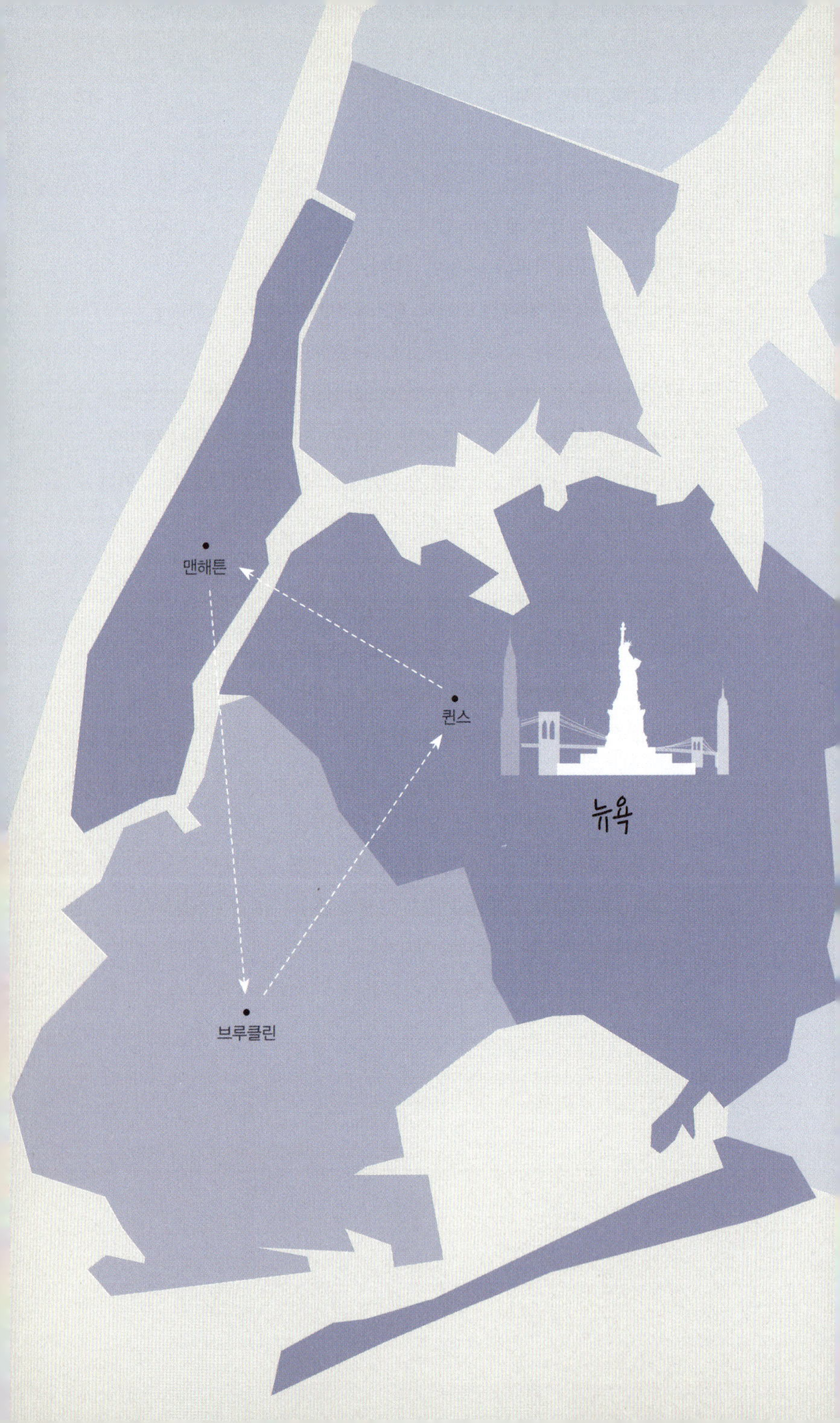

맨해튼
퀸스
브루클린
뉴욕

# 여자들의 로망, 여자들의 여행
# 한 달간 뉴요커로 살아보기

서민경

## 나에게 안식월이란?

힐링 또 힐링이라고 말하고 싶다. 학생 때는 방학이 있어서 학기가 끝나면 놀 수 있다는 기대감이 있었다. 물론 직장인에게도 휴가는 있지만 방학에 비교하면 너무나 짧고 일을 전혀 생각하지 않고 온전하게 휴식을 취하기는 어려운 것 같다. 안식월에는 일에 대한 생각 없이 온전하게 나만을 위한 시간을 가질 수 있는 것이 제일 좋은 것 같다. 일 걱정 없이 평일 낮 그냥 까페에 앉아 있는 것만으로도 힐링이다.

### 서민경. 헬스케어 PR본부 과장

엔자임헬스가 첫 직장이다. 대학생 때 인턴을 한 후 정식 사원으로 입사해 지금까지 다니고 있다. 뿌듯하다. 안식월 휴가를 가게 되면 국내보다는 해외에서 보내고 싶은 바람이 있었다. 직장인이 언제 또 이렇게 오랜 기간 외국 여행을 가보겠나 싶었다. 그러던 중 우연히 친한 지인이 뉴욕에서 지내고 있어 신세를 지며 한 달간 여행객이 아닌 뉴요커가 돼보기로 했다. 여자들이라면 한 번쯤 가보고 싶은 도시이기도 하니까.

## 무작정 출발

"그냥 와."

일한 지가 벌써 3년이 지나 안식월을 받게 된 사실도 믿겨지지 않았지만, 그 행선지가 뉴욕이라는 것은 더욱 믿겨지지 않았다. 어쩌다 보니 친한 선배가 뉴욕에서 공부를 하고 있었고, 어떻게 얘길 하다 보니 행선지가 그리 되었을 뿐. 게다가 뭘 준비해야 하냐는 나의 질문에 꾸준히 몸만 오라는 이 사람의 말을 믿어야 할지 말아야 할지.

그렇게 딱히 실질적인 도움이 되지 않는 "그냥 와"이었지만, 그래도 그리 말해주니 가서 굶거나 집 없어 노숙은 하지 않겠구나 싶어 그거면 됐지 안심을 하고 비행기를 탔다. 심지어 공항에서 선배의 집까지 어떻게 가는지조차 모른 채 그녀가 마중 나온다는 것만 믿고 그냥 비행기에 몸을 실었다. 그때까지의 생각은 그저 '임박해서 비행기표를 끊었는데도 국내 항공사 직항에다가 운 좋게 아주 괜찮은 가격에 잘 구했다' 정도였다. 지금 생각하면 조금은 무모한 행동이었는지도 모르겠다.

14시간이라는 비행 시간 동안 혼자 심심할 것 같아 아이패드에 영국 드라마를 저장해 갔지만 아무리 재미있는 드라마도 계속 보자니 그것도 힘들었다. 옆자리에 꼬마 여자아이가 탔길래 가는 동안 시끄럽고 힘들겠구나 싶었는데, 생각한 것과 달리 그 아이는 조용히 앉아 색칠공부만 했다. 오히려 내가 장시간 앉아 있으려니 몸이 근질근질하고 엉덩이가 아파서 '끄아아아아아!!!' 소리라도 지르고 싶었다. 그러다 딱히 할 일이 없어 이런저런 생각을 하게 됐는데, 나는 이전까지 뉴욕이라는 도시에 대해 깊게 생각해본 적이 없었던 것 같았다. 여자라면 대부분 로망을 가지고 있는 도시, 뉴욕. 나도 언젠가 한번 가보면 좋겠다는 막연한 생각은 했었지만,

진짜 가보고 싶다고 생각하게 된 건 몇 년 전부터 지인이 그곳에서 지내게 되면서부터였다. 나도 드디어 가보는구나. 새삼스럽게 지금의 상황이 신기했다. 설레어 했다가 지루해 했다가를 반복하는 사이 비행기는 어느새 뉴욕 공항에 내려 앉고 있었다.

"왔어?"

짧은 인사로 나를 맞이한 이 사람이 뉴욕에서의 시간을 나와 함께해줄 선배지만 친구에 더 가까운 그녀(자주 등장 할 예정이니 'J'로 칭하겠다)다. 동네 마실 나온 차림으로 나를 맞이하는데 평소 같았으면 너무하다 싶었겠지만 그때는 말도 잘 안 통하는 땅에서 아는 얼굴을 오랜만에 봐서인지 J가 반갑기 그지없었다.

자연스럽게 나를 택시에 태우고 J는 본인의 집으로 향했다. 택시 안에서 바라보는 뉴욕의 첫인상은 솔직히 '아직 잘 모르겠다'였다. 상상 속의 뉴욕은 화려하고 활기찬 무언가 특별할 것 같은 그런 기대에 차 있었는데, 현실은 조금 차분한 느낌. 아직 맨해튼에 들어서지 않아서 일까? 그렇게 나의 뉴욕 생활이 시작되었다.

## 무엇을 해도 특별한 뉴욕

나는 정말 아무 준비 없이 뉴욕에 갔다. 사실 안식월 일정이 거의 임박하게 결정돼서 비행기표는 출발 2주 전에야 끊을 수 있었고 가기 전까지 일하느라 일정은커녕 뉴욕이라는 행선지 외에는 아무것도 정한 것이 없었다. 지금 와서 생각해봐도 당시의 바쁜 상황에 내가 한 달간 자리를 비운다는 건 큰 배려가 있지 않고서는 불가능한 일이었다. 안식월 기간 동안 업무 관련 연락은 한 번도 하지 않은 Y팀장님과 회사에 무한 감사를 드린다.

날씨에 맞는 옷만 대충 챙겨갔을 뿐 뉴욕에서 무엇을 할 지에 대해 딱히 고민해본 적이 없었다. 막연히 '무언가'를 특별한 '이곳'에서 해보는 것만으로도 모든 것이 좋을 것 같았다. 게다가 무려 한 달이라는 시간이 나에게 주어졌다. 여느 여행 일정처럼 시간이 아쉬워 무리하게 일정을 잡지 않아도 될 것 같았다. 내가 뉴욕에 도착했을 때는 겨울, 그것도 크리스마스를 뉴욕에서 보낼 수 있다니 생각만해도 얼마나 낭만적인가. 드라마나 영화 속에 자주 등장하는 뉴욕이라는 장소가 주는 특별한 분위기를 느껴보고 싶었던 것이 내 여행의 목적이라면 목적이었던 것 같다.

J의 말을 빌리자면, '무엇을 해도 특별해질 수 있는 게 뉴욕에서의 시간'이란다. 더 나은 삶이나 꿈을 찾아보려, 이루어보려 전 세계에서 사람들이 모이는 이 도시는 어떻게 해도 특별하지 않을 수 없겠지. 비록 남들처럼 더 나은 삶을 찾아보려 간 것이 아니고, 오히려 바쁜 일상을 조금 내려놓고자 간 것이었지만.
'나도 한번 특별해보자.'
그렇게 생각했다.


## 뉴요커는 무얼 먹고, 마시고, 놀까?

### 제1장. 먹고

뉴욕스러운 음식이라고 했을 때 가장 먼저 떠올랐던 것은 베이글, 브런치, 햄버거, 피자, 치즈케이크 정도였는데, 가자마자 내가 먹은 것은 태국 음식이었다. 짐을 놓자마자 J가 동네에 잘하는 태국 음식점이 있다고 해서 집을 나섰다. 얼마나 잘하길래 이러나 했는데 알고 보니 본인이 그냥 먹고 싶었다고 고백하는 것이 아닌가. 칫! 나는 뉴욕까지 와서 동네 태국 음식점에서 첫 끼를 먹고 싶지는 않았는데……. 
J는 변명인지 설명인지, '뉴욕' 하면 사람들이 쉽게 햄버거나 피자 등을 먹을 것 같지만 사실 그것도 아니란다. 세계 각지에서 사람들이 모이다 보니 전 세계 없는 음식이 없고, 심지어 현지보다 맛이 더 나을 때도 있다고.

J의 말은 사실이었다. 그날 이후 다양한 종류의 뉴욕 맛집을 찾아다녔다. 여러 음식들을 맛보면서 나의 입맛이 점점 고급이 되어가고 있어 걱정했을 정도로 뉴욕은 맛난 음식으로 가득했다. 물론 그만큼 뉴욕의 살인적 물가의 충격도 온몸으로 느껴야 했지만. 뉴욕에서 접한 그 많은 음식들 중, 뉴욕에 가면 꼭 맛보기를 권하는 가장 기억에 남는 몇 가지를 소개한다.

## 뉴욕의 맛, 피자 한 조각

'블루노트'라는 유명 재즈클럽을 예약한 날, 너무 일찍 도착해 주위를 돌아보게 되었다. 작은 가게들이 모여 있는 거리의 입구에 허름한 피자가게가 보였다. 사람들이 꽉 들어차 있던 그 가게는 앉을 수 있는 의자도 없이 모두 서서 피자를 한 조각씩 먹고 있었는데, 그 모습이 마치 '내가 바로 이 구역 맛집이야'라는 분위기를 풀풀 풍기고 있어 그냥 지나칠 수가 없었다. 때마침 출출하기도 해서 우리는 곧장 피자 한 조각을 시켜봤다. 솔직히 먹어보기 전에는 얇은 피자 도우에 치즈가 겨우 붙어 있는 것 같은 이 피자가 뭐가 그리 좋다고 이러나 싶었는데, 역시 이유가 있었다.

뉴욕 피자들은 얇고 크기가 조금 커서 조각을 대부분 세로로 접어서 먹곤 하는데, 이게 뭐랄까 정말로 '뉴욕의 맛'이었던 것 같다. 피클도 전혀 필요 없이 느끼하지 않고 부담스럽지도 않은, 그들의 밥 같은 느낌. 우리나라에도 이렇게 그냥 지나가다 부담 없이 담백한 피자 한 조각을 먹고 다시 길을 나설 수 있는 곳이 생겼으면 좋겠다.

저렴한 곳은 한 조각에 99센트부터 비싸봤자 몇 불에 팔리는 이런 뉴욕 거리의 피자는 한 끼에 적어도 몇 십 불을 지불해야 하는 이 도시에서 가장 부담 없는 뉴욕식 식사가 아닐까(물론 우리는 간식으로 먹었지만).

## 뉴욕의 일품요리, 베이글과 크림치즈

뉴욕의 먹거리 하면 베이글이 먼저 떠오르곤 한다. 이른 아침 스타벅스 커피 한 잔과 베이글을 아침으로 먹으며 출근하는 멋진 뉴요커를 상상했었다. 그러나 막상 아침에 출근하는 사람들을 직접 보니 길거리 카트(보데가라고 부름)에서 커피와 샌드위치를 사 들고 요기를 하는 게 상상과는 사뭇 달랐다. 내가 생각했던 뉴욕의 멋스러움과는 먼 너무도 평범한 풍경이었다.

실망에 젖어있을 때쯤, J가 동네에 잘하는 베이글 가게가 있다고 해서 자다 말고 집에서 입던 옷을 그대로 걸치고 집을 나섰다. 아무 데서나 먹으면 퍽퍽하거나 딱딱하거나 아무 맛도 안 나거나 하는 게 베이글이라면서 일장 연설을 늘어놓던 J가 가게에 들어서자마자 본인이 가장 좋아하는 조합이라며 깨가 묻은 베이글에 훈제 연어와 파가 들어 있는 크림치즈를 시켰다.

말도 안 될 것 같은 조합이었는데 예상 외로 맛이 좋았다. 좋은 정도가 아니라 귀국하면 이런 걸 다시 어디서 먹을 수 있을까 하는 아쉬움이 들 정도로 각별한 맛이었다. 쫄깃한 빵에 고소한 깨, 짭짤한 연어와 훈제 연어의 비린 맛을 잡아주는 파, 그리고 이 모든 걸 하나로 만들어주는 크림치즈가 정말 하나의 완벽한 음식으로 만들어진 것 같았다. '일품'이라는 단어를 이럴 때 쓰는 것인가 하는 조금은 과한 생각까지 들었다.

우리가 갔던 가게는 '브루클린 베이글 앤 커피 컴퍼니'로 뉴욕에 몇 개의 지점이 있는 곳이다. 여행을 마치기까지 뉴욕의 대표적인 베이글 맛집이라는 '에싸 베이글'이나 '머레이스 베이글'에는 가지 못해 서로 비교할 수는 없지만, 만약 뉴욕에 갔다가 이 집을 발견하게 된다면 믿고 먹어보시라 권하고 싶다.


베이글은 원래 맛으로 먹기보다는 한 끼 식사로의 의미가 강하다고 한다. 운 좋게 집 앞에 이런 베이글 맛집이 있다면 그게 행운인 것이고, 대부분의 경우는 굳이 찾아와서까지 먹기는 어렵다고. 그래도 베이글에 커피를 마시면서 지켜본 아침의 뉴욕 거리는 내가 정말 지금 뉴욕에 있구나를 느끼게 해준 순간이었다.

## 개성 강한 뉴욕 햄버거

출발하기 전부터 미국의 3대 버거로 불리는 쉐이크쉑(쉑쉑), 파이브 가이즈, 인앤아웃에 대한 얘기를 하도 많이 들어서 뉴욕에 가면 꼭 먹어보리라 다짐했었다. 인앤아웃은 미서부 쪽에만 있어서 아쉽게도 나머지 두 가지 버거만 먹어봤는데, 내 생각에는 쉐이크쉑버거야말로 진정 뉴욕을 대표하는 버거구나 싶었다. 두 매장에 갔을 때 나는 어디가 더 낫다는 느낌보다는 브랜딩에 대한 서로 다른 접근 방식이 무척 흥미로웠다.(그냥 맛만 즐기면 되는데 이럴 때 보면 나도 어쩔 수 없는 직업병 같은 것이 있나 보다.) 쉐이크쉑은 크기, 포장, 매장 인테리어, 브랜딩 등이 세련되고 깔끔했다. 제품을 중심으로만 내세우는 파이브 가이즈보다 자유로운 느낌이었다. 쉐이크쉑이 깔끔한 수제버거 가게의 느낌이라면, 파이브 가이즈는 좀 더 친근하고 업그레이드 된 빅맥(그러나 맛은 비교 불가)이랄까. 같은 영역의 제품을 판매하지만 각각의 다른 방식으로 큰 성공을 거둔 두 매장이 공존할 수 있게 된 데에 어떤 비밀이 있었을지 궁금했다.

쉐이크쉑(SHAKE SHACK), 파이브가이즈(FIVE GUYS)

J의 설명에 의하면, 매뉴얼화된 체인점이라도 결국 사람이 하는 일이다 보니 그날 그날, 또 매장마다 맛이 약간씩 다르다고 했다. 보통 관광을 오면 햄버거를 한두 번 정도 먹게 되는데 운 좋으면 맛있는 날, 맛있는 매장에서 기대했던 햄버거를 맛보게 된다는 것이다. 그러면서 본인은 쉐이크쉑이 더 맛있다고. 이러니 J의 그럴싸한 말발에 넘어가 '그래 그런 것 같아' 하다가도 아닌 것도 같고 믿을 수가 있나.

## 맛도 종류도 다양한 뉴욕의 디저트

식후 항상 디저트를 즐기는 편이다. 뉴욕에서는 선택할 수 있는 디저트도 많았다. 가장 흔히 먹었던 것은 아이스크림. 겨울에 무슨 아이스크림이냐 하겠지만, 여행을 다니는 동안 뉴욕은 이상하리만치 따뜻했다. 12월인데도 마치 늦가을을 맞이한 것 같은 날씨 때문에 겨울옷을 입고 다니니 종종 덥다 싶을 때가 있었다. 그때마다 아이스크림은 좋은 간식이 되어주었다. 특히 골목마다 잘한다는 아이스크림 가게가 서너 블록 건너 하나씩 자리하고 있는 동네에서는 하루 다섯 번쯤 아이스크림을 먹고 싶었던 적도 있었다. 이탈리안 스타일의 젤라또부터 아이스크림 바, 소프트 아이스크림까지…….

최근에는 특히 수제로, 정직한 재료로 만드는 작은 가게들이 유명세를 탄다고 한다. 그러다 보니 오히려 배스킨라빈스나 콜드스톤, 하겐다즈 같은 유명 아이스크림 매장은 찾아보기 어려웠고 있다고 해도 그리 잘된다는 느낌을 받지 못했다. 반면 개인이 운영하는 아이스크림 매장들에 많은 사람들이 줄을 서서 기다리고 있었다. 우리도 줄을 서서 맛을 봤다. 꽤 맛있었다. 이런 정직한 맛에 반해 뉴요커들이 응답했나 보다. 우리나라도 점점 체인점보다는 개인 사업자들이 운영하는 식당이나 카페에 사람들의 발길이 잦아지는 현상을 볼 수 있는데, 비슷한 흐름이 아닐까.

다음으로 기억에 남는 디저트는 뉴욕치즈케이크. 미국 푸드 채널의 애청자인 J의 정보에 따르면 치즈케이크로 유명한 뉴욕도, 크림치즈로 유명한 필라델피아도 특별히 우유 혹은 치즈를 대량 생산하지는 않는다는 것이다. 그저 치즈케이크의 시작이 뉴욕이었을것이라는 이유로 이름이 붙은 것이란다. 이유야 어떻든 이름이 붙을 정도면 이유가 있을 터, 유명하다는 뉴욕의 치즈케이크를 크리스마스 파티용으로 구입하기로 했다.

타임스퀘어에 있는 '주니어스'에서 치즈케이크를 구입했지만 구입 후 여기저기를 둘러보다 보니 시간이 꽤 지나 있었고 치즈케이크를 가로가 아닌 세로로 들고 다니고 있었다는 사실을 뒤늦게 깨달았다. 엉망이 된 케이크를 먹겠구나, 어쩔 수 없지 하고 집에 가서 박스를 열었는데, 이게 웬걸 한쪽에 아주 조금 눌린 자국만 남고 멀쩡한 것이 아닌가. 알고 보니 이 치즈케이크가 여간 밀도가 높은 것이 아니었다. 정말 치즈로만 이루어졌을 것 같은 깊고 짙은 치즈 맛이 느껴졌다. 그래 역시 소문엔 이유가 있구나 싶었다.

주니어스 베이커리(Junior's BAKERY), 매그놀리아 베이커리(MAGNOLIA BAKERY)

마지막으로 가장 많이 기대했고 지금은 우리나라에서도 맛볼 수 있는 바나나푸딩과 레드벨벳 컵케이크. J는 날마다 맛이 다르니 두세 번 먹어볼 것을 추천했다. 정말로 어느 날은 바나나푸딩의 빵, 크림, 바나나의 비율이 적절해서 입에서 사르르 녹고, 또 다른 날은 재료 비율이 맞지 않아 빵만 들어 있을 때도 있었다. 레드벨벳 컵케이크도 촉촉하고 맛있을 때가 있는가 하면 마르거나 푸석할 때도 있었다. 나는 J의 추천대로 최고의 맛을 즐기기 위해 몇 번의 시도를 했다. 나중에는 이렇게까지 하면서 저걸 먹어야 하나 싶기도 했다. 하지만 지나고 나면 좋은 추억만 기억하게 되는 게 여행의 묘미인 것 같다. 지금은 줄을 서서 기다리던 그 순간조차도 행복한 기억으로 남아 있다. 그때 그 맛이 지금은 무척 그립다.

## 서울보다 맛있는 뉴욕 삼겹살

한식은 당연히 뉴욕 음식은 아니지만, 뉴욕에서 먹은 삼겹살은 아직도 기억에 남는다. 뉴욕은 한인타운이 맨해튼에 자리하고 있어서 한국 음식이 먹고 싶을 때 언제든 먹을 수 있었다.

어느 날 J가 큰 결심을 한 것처럼 한인타운에 가자고 하길래 무슨 일인가 했더니 삼겹살을 먹자고 한다. 무심하게 그러자고 하고 식당에 갔는데 삼겹살의 가격이 우리나라의 2.5배가량 됐다. 모름지기 삼겹살은 먼저 고기를 배부르게 먹은 후 밥과 찌개는 후식이거늘 어쩐지 밥과 찌개를 함께 시키는 모습이 고기는 각 1인분 이상은 먹지 않겠다는 J의 의지가 엿보였다. "이게 뭐라고 그렇게 먹고 싶어 하지? 방학 때 서울 와서 실컷 먹으면 될 텐데"라는 생각이 들었지만, 다시 생각해보니 삼겹살 맛 그 자체보다는 삼겹살을 통해 느끼는 고향에 대한 그리움, 또는 뉴욕 한복판에서 삼겹살을 먹는 색다른 분위기 때문이 아니었나 싶다. 양은 적었지만 뉴욕에서 먹는 삼겹살은 우리나라 웬만한 삼겹살집에서 먹는 것보다 훨씬 더 맛있었다.

삼겹살이 기억에 남는 다른 이유는, 삼겹살집에 생각보다 현지인들이 많았기 때문이다. 한국 식당엔 한국인들이 많을 거라 생각했는데 다양한 국적의 사람들이 삼겹살, 구이, 전골, 찌개 등 종류를 가리지 않고 잘 먹는 모습을 자연스럽게 볼 수 있었다. 낯설었지만 반가웠다. 해외에 있는 한인타운들은 한식 간판을 내걸었지만, 대부분 뭔가 2% 부족할 것 같은 느낌이었는데(여전히 그런 식당이 있기도 했지만) 예상 외로 토종 한국인인 내 입맛에도 대체로 잘 맞았다. 한식 본래의 맛을 내는 뉴욕의 한식집을 이렇게 많은 외국인들이 찾다니. 과거에 한식의 세계화를 야심차게 외쳤던 음식들을 생각해보면 외국인 입맛에만 맞추려고 노력하다가 오히려 실패한 경우들이 많았던 것 같다. 맵지 않은 김치찌개나 냄새가 나지 않는 청국장 등 외국인들을 위한 지나친 배려(?)가 오히려 우리나라 음식을 알리는 데는 적절치 않았던 게 아닐까. 젓가락 대신 포크로 국수를 먹는 기분이랄까? 대부분의 외국인은 맵지 않은 김치를 원하지 않았다. 대부분의 외국인은 조금 불편하고 자극적이어도, 한식이 갖고 있는 그 경험 자체를 즐기고 싶어 하는 것 같았다. 음식이 가지고 있는 본질을 제거해 특징이 없어진 국적 불명의 음식에 선뜻 돈을 지불할 사람은 없을 것이다. 여전히 외국인들이 많이 먹는 메뉴들은 불고기, 잡채, 해물파전, 비빔밥, 삼겹살 등으로 어느 정도 정해져 있는 것 같았지만 그래도 한식을 즐기는 현지인들이 이렇게 많다니 놀라울 따름이었다.

CAFE

## 제2장. 마시고

'마시고'가 제목이라 당연히 술이 연상되겠지만 J는 술을 마시지 않는다. 확실히 말하자면 마시지 못하는 것인데, 그렇다 보니 하는 일은 함께 바에 간다거나 경치를 보러 루프탑 레스토랑에 가는 정도였다. 그 덕에(?) 내가 뉴욕에서 술 대신 많이 마신 것은 커피였다. 다행히 나도 술을 잘 마시는 편은 아니라 후회는 별로 없다. 또 술맛이야 거기서 거기지만 커피는 바리스타에 따라 천차만별 아닌가. 유명한 카페도 많았던 뉴욕이라 맛있는 커피도 많이 마실 수 있었는데, 이곳 카페들은 우리나라의 카페 개념과는 조금 다른 것 같았다.

빨라야 오전 8~9시 정도는 돼야 문을 여는 우리나라의 많은 카페들과 다르게 이곳 카페들의 오픈 시간은 새벽 다섯 시에서 여섯 시 사이. 그야말로 아침에 필요한 커피와 간단한 식사를 제공해주는 아침 식사 공간 같은 곳이었다. 대부분의 경우, 밥 먹고 후식의 개념으로 가는 우리의 카페들과는 사뭇 다른 모습이었다.

나는 라떼를 무척 좋아한다. 고소하고 부드러운 맛은 늘 행복감을 선사해준다. 뉴욕에 있는 동안에도 라떼를 자주 즐겼다. 뉴욕 어디나 커피 맛이 좋았다. 그중에서도 특별히 '스텀프타운 커피', '블루보틀 커피' 등이 이름값만큼 기대를 저버리지 않았다.

또 한 곳, 기억에 남는 곳이 있다. 작은 커피 바를 방문했을 때였는데 역시나 나는 라떼를 시켰다. 작은 가게라 테이블도 없고 바 형식으로 되어 있어 바리스타가 커피를 만드는 모습을 가까이에서 지켜볼 수 있었다. 라떼의 맛과 향 못지않게 라떼가 가득 담긴 커피잔 위 라떼아트는 나로 하여금 매번 무언가를 기대하게 한다. 열심히 커피를 내리고 우유를 데우던 직원이 현란한 솜씨로 손목을 흔들며 라떼아트를 하는 것이 아닌가. 그동안 봐왔던 손놀림과는 사뭇 달랐다. 뉴욕이라 역시 대단한 무언가 나오겠구나 약간은 설레는 마음으로 기다렸는데, 커피를 받아보니 그 현란한(?) 손놀림은 그냥 손이 떨렸던 것뿐이라는 것을 깨달았다.

어쩐지 열심히 라떼아트를 하고 왜 뚜껑을 닫아주나 했다. 아트가 무엇을 형상화한 것인지 전혀 알 수 없었다. 아직 라떼아트를 연습하는 단계든가, 아니면 뉴욕이 낳은 추상파 라떼아트 전문가 1호였을지도. "웬만하면 다시 해주지"라고 투덜대면서도 팁을 내미는 J의 모습을 보며 미국 사람 다됐구나 싶었다. 라떼아트는 엉망이었지만 나름 유명한 가게라 커피 맛은 꽤나 좋았다.

뉴욕 하면 스타벅스를 떠올릴 만큼 그 수가 많았다. 흔히 미국이 훨씬 싸다고 알려져 있는데 미국도 비싼 건 비쌌다. 기본 커피는 상대적으로 저렴했지만 카라멜마끼아또, 프라푸치노 같이 우리나라에서도 비싼 음료는 미국에서도 비쌌다. 뉴욕에는 카페베네나 파리바게트 같은 우리나라 카페(베이커리)들도 진출해 있었다. 반갑기도 했고, 뉴욕 지점은 혹시나 특별한 무엇이 있거나 더 맛있지는 않을까 기대했지만 너무도 친근한 한국적인 맛과 이미지 그대로였다.

스텀프타운 커피
(Stumptown Coffee)

지베토 에스프레소 바
(Zibetto espresso bar,
엉망이었던 그 라떼아트)

## 제3장. 놀고

뉴욕에 왔으니 잘 놀아야지 생각했지만 무엇을 하든 비용을 무시할 수는 없었다. 다행히 J도 나도 박물관이나 미술관에는 큰 관심이 없어 동네 구경이나 하고 뮤지컬 몇 편 보는 것으로 합의한 후 여유롭게 시간을 보냈다.

## 크리스마스 시즌에 뉴욕이라니

일단 왔으니 유명한 곳들은 가봐야 하지 않겠냐 묻는 J에게 나는 그러지 않아도 된다고 했다. 적잖이 당황한 눈치. 그래도 회사에서 보내준건데 사진이라도 찍어가야 하지 않냐며 나름 이름난 곳들을 데려가줬다.

맨 처음 찾은 곳은 타임스퀘어.

이곳에 가니 비로소 여기가 뉴욕임을 실감했다. 타임스퀘어는 광고 전광판들로 꽉 메워져 있었다. '우와아아아아아아아' 소리가 절로 나왔다. 우리나라에서는 전혀 느끼지 못할 압도당하는 분위기. 이곳에서는 광고를 한다기보다는 대부분 이미 성공한 기업들이 '나 이만큼 성공해서 뉴욕 타임스퀘어에 입성했어' 하고 뽐내는 느낌이었다. 삼성이나 엘지 같은 국내 기업도 눈에 띄었다. 각종 뮤지컬 광고들, 코닥, 니콘 등 일본 기업, 패션 관련 광고들이 서로 경쟁한다기보다는 한데 어우러져 화려한 원색의 작품을 연출하고 있었다. 서로 다른 이질적 메시지를 내는 광고판들이 이렇게 하나로 아름다울 수 있다니.

뉴욕의 화려함을 제대로 볼 수 있는 곳, 죽기 전에 꼭 가봐야 할 곳 중의 하나인 뉴욕 한복판에, 그것도 크리스마스 시즌에 나는 그곳의 일부가 되어 한동안 멍하니 서 있었다. 나도 모르게 가슴이 설레었다. 뉴욕에 있는 동안 몇 번이나 지나갔지만 역시 타임스퀘어는 낮보다는 전광판이 반짝

반짝 빛나는 밤에 가야 제격이다. 크리스마스가 다가와서 더욱 그랬겠지만. 항상 관광객으로 가득해 막상 뉴욕에 사는 사람들은 타임스퀘어를 가능한 지나가지 않으려고 한단다.

크리스마스 시즌의 뉴욕은 더욱 화려했다. 거리마다 매장마다 크리스마스 분위기를 한껏 느낄 수 있도록 꾸며놓았다. 메이시스 백화점은 크리스마스를 위해 1년을 준비하는 것처럼 매장 전체가 아름다운 크리스마스 장식으로 가득했고, 특히 너무나도 친숙한 크리스마스 영화 〈나홀로 집에〉에서 소개됐던 거대하고 화려한 록펠러센터의 크리스마스 트리, 브라이언 파크의 스케이트장은 크리스마스를 즐기려는 연인과 가족으로 가득했다. 크리스마스의 낭만, 뉴욕만의 낭만이 물씬 배어났다. 여자들이 왜 크리스마스에 뉴욕에 오고 싶어 하는지 충분히 공감할 수 있었다.

"한 달 전부터 이 모양이야."

J는 이렇게 말하면서도 여행을 온 나보다 한껏 신나 보였다. 사실 J는 여행 내내 그랬다.

크리스마스 시즌에 나는 그곳의 일부가 되어

한동안 멍하니 서 있었다.

나도 모르게 가슴이 설레었다.

## 사진, 영화 속 뉴욕의 명소 색다르게 즐기기

뉴욕에 가면 꼭 가보고 싶었던 곳은 '덤보'라는 지역이었다. 브루클린 브리지를 건너면 바로 찾을 수 있는 곳. 수많은 영화와 사진의 배경이 되었던 곳. 무엇보다 내가 가장 사랑하는 최고의 예능 프로그램, 무한도전 '갱스 오브 뉴욕' 편에서도 덤보를 배경으로 사진 촬영을 한 적이 있어 더욱 관심이 가던 곳이었다. 반면 J는 시큰둥한 반응을 보였다. 가본 적은 없지만 별거 있겠냐는 태도였다. 하지만 항상 그렇듯 J는 친절하게 나를 이끌고 덤보로 향했다.

덤보에 도착하니 따뜻한 날씨와 함께 멋진 맨해튼의 풍경을 한눈에 볼 수 있었다. 시큰둥하던 그 사람은 어디 가고 J는 아이스크림을 손에 들고 어린아이처럼 뛰며 즐거워하고 있었다. 덤보의 뒷배경으로 맨해튼과 퀸즈를 잇는 다리가 보였다. 그 중간을 맞춰 사진을 찍는 것이 포인트. 해질녘이라 사진이 더 멋지게 나와 신나게 찍고 즐거운 시간을 보냈다. 생각보다 사람이 많지는 않았지만, 운 좋게도, 아니 질투 나게도 그곳에서 프로포즈를 하는 외국인 커플이 있었다. 사실 나는 길거리에서 프로포즈 하는 걸 별로 좋아하지 않는다. 하지만 이렇게 한적하고 멋진 거리에서라면 한 번쯤 다시 생각해봐도 좋을 듯.

해가 질 무렵, 자유의 여신상을 보러 갔다. 긴 줄을 서서 배를 타고 가봤자 사진과 너무 똑같아서 돈만 아깝다는 J의 의견을 수렴해 맨해튼의 끝에서 자유의 여신상을 감상하기로 했다. 날씨가 안 좋을 때는 잘 안 보이기도 한다고 들었는데 우리가 도착했을 때는 지는 석양과 함께 자유의 여신상의 실루엣이 절세미인처럼 눈앞에 다가왔다.

멋진 분위기에 취해서인지 자유의 여신상이 있는 섬까지 들어가지는 않더라도 가까이에서는 봐야 하지 않겠냐며 J가 급하게 소셜커머스 사이트에서 수상택시를 예약했다. 밤에 타면 맨해튼 주위를 한 바퀴 돌면서 야경도 구경할 수 있다고 했다. 그런데 티켓 사는 곳에 쿠폰을 내밀었더니 전화를 해서 미리 예약을 해야 한다는 것이었다. 그러면서 지금 4시 55분이니 5시 전에 서둘러 전화를 해야지 안 그러면 오늘 이용할 수가 없단다. 다행히 J의 날렵하고 능숙한 솜씨로 예약 절차를 마칠 수 있었다. 마지막으로 예약을 확인할 수 있는 메일 주소를 불러주자마자 예고도 없이 전화가 뚝 끊겼다. 이게 무슨 사고인가 싶었는데 5시 정각이 된 것.

"여기 5시라서 일 끝났나 봐."

워커홀릭 코리안으로서 좀처럼 이해할 수 없는 상황. 5시 퇴근시간이 되면 고객과 전화 중이라도 시스템적으로 전화가 끊어지게 되어 있었던 것이다. 어리둥절해 있는 사이 예약 확인 메일이 왔다.

"그래도 이분은 착하다. 퇴근시간이 1분이나 지났는데도 메일을 보내왔으니 말야."

J가 웃으며 말했다. 우리나라 같았으면 무슨 이런 말도 안 되는 상황이 있나 하겠지만 이런 게 일상이란다. 우체국이든 은행이든 손님이 한참을 기다리고 있어도 다섯 시가 되면 직원들은 퇴근하는 게 보통이라는 것이다. 직장에서도 직원이 시간외 근무를 하게 되면 수당을 지불해야 하기 때문에 일찍 집에 가기를 권한다고. 물론 그렇지 않은 회사들도 있지만 전반적인 분위기가 우리나라와는 많이 다른 것 같았다. 불편할 것 같기도 했지만, 일 많은 직장인의 입장에서 한편으로는 부럽기도 했다.

우리는 이런 우여곡절 끝에 수상택시를 예약할 수 있었다. 수상택시는 내가 상상했던 것과는 다르게 그냥 일반 배처럼 생겼다. 해가 온전히 진 뒤에 타서인지 뉴욕의 멋진 야경을 덤으로 감상할 수 있었다. 멀리 뉴욕의 스카이라인을 장식한 고층빌딩들이 훤히 불을 뿜고 있었다. 건물들마다 불이 번쩍거리는 것을 보니 야근을 잘 안 한다는 것도 아닌 것 같다.

## 문화의 도시, 뉴욕에 빠지다

많은 박물관과 미술관들 중 뉴욕 현대미술관 모마(MoMA)를 들러보기로 했다. 미술에는 조예가 없지만 반 고흐나 모네의 유명한 작품은 한 번쯤 직접 보고 싶었다. 티켓을 사려 길게 줄을 서서 우리 차례가 되자 J는 학생증을 내밀었고 무료 입장표를 받았다. 뉴욕 시의 대학교 학생이라면 무료로 입장할 수 있는 박물관이나 미술관이 꽤 있다고 한다. 재정 상황이 넉넉하지 않은 예술 전공 학생들에게는 꿈과 같은 일일 것 같다. 실제로 본 고흐와 모네의 작품은 편안한 느낌이었다. 화려하고 정교하기보다는 화가의 기분이 더욱 드러나는 것 같은 마음이 편안해지는 그림들. 이런저런 작품들을 자유롭게 감상하면서 종종 이해할 수 없는 현대미술 작품이 나타날 때마다 투덜투덜 궁시렁거리며 명화 속 등장인물이나 된 것처럼 모마에서 여유롭고 우아하게(?) 그렇게 시간을 보냈다.

모마미술관(고흐, 모네 작품)

모마에서의 즐거운 기억 때문이었을까. 우리는 내친 김에 구겐하임 미술
관도 둘러보기로 했다. 구겐하임 미술관은 건물의 외형부터 독특함을 느
낄 수 있었다. 안에 들어가보니 가운데가 높게 뻥 뚫려 있고 건물 테두리
를 빙글빙글 올라가면서 감상할 수 있게 설계되어 있었다. 복도가 있고 각
전시실마다 옮겨가며 전시를 볼 수 있는 우리나라의 미술관과는 달리 내
부 구조 때문인지 좀 더 여유롭고 천천히 작품을 감상할 수 있었다. 우리
나라에서도 해외 유명 작품이 전시될 때면 가끔 미술관을 찾았었는데 그
때마다 그림을 온전히 감상하기도 전에 뒷 사람들에 떠밀려 다음 작품으
로 이동하게 되는 게 항상 아쉬웠다. 모마와 구겐하임, 모두 유명한 관광
지다 보니 사람 없이 한적하게 작품을 감상할 수는 없었지만 언제든지 내
가 원할 때 유명하고 좋은 작품을 상시 감상할 수 있다는 점이 부러웠다.

구겐하임 미술관
(아래에서 위를 올려본 모습)

뉴욕에 있는 시간 동안 빼놓을 수 없는 것이 뮤지컬 공연 관람. 나는 〈시카고〉와 〈라이온 킹〉, 두 편의 뮤지컬과 재즈클럽 '블루노트'에서 공연 하나를 보았다.

〈시카고〉는 타임스퀘어에 위치한 티켓박스에서 운 좋게도 저렴하게 나온 티켓을 구매해 볼 수 있었다. 영화를 보지 않은 터라 정확한 내용은 J에게 설명을 들어서야 이해할 수 있었지만, 배우들의 화려한 춤과 연기가 돋보이는 공연이었다. 특히 주인공이 나이가 꽤 있는 여자 배우였는데 다른 어린 배우보다도 더 빛나 인상 깊었다. 실력 있는 프로에게는 나이가 장애가 될 수 없다는 사실을 다시금 깨달았다.

사실 내가 더 기대했던 공연은 〈라이온 킹〉이었다. 비록 가까운 자리에서 보진 못했지만 먼 자리에서도 잘 만들어진 공연이라는 것을 느낄 수 있었다. 사실 내용이야 모두 알고 있듯이 다 큰 어른들에게는 크게 감동적인 내용은 아니다. 하지만 첫 시작부터 배우 한 명 한 명이 본인의 역할과 하나가 되었다. 동물을 연기하는데 전혀 괴리감 없이, 사람이 보이는 것이 아니라 연기하는 그 동물이 실제로 나타난 것처럼 느껴졌다. 배경도 흐름도 영화보다 더욱 현실감이 있었다. 언젠가 더 가까이에서 꼭 다시 한 번 보고 말리라.

J가 음악과 함께 새해를 맞이하자며 재즈클럽 '블루노트'를 예약했다. 이 곳이야말로 정말 뉴욕이구나! 공간은 생각보다 비좁았다. 하지만 옆 사람과 어깨를 마주해야 할 정도의 좁은 공간은 근엄하고 편안한 공연장보다 오히려 뉴욕에 더 어울려 보였다. 뉴욕의 밤은 다양한 색깔을 가지고 있다. 하늘 끝까지 치솟은 빌딩숲과 화려한 광고 조명이 뿜어내는 형형색색이 뉴욕의 겉모습이라면, 재즈클럽의 안개낀 듯한 코발트 블루는 뉴욕의 밤을 상징하는 속 모습 같다. 클럽 공간을 가득 메운 라이브 재즈 선율이 사람들 마음과 마음을 악기처럼 연주하는 듯했다. 너 나 할 것 없이 재즈 리듬에 몸과 마음을 맡기고 한 해의 첫날을 보내고 있었다.

## 뉴욕도 사람 사는 곳

뉴욕의 스카이라인만큼이나 높은 뉴욕의 물가, 그 살인적인 물가 속에서 뉴욕을 온전히 즐길 수 있도록 불편함을 감수하고 쾌히 잠자리를 내준 J. 그녀가 없었다면 나의 뉴욕 여행은 '관광' 수준을 벗어나지 못한 전혀 특별하지 않은 여행이 되었을 것이다. 뉴욕 사람들의 삶의 향기와 그들의 생활을 경험할 수 있게 해준 J에게 감사한다.

뉴욕에서의 시간은 그 시간 자체로 특별했다. 직장인으로서 이렇게 긴 기간 동안 한 도시에 머물 수 있었던 것 자체가 어쩌면 가장 큰 행운이 아니었나 싶다. 돌이켜보면 모두 꿈만 같았던 순간들이다. 남들에게는 보잘것없어 보일 수 있지만 나에게는 너무도 소중한 추억들이다. 뉴욕이 나오는 영화와 사진을 볼 때마다 나는 다시 추억에 잠길 것이며, 한 달간의 기록을 간간이 꺼내보며 뉴욕을 아름답게 추억할 것이다.

안식월에는 짧은 휴가 때는 엄두도 못 냈던 먼 곳, 더 여유가 된다면 평소 가보고 싶었던 먼 해외로 여행가는 것을 추천한다. 이때 아니면 또 언제

가볼 수 있을까. 낯선 곳에서 그곳 사람들처럼 한 달간 생활해보는 것만으로도 충분히 의미 있는 시간이 될 것이다.

회사 다닐 때는 가족들과 많은 시간을 보내기가 힘들다. 특히 나처럼 집에서 떨어져 자취하는 사람일수록 가족과 보내는 시간이 점점 줄어든다. 안식월 때는 가족과 함께 시간을 보내는 것 또한 소중한 시간이 될 것이다. 다만, 안식월 가기 전에는 꼭 계획을 세우길 바란다. 거창하고 구체적인 계획이 아니더라도 '해외 또는 국내 여행', '가족과 시간 보내기', '매일 운동하기' 정도만 정해도 충분하다. 안식월이 시작되면 그때 가서 생각해야지 했다가는 의미 없는 한 달의 시간을 보내고 후회만 남게 될지도 모른다. 한 달간의 휴가는 너무도 달콤하고, 달콤한 만큼 생각보다 빨리 지나가기 때문이다.

안식월을 다녀오면 확실히 마음가짐이 새롭고 동기부여가 된다. 떠나기 전 주변의 직장 다니는 친구들에게 부러움을 한몸에 받는 기분도 쏠쏠하다. 물론 사람이란 적응의 동물이라 안식월 때는 내가 언제 회사 다녔나 싶고, 회사에 복귀하면 내가 언제 안식월을 다녀왔나 싶다. 그래도 힘든 직장생활에서 남들보다 기댈 만한 구석이 한 개쯤 더 있다는 건 굉장히 위로가 된다.

'조금만 버티면 곧 한 달간 쉰다.'
힘들고 지칠 때에 이보다 더 달콤한 말이 있을까.

# 뉴욕 여행을 위해 알아두면 좋을 것

### ① 메트로카드 활용

뉴욕은 대중교통을 이용하는 것이 필수다. 뉴욕을 상징하는 노란색 택시도 자주 타고 싶겠지만, 워낙 택시비가 비싸니 저렴한 여행을 원한다면 되도록 타지 않는 것이 좋다. 특히 교통체증이 심한 맨해튼에서 택시를 타면 요금은 기하급수적으로 올라 여행 경비를 쉽게 탕진할 수도 있다.

메트로카드는 뉴욕 시의 지하철과 버스를 모두 이용할 수 있는 편리한 교통카드로 어느 전철역에서나 구입할 수 있고 일주일, 한 달권으로 구입하면 기간내 무제한 사용이 가능해 짧은 거리도 부담 없이 이용할 수 있다.

### ② 구글맵

버스나 지하철 등 대중교통을 이용할 때 가장 큰 걱정은 노선에 익숙치 않다는 것이다. 해외 자유여행을 해본 사람이라면 다 알겠지만 이럴 때는 스마트폰 무료 어플리케이션인 구글맵을 활용하자. 출발지와 목적지만 입력한 후 대중교통 버튼을 누르면 예상 시간과 함께 목적지에 도착할 수 있는 여러 가지 방법과 비용까지 알려준다. 이때 무제한 메트로카드가 있어 버스와 전철 비용이 커버된다면 구글맵이 알려주는 대로, 시킨 대로 따라가기만 하면 된다.

또한 미국, 특히 뉴욕 시는 구글맵의 정확도가 매우 높고, 장소 저장 기능을 이용해 미리 가고 싶은 곳을 표시해두면 지도에서의 위치를 한눈에 볼 수 있어 편리하다.

### ③ 옐프, 우버, 오픈테이블 애플리케이션

구글맵 앱과 더불어 같이 사용할 수 있는 유용한 애플리케이션에는 주위 맛집을 쉽게 검색할 수 있는 옐프(yelp), 언어도 가격도 부담스러운 뉴욕 택시를 편하고 비교적 저렴하게 이용할 수 있는 우버(uber), 레스토랑 예약을 전화 없이 할 수 있는 오픈테이블(OpenTable)이 있다. 여행 전 휴대폰에 미리 깔아두고 페이스북이나 이메일로 로그인하면 어렵지 않게 사용할 수 있다.

## ④ 숙소 위치(꼭 맨해튼을 고집하지 말 것)

맨해튼이 아무래도 뉴욕의 중심이라 숙소를 맨해튼에 잡는 경우가 많지만 그 비용이 만만치 않다. 만약 조금 저렴한 여행을 계획 중이라면 굳이 맨해튼이 아니어도 주변 동네인 퀸스나 브루클린, 뉴저지 쪽으로 숙소를 정해보아도 특색 있는 여행을 즐길 수 있다. 맨해튼에서는 느낄 수 없는 실제 뉴욕 사람들의 삶을 조금 더 가까이 느껴볼 수 있고, 저렴한 비용으로 더욱 넓고 좋은 숙박 시설을 찾을 수 있다.

## ⑤ 자유의 여신상 감상 포인트

자유의 여신상을 관람할 때엔 본인의 취향에 맞게 하는 것이 좋다. 정말 가까이서 보고 싶다면 섬으로 들어가는 배를 타면 되지만, 대부분 줄이 매우 길고 가격도 저렴하지는 않다. 낮에 무료로 근처까지만 가서 보는 정도로 만족한다면 배터리파크에서 스태튼 아일랜드로 가는 주황색 페리를 타자. 이 페리는 출퇴근을 위한 배로 스태튼 아일랜드와 맨해튼을 오가는데 무료로 운영되고 있어 타기만 하면 된다. 아주 가까이는 아니지만 자유의 여신상과 함께 인증샷을 찍을 정도의 거리로 지나기 때문에 경비를 아끼려는 여행자에겐 제격이다. 야경을 보고 싶다면 수상택시를 타는 것도 좋다. 수상택시는 맨해튼 주위를 돌며 가이드의 설명과 함께 야경도 볼 수 있고 자유의 여신상에 가까이 가기 때문에 조명을 받은 자유의 여신상과 사진을 찍을 수 있는 일석이조의 효과가 있다.

## ⑥ 기다림의 미학

내가 본 뉴욕의 미국인들은 갑갑할 정도로 느릴 때가 많았다. 물건을 계산할 때도, 버스를 탈 때도, 공연이나 입장권 같은 표를 살 때도 우리나라처럼 빠르지 않았다. 미국 생활이 오래된 J에게 그 이유를 물었는데, 듣고 보니 어찌 보면 개인주의에서 나온 혹은 서로에 대한 이해심에서 나올 수도 있는 그런 복잡 미묘한 이유였다. 앞에서 계산을 하며 시간을 끌고 있는 저 사람이, 버스를 타는 데 오랜 시간이 걸리는 저 사람이 언젠가는 내가 될 수도 있다는 것. 그럴 때 내 뒤에서 기다리는 저 사람들도 지금 나처럼 내가 편하게 내 일을 마칠 때까지 기다려줄 것이라는 믿음. 물론 우리나라 같은 신속함도 그리웠지만, 그렇게 생각하니 조금은 이해심이 생겼다. 미국을 여행하게 된다면 조금 더 시간이 걸리더라도 여유를 가지고 기다리는 것이 여행에서의 즐거움을 지킬 수 있는 방법 중의 하나이다.

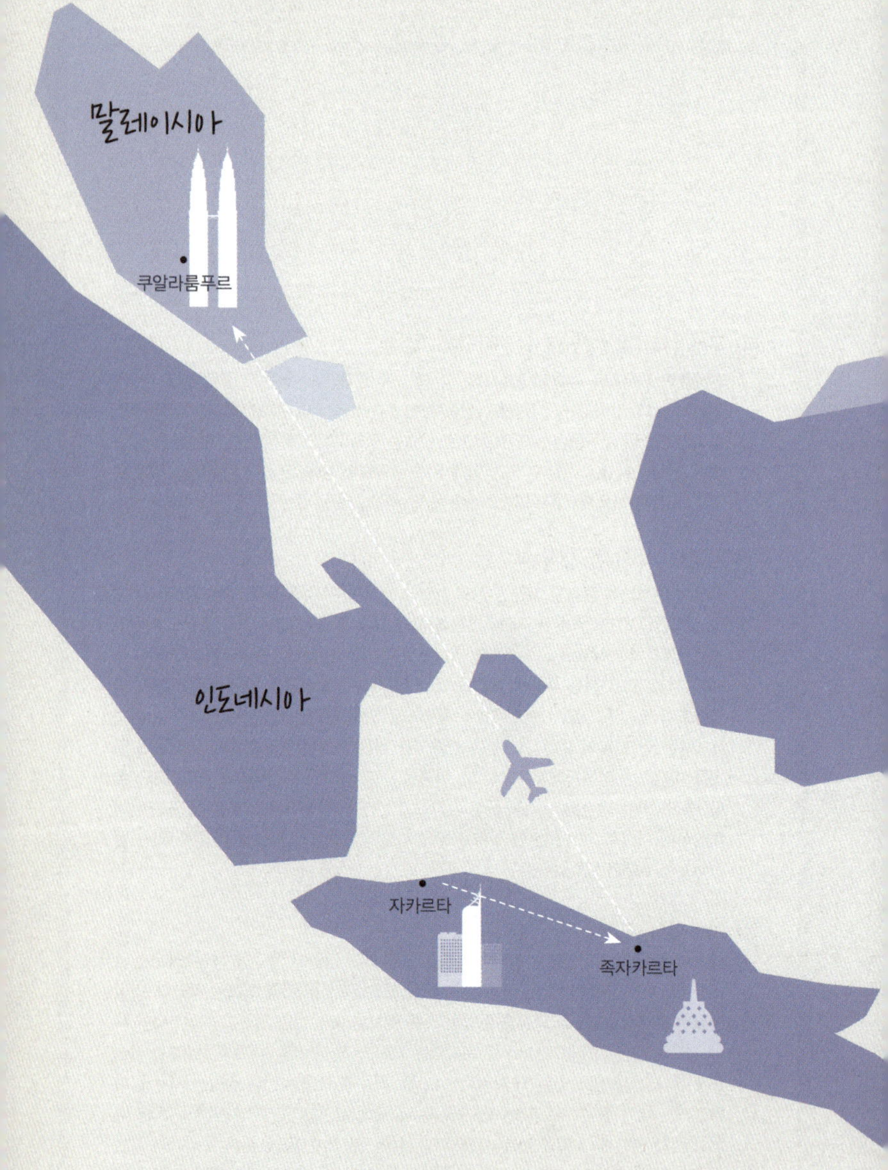

말레이시아
쿠알라룸푸르
인도네시아
자카르타
족자카르타

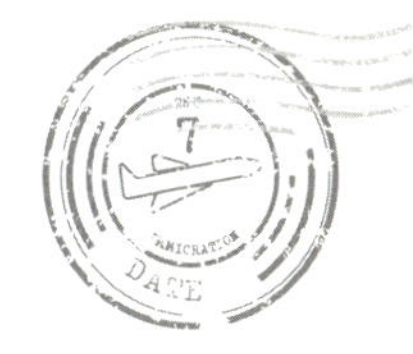

# 내 청춘의 아지트에서,
# 한 달 동안 대학생처럼

강현우

마음 가는 대로 떠나고,

마음 가는 대로 사람들을 만나자

## 나에게 안식월이란?

안식월은 휴식과 여유로움, 소소한 즐거움을 찾아 떠나는 한 달간의 자유다. '익숙한 곳에서 찾는 새로운 즐거움'을 모토로 대학 시절 전공어이기도 했던 인도네시아를 거점으로 동남아시아를 여행했다. 잘 안다고 생각했지만 모르고 있던 새로운 경험들을 통해 일상의 활력을 찾고자 했다.

**강현우.** 공익마케팅본부 본부장

엔자임헬스 입사 전 프리랜서 사진작가로 출판 서적에 게재되는 사진 등을 찍다가 엔자임헬스에 합류했다. 건강, 환경, 복지, 여성, 교육 등 건강한 사회의 촉매가 되기 위한 공익적 활동을 모토로 정부 기관의 공공·공익정책 홍보 컨설팅에서부터 기업의 사회공헌(CSR) 및 공익연계마케팅(CRM) 수행을 책임지고 있다. 대학 시절 전공으로 인도네시아는 자연스럽게 제2의 고향이 되었고, 그 매력에 푹 빠져 있다. 기회가 된다면 인도네시아에서 사업을 하거나 은퇴 후 여생을 보낼 계획이다.

## 겨울, 여름을 만나러 가다

크리스마스가 한 달 정도 남았을 즈음, 나는 여름을 만나러 갈 준비를 하고 있었다. 단지 따뜻함을 찾아 떠나려 했던 것은 아니다. 하루하루 반복되고 지친 일상에 자그마한 변화와 휴식이 필요하다고 느꼈기 때문이다.

나에게 주어진 한 달간의 휴가를 보낼 목적지를 선택하는 데는 그리 오랜 시간이 걸리지 않았다. 나에게 익숙하지만 새롭게 다가올 수 있는 곳, 나에게 편안하지만 즐거운 불편함을 줄 수 있는 곳을 생각하다 보니 오직 한곳만이 머리 속에 떠올랐다.

대학 시절 인도네시아어를 전공했기에, 공부를 한다는 명분하에 매번 방학 때마다 드나들었지만 가면 갈수록 새로움과 마주했던 곳, 일반적으로 낮은 물가와 현지 선후배들로 인해 편안한 생활을 했지만 때때로 우리나라와는 다른 환경 속에 불편함도 있었다. 그러나 결코 기분 나쁜 불편함이 아닌 즐거운 불편함이 있었던 곳, 바로 인도네시아로의 여행이다.

여행 계획과 준비는 그리 오래 걸리지 않았다. '구체적으로 무엇을 해야지'라는 생각보다 '마음 가는 대로 떠나고, 마음 가는 대로 사람들을 만나자'를 여행의 모토로 온전히 한 달을 그동안 수고한 나에게 선물하기로 하였다. 최소한의 준비로 자카르타행 비행기 티켓과 도착 후 2~3일 지낼 숙소 정도만을 정했다.

11월 D-day, 그렇게 여름을 만나러 출발했다.

**강현우의 Tip-1. 인도네시아에서 루삐아(Rp) 환전하기**

인도네시아의 화폐 단위는 루삐아(Rp)이고 환율은 대략적으로 1대 10 정도이다. 즉, 우리나라 만 원이 십만 루삐아가 된다.(환율은 시시각각 변화가 있으므로 여행 시 사전 확인이 필요하다.) 요즘 자카르타나 대도시의 웬만한 쇼핑몰 내에서는 카드 사용이 가능하다. 환전을 해야 할 경우, 흠집이 없고 빳빳한 US 100달러 지폐를 가져가는 것이 가장 환전률이 높다. 환전소는 인도네시아 공항 내에 있는 환전소보다 시내 쇼핑몰 안에 있는 환전소의 환율이 더 좋으니 공항에서 시내에 들어가는 데 꼭 필요한 일부 비용만 우리나라에서 루삐아로 환전해 가는 것이 좋다.


## 그래, 이 냄새야

우리나라에서 자카르타로 가는 직항 비행기는 국적기(대한항공, 아시아나항공)와 독수리를 뜻하는 가루다(Garuda)라는 이름을 가진 외항기(가루다인도네시아)가 있다. 몇 년 전까지만 해도 직항 비행기가 많이 없어서 인천-자카르타 왕복 항공권 가격이 백만 원을 넘었으나 근래에는 비수기일 경우, 50만 원도 안 되는 가격에 왕복 항공권을 구입할 수 있다. 대다수의 인천발 자카르타행 비행기의 경우 자카르타 현지 시각으로 밤늦게 도착하여 여행 중 당일 일정은 거의 불가능하다고 보면 된다. 반면, 대한항공과 가루다 인도네시아 항공의 일부 비행기는 현지 시각으로 오후 3시 정도에 도착하는 여정이 있어 상대적으로 조금 더 여유로운 여행이 가능하다.

나에게 있어 내가 다른 세상에 왔음을 느끼는 첫 번째 요소는 비행기에서 내리는 순간 느껴지는 공기와 독특한 냄새다. 한 달의 안식월이라 시간적 여유가 충분했기에, 국적기의 가장 저렴한 시간대를 이용해(나는 항공 마일리지 시스템 신봉자!) 어둠이 깔린 자카르타에 도착했다. 항공기 게이트를 나서는 순간, 역시나 동남아시아 국가다운 습한 기운과 특유의 향신료가 섞인 그리운 인도네시아의 냄새가 코끝을 스쳐 갔다.

**강현우의 Tip-2. 인도네시아 비자**

원래는 여행객의 경우, 30일을 여행할 수 있는 비자를 US 35달러에 구입할 수 있었다. 하지만 인도네시아 관광 활성화를 위해 2015년 6월 11일부터 여행 목적에 한해 30일 간 무비자로 입국할 수 있게 되었다. 단, 가족 방문, 사업 관련으로 인도네시아를 방문한다면 기존과 같이 비자를 구입해야 하기 때문에 이민국 통과 시 꼭 여행 목적이라고 이야기해야 한다.

## 일상과의 단절

인도네시아는 세계 최대의 섬으로 이루어진 나라로 총 1만 7천여 개의 섬이 있으며, 인구 수는 약 2억 5천만 명에 달한다. 인구수로는 중국, 미국, 인도에 이어 세계 4위의 국가이다. 많은 사람들이 인도네시아를 이슬람 국가로 생각하는데 인도네시아 정부는 공식적으로 6개 종교(이슬람, 힌두, 기독교, 불교, 카톨릭, 유교)를 인정하고 있는, 종교의 자유가 있는 나라이다. 물론 이슬람 교도들이 대다수여서 절대적인 수치로 따지면 중동 국가들을 제치고 세계 최대의 이슬람교도들이 사는 나라이다. 인도네시아의 언어는 기본적으로 알파벳을 사용하는 공식 국어 '바하사 인도네시아(Bahasa Indonesia)'가 있으며 섬나라 특성상 다양한 300여 종족이 사용하는 방언들이 500여 개가 넘는다.

인도네시아에는 크게 건기(Musim Panas, '더운'이라는 뜻의 'Panas')와 우기(Musim Hujan, '비'라는 뜻의 'Hujan') 두 가지의 계절이 있다. 보통 4~10월이 건기, 10월에서 3월이 우기이며 건기와 우기 모두 덥지만 우기에는 비가 내리기 때문에 상대적으로 선선하게 느껴진다. 쉽게 말하면 우리나라의 봄, 여름에 가면 건기이고 가을, 겨울에 가면 우기라고 보면 된다.

개인적으로 좋아하는 날씨는 인도네시아의 우기가 시작되는 바로 그 시점이다. 내가 도착한 11월의 그날, 비는 오지 않았지만 선선하고 상쾌한 바람이 불어왔다. 인도네시아 초대 대통령인 아흐메드 수카르노(Achmed Sukarno)와 초대 부통령인 모하마드 하타(Mohammad Hatta)의 이름을 합쳐 명명한 수카르노하타(Soekarno-Hatta) 국제공항은 예전 모습 그대로였다. 공항에는 마침 인도네시아에 출장을 온 대학 동기가 고맙게도 인도네시아 심카드까지 준비해 마중 나와 있었다.

일상과의 단절을 알리는 의식으로 휴대폰의 심카드를 교체했다. 짧게 며칠 여행하는 경우 그냥 휴대폰 로밍을 하는 것이 편리하겠지만, 나는 장기간의 여행을 해야 하고 선배, 동기 그리고 현지에서 새롭게 만날지 모르는 친구들과의 연락을 위해서 심카드를 구입했다. 내 휴대폰 번호가 새롭게 인도네시아 번호로 태어나는 순간, 복잡했던 우리나라에서의 일상과 드디어 한 달간의 안녕을 고했다. 물론 심카드를 교체하더라도 번호만 바뀌지 각종 SNS와 메신저 프로그램은 연동된다는 것을 아는 데에는 그리 오랜 시간이 걸리지 않았지만……

### 강현우의 Tip-3. 인도네시아 통신 수단

각 통신사별 데이터로밍 프로그램을 이용한다면 메신저 등을 통한 현지 통신은 충분히 사용 가능하다. 만약 장기간 체류한다면 씸파티(Simpati) 등 다양한 인도네시아 통신사의 심카드 중 하나를 구입하여 본인 휴대폰의 심카드와 교체하면 되고, 필요 시 심카드를 충전하여 통화, 문자, 데이터 등을 사용하면 된다. 심카드 구입 및 충전은 쇼핑몰이나 길거리에 위치한 많은 가게에서 판매하고 있으며 대부분 가게에서 대형 간판과 가격을 표기해놓았기 때문에 찾기가 용이하다. 인도네시아의 통신 상태는 한국 3G 정도의 속도로 생각하면 되고, SNS 및 메신저 등을 이용하는 데는 큰 불편이 없지만 동영상 등을 시청하기에는 무리가 있다.

그리운 인도네시아의 냄새가 코끝을 스쳐 갔다.

## 현지화의 시작

여행을 짧게 하든, 길게 하든 난 계획에 따라 분주히 돌아다니는 여행을 선호하지 않는다. 여러 곳을 가는 것보다 여행하는 곳 자체의 느낌을 즐기고, 관광지보다는 그들의 생활 속에 들어가 현지의 모습을 살펴보는 것에 더 흥미가 있다. 즉, 좋게 말하면 현지를 느끼는 진정한 여행객이고 나쁘게 말하면 아무 계획 없이 시간을 버린다고도 할 수 있겠다.

막상 도착하고 나니 이번 여행도 역시 딱히 할 일이 없었다. 그래도 얼마나 좋은가? 아침 10시가 넘어서 일어나도 누구도 뭐라 하지 않는 이 게으른 아침.

오래간만에 여유롭게 일어나 무작정 거리로 나가본다. 다행히 며칠 신세를 질 대학 동기의 오피스텔이 우리나라로 치면 광화문과 같은 시내 한가운데에 있어 도보로 구경할 만한 거리에 동남아 특유의 거대한 쇼핑몰들이 즐비하다. 그중 대표적인 인도네시아의 쇼핑몰 중 하나로 손꼽히는 '그랜드 인도네시아 쇼핑몰'로 향했다. 일반적으로 사람들이 아직도 인도네시아를 한국보다 낙후된 국가로 인식하고 있는데 수도인 자카르타 중심부의 경우, 서울의 웬만한 중심가보다 더 화려하고 웅장한 건물들의 연속이다. 개인적으로 느끼는 바는 뉴욕과 서울 중심가의 중간 정도라는 생각이 든다.

자카르타에서 지낸 3일 동안, 매일 아침은 느긋하게 커피 한잔으로 시작했다. 많은 사람들이 알고 있듯이 인도네시아는 세계 3위의 커피 생산국이며, 수출국이다. 어딜 가나 커피를 즐길 수 있는 커피숍들이 우리나라 못지 않게 많으며 지역별로 특색 있는 커피들이 즐비하다. 예를 들어 루왁(Kopi Luwak)을 필두로 발리(Bail), 수마트라(Sumatra), 술라웨시(Sulawesi),

그래도 얼마나 좋은가? 아침 10시가 넘어서 일어나도
누구도 뭐라 하지 않는 이 게으른 아침

토라자(Sulawesi Toraja), 아쩨(Aceh), 파푸아(Papua), 플로레스(Flores) 등 각 지역 및 특성에 따른 여러 유명한 원두들이 생산되는 곳이 인도네시아다. 언젠가는 지역별로 돌아다니며 커피 맛을 보는 여행을 떠나봐도 재미있을 것 같다는 생각이 문득 든다.

자카르타 시내의
그랜드 인도네시아 몰 지하에 위치한
루왁 커피 전문점

그날도 평소처럼 느긋이 숙소에서 나와 커피 한잔을 하기 위해 쇼핑몰로 향했다. 그리고 특별히 우리나라에서는 비싸서 사 먹지 못한 세계에서 가장 비싼 커피, 일명 고양이똥커피(커피 열매를 먹은 사향고양이가 발효 단계를 거쳐 배출한 생두로 만든 커피)라 불리우는 루왁 커피를 한잔한 후, 이런저런 생각을 하다 문득 급하게 여행을 떠나오느라 미처 머리 손질을 못했다는 사실이 생각났다.

커피숍 점원이 쇼핑몰 내에 미용실들이 많이 있다고 알려주었다. 당장 미용실을 찾아 나섰다. 마주친 미용실들의 모습은 부티가 넘쳐 흘렀다. 예전 유학 시절에도 머리 손질은 가끔 했지만 이렇게 부티 나는 미용실은 와본 적이 없었다. 호기심에 여기 유명한 미용실이냐고 물어보니 인도네시아의 유명 연예인들도 많이 오는 곳이라 했다.

유명 연예인도 온다니 왠지 솔깃하여 최신 인도네시아 트렌드로 머리 손질을 부탁했다. 우리나라 웬만한 프렌차이즈 미용실의 2배가 넘는 비용을 지불하고 얻은 인도네시아 최신 헤어스타일은 내게 현지화의 시작을 알리는 동시에 결과적으로 타지에서 온 손님이라고 두 시간가량 정성 들여 손질해준 미용사에겐 미안하지만 한 달간 내내 친구들에게 놀림거리가 되었다.

'그래, 머리 스타일이 문제였겠나 내 얼굴이 문제겠지……'

**강현우의 Tip-4. 인도네시아의 이동 수단**
인도네시아 여행 시 교통수단은 버스, 택시, 렌터카, 오토바이 택시 등이 있지만 여행객이 실질적으로 이용하는 교통수단은 택시 혹은 렌터카(기사 포함)라 할 수 있다. 택시 이용 시 일부 기사들은 여행객이 길을 잘 모르는 경우 돌아갈 수 있으니 주의해야 하며, 택시 브랜드 중 블루버드(Blue bird) 혹은 블루버드의 고급형인 실버버드(Silver bird)를 이용하면 길을 돌아간다거나 위험한 일 없이 관광을 할 수 있다. 공항에서 시내로 들어오는 경우 블루버드, 실버버드 외에 화이트홀스(White horse)도 안심하고 이용 가능한 브랜드며 가격은 블루버드와 실버버드의 중간 정도이다.

## 제2의 고향, 족자카르타

3일 동안의 짧은 자카르타 여정을 마무리하고, 이번 안식월의 아지트이자 거점으로 선택한 족자카르타(Yogyakarta)로 향했다. 족자카르타는 자카르타에서 비행기로 약 1시간 30분 정도의 거리이며 대부분의 인도네시아 국내선이 자카르타-족자카르타 노선을 운영 중이기 때문에 인터넷 사이트를 통해 비행기표를 간단하게 구할 수 있다. 단, 연착을 극도로 싫어하는 사람이라면 인도네시아 국영기인 가루다인도네시아를 선택하면 된다. 물론 가격은 타 저가항공에 비해 1.5~2배 정도 한다.

족자카르타는 약 350만 명이 살고 있는 도시로 7세기 신마따람 시대부터 시작되어 1300여 년이 지난 오늘날까지 술탄(왕)이 존재하는 하나의 왕국이기도 하다. 또한 대학교들이 밀집해 있는 인도네시아의 대표적인 교육도시이며, 불교 사원인 보로부두르(Borobudur), 힌두사원인 쁘람방안(Prebanan) 등 고대의 유적과 말리오보로(Malioboro) 거리, 빠랑뜨리띠스(Parangtritis) 해변, 머라삐(Merapi) 화산 등 관광지가 많아 인도네시아 사람들은 물론 해외 관광객들이 많이 찾는 도시이다.

나에게 있어 족자카르타는 인도네시아어를 공부하기 위해 대학 시절 두 번이나 찾아갔던 도시이다. 개인적인 느낌으로 자카르타 사람들이 상업적이고 도시적인 반면, 족자카르타의 사람들은 순박하고 정이 많다. 또한 흥도 많아 한적한 음식점(우리나라의 가든 같은)에 가면 어디나 야외에 노래방 기계와 밴드가 있으며 손님들도 흥이 나면 즉흥적으로 나가서 노래를 부르기도 한다.

대학 시절의 겨울을 족자카르타에서 보낸 나에게, 직장생활을 시작하고 오랜만에 다시 찾은 족자카르타는 마치 어릴 적 고향을 찾은 느낌으로 다가왔고 길을 걸으면, 예전 족자카르타에서 지내며 사귀었던 많은 친구들과의 여러 추억들이 스멀스멀 떠올랐다.

## 꼬스의 추억

사실 여행의 거점으로 족자카르타를 선택하기까지 고민이 많았다. 세상에 영원한 것은 없고 물건이든, 장소이든, 생각이든 시간의 흐름에 따라 변화하는 것이 당연한 이치인데 내가 간직하고 있는 행복했던 20대의 추억이 그새 사라지지 않았을까 하는 두려움 때문이었다. 하지만 이러한 걱정은 그 옛날 2005년과 마찬가지로 공항에서 환하게 반겨주는 학교 선배들의 얼굴들과 함께 깨끗이 사라졌다.

약 한 달을 머물러야 하기 때문에 숙소는 호텔 대신 우리나라의 오피스텔 개념인 꼬스(Kost)를 선택했다. 족자카르타는 대학교들이 밀집해 있는 교육도시로서 타지의 많은 대학생들이 자취를 하고 있기 때문에 수많은 꼬스가 존재한다. 가격도 1개월에 우리나라 돈으로 1~2만 원짜리 방부터 주로 외국 유학생들이나 인도네시아 부유층 학생들이 지내는 30~40만 원짜리까지 다양하다.

대학생 시절의 추억을 다시 한 번 느껴보고 싶은 마음에 대학 시절 묵었던 그자얀(Jr. Gejayan) 거리에 있는 북앤빌(Bugenville)이라는 꼬스를 찾았다. 변치 않고 같은 자리에 같은 모습으로 나를 기다리는 북앤빌이 있었다. 20대 시절의 나처럼 인도네시아어를 공부하고 있는 후배들도 볼 수 있었다.

### 강현우의 Tip-5. 인도네시아 여행 시 숙소 선택

짧은 기간의 여행이라면 호텔에 묵는 것이 좋다. 성수기/비수기에 따라 요금의 변동은 있지만 일급 호텔을 제외하고 대부분의 3성급 이상의 호텔은 1박에 10~20만 원 사이에 숙박이 가능하다. 만약 장기간 체류해야 하고 경비를 아끼고자 한다면 꼬스에서 숙박하는 것도 좋은 선택이다. 족자카르타의 경우 시설이 좋은 꼬스는 하루에 약 3~4만 원 정도면 충분히 지낼 수 있다. 물론 일주일 혹은 한 달씩 장기 계약을 한다면 가격은 더 내려간다.

오랜만에 다시 찾은 족자카르타는

마치 어릴적 고향을 찾은 느낌이다.

## 잊을 수 없는 맛

나만의 족자카르타 추억 속에 잊을 수 없는 맛이 있다.

첫 번째, 잊을 수 없는 맛은 족자카르타 시내에 위치한 허름하지만 맛은 허름하지 않은 바루나 시푸드(Baruna Seafood)라는 생선요리 전문점에서 맛보는 생선구이 이깐 바까르(Ikan Bakar)이다. 이깐(Ikan)은 인도네시아어로 '생선', 바까르(Bakar)는 '굽다'라는 뜻으로 말 그대로 생선구이를 의미한다. 바루나 시푸드는 족자카르타 인근 해변에서 잡은 다양한 생선들을 공수해 오는데 그중 손님이 원하는 생선을 고르면 구워주거나 튀겨준다. 특히 비법을 알 수 없는 짭쪼름한 특제 소스를 발라 구운 이깐 바까르를 인도네시아 고추장 격인 삼발(Sambal)에 찍어 먹으면 밥 한 그릇으로는 부족할 것이다.

두 번째, 족자카르타의 야식을 책임져주는 맛은 인도미(Indomie)이다. 인도네시아 라면 인도미는 인도네시아(Indonesia)와 국수(Mie)의 합성어로 인도네시아에서 가장 유명한 라면 브랜드이다. 요즘엔 한국 마트에서도 판매되기 때문에 편리하게 인도미를 접할 수 있다. 일반적인 한국의 라면 크기가 200g인 반면 인도미는 80g밖에 되지 않아 늦은 저녁 간단한 야식으로 그만이다. 인도네시아 현지에서는 와룽(Warung)이라 불리는 길거리 음식점에서 음료수와 함께 우리나라 돈 1~2천 원으로 24시간 맛볼 수 있는 메뉴이기도 하다.

예전 유학 시절에도 거의 매일 밤 인도네시아 친구들과 함께 꼬스 옆 와룽에서 그 맛을 즐겼고 그게 인연이 되어 와룽 사장님의 딸 결혼식에 초대도 받았었다. 혹시나 해서 그때 그 와룽이 있던 곳을 찾아가 보았는데 주인만 바뀌었을 뿐 와룽은 세월이 무색할 만큼 같은 모습, 같은 메뉴로

그 자리를 지키고 있었다. 덕분에 비 오는 거리를 바라보며 뜨끈한 인도
미 국물에 두부튀김인 토푸 고랭(Tofu goreng)과 작고 매운 고추(Cape) 그
리고 아이스 코코아를 함께 즐길 수 있었다.

라면, 튀김 등 간단한 식사와 음료를 즐길 수 있는 족자카르타의 와룽 모습

## 강현우의 Tip-6. 인도네시아의 전통음식 먹어보기

많은 종족과 넓은 땅으로 인해 중국과 같이 인도네시아도 지역별로 다양한 음식들이 있다. 그중 우리가 흔히 접할 수 있는 대표적인 음식으로 볶음밥인 나시고랭(Nasi goreng)과 볶음면인 미고랭(Mie goreng)이 있다. 여기서 'Nasi'는 쌀, 'Mie'는 면, 'goreng'은 튀김/볶음을 뜻한다. 이 요리들은 특급 호텔부터 길거리 와룽까지 거의 모든 음식점에서 즐길 수 있다. 해산물, 닭고기, 소고기, 양고기 등 어떤 재료를 사용해서 볶았느냐에 따라 다양한 나시고랭과 미고랭이 존재하며 가격은 우리나라 돈으로 2~3만 원이 넘는 곳도 있고, 단돈 500원으로 즐길 수 있는 곳도 있다.

## 하루 54홀의 기록을 세우다

안식월을 인도네시아에서 보내기로 결정한 이유 중 하나는 골프 때문이다. 그 당시 골프에 빠져 있던 나에게 한국에서의 골프 생활은 시간적으로나 비용적으로나 즐기기 어려운 스포츠였다.

하지만 족자카르타에서는 걱정할 필요가 없다. 인도네시아 내에서도 물가가 싸기로 유명한 족자카르타에서는 캐디피 등 모든 비용을 포함해서 저렴하게는 단돈 4~5만 원, 아무리 비싸도 18홀 한 게임을 진행하는 데 10만 원 정도면 가능하다. 더구나 인도네시아 골프 코스는 우리나라와 달리 기본적으로 1인 1캐디이며, 앞뒤로 붐비지 않기 때문에 초보자도 오롯이 스스로에게만 집중하며 여유롭게 골프를 즐길 수 있다.

새벽 4시 30분에 일어나 꼬스 근처 와룽에서 간단히 아침을 먹고, 5시에 게임을 시작하는 골프생활은 족자카르타에서 지내는 대부분의 일상에서 계속됐다. 새벽에는 주로 선배들과 함께 라운딩을 하고, 아침이 되면 나 홀로 골프장에 남아 캐디와 함께 게임을 즐겼다. 심지어 어떤 날은 하루에 54홀, 3게임을 홀로 치는 기록을 세워 머라삐(Merapi) 골프장의 유명인사가 되었다.

### 강현우의 Tip-7. 족자카르타에서 골프 즐기기

족자카르타 근처에 위치한 골프 코스는 활화산이 위치해 자연경관이 수려한 머라삐 골프 코스와 공항 근처 공군사관학교 골프 코스, 9홀 미니 골프 코스로 가볍게 연습하기 좋은 하얏트(Hyatt) 골프 코스, 도심에서 한 시간가량 거리에 위치하고 잔디 상태가 가장 좋은 마글랑(Magelang) 골프 코스가 있다. 가격은 18홀 기준, 캐디피를 포함하여 가장 저렴한 공군사관학교 골프 코스의 경우 5만 원, 가장 비싼 머라삐, 마글랑 골프장의 경우에도 10만 원 정도면 골프를 즐길 수 있다.(물론 주일/주말에 따라 가격대가 다르다.)

오롯이 스스로에게 집중할 시간이 필요했다.

## 진짜 족자카르타를 여행하다

고대 유적과 관광지가 많은 족자카르타는 우리나라의 제주도, 일본의 북해도처럼 외국인은 물론이고 내국인들 또한 많이 찾는 인도네시아의 유명 관광도시다. 실제 이슬람교의 금식기간인 라마단이 끝난 후 이둘 피트리 혹은 르바란이라고 불리우는 인도네시아 최대의 명절 기간에는 사람들이 몰려들기 때문에 숙소 구하기도 힘들어진다.

연일 골프를 너무 열심히 쳐서일까? 갑자기 허리 근육에 무리가 왔다. 움직일 때마다 통증이 심해 골프를 며칠 쉬기로 결정했다. 족자카르타에서는 골프 연습 외 딱히 다른 것은 생각해본 것이 없었다. 남는 시간 동안 무엇을 할지 고민하던 차, 문득 예전 대학생 시절에 족자카르타에서 나름 오랜 시간을 보냈지만 유명한 관광지를 많이 다녀보지는 못했다는 생각이 들었다. 심지어 시내에 있는 말리오보로 거리도 몇 번 나가보지 않았으니 말이다.

이참에 나도 여행을 목적으로 족자카르타에 왔다면 누구나 한 번쯤은 가보는 곳, 보로부두르 사원을 가보기로 하였다. 보로부두르 사원은 1,460개의 조각과 540개의 불가사리탑을 지닌 불교 사원으로 세계 불가사의 유산에 속한다. '높은 곳에 있는 수도원'이라는 뜻의 보로부두르는 총 10층으로 이루어져 있으며 각 층은 인간의 여생을 나타낸다고 한다. 즉, 모든 중생들은 부처가 되기 위해 각 층이 의미하는 인생의 단계를 거쳐야만 한다는 뜻을 담고 있다.

보로부두르는 일출이나 일몰 시 보면 가장 멋있다고 하던데 아쉽게도 내가 갔을 때는 갑자기 비바람이 몰아쳐 석양을 보지는 못했다. 그래도 그 웅장함과 화려함은 글로 설명할 수 없을 정도로 위대했다.

보로부두르 사원은 족자카르타 도심에서 차로 1시간 정도의 거리에 위치해 있다. 이동은 택시를 대절하거나 기사가 포함되어 있는 렌터카를 이용하는 것이 좋다. 입장료는 내국인과 외국인이 다르며 외국인(성인 약 2만 원, 학생 약 7~8천 원 정도)의 경우가 더 비싸다. 장관이라 할 수 있는 일출 시간대는 입장료가 약 3~4만 원가량으로 별도 책정되어 있으니 당황해 하지 말자.

세계문화유산의 하나인 세계 최대의 불교 건축물 보로부두르
(산스크리트어로 '산 위의 절'이라는 뜻) 사원 풍경

보로부두르 사원 내
벽화 모습

350m 길이의
고아 뺀둘

보로부두르 사원에서 역사와 웅장함을 본 후 두 번째 목적지인 고아 삔둘(Goa Pindul)로 향했다. 고아(Goa)는 '동굴'이라는 뜻의 인도네시아어로 '고아 삔둘'을 번역하자면 삔둘 동굴이 되겠다.

고아 삔둘은 족자카르타 도심에서 차로 약 2시간가량의 거리에 위치하고 있으며 350m 길이의 강물이 흐르는 동굴을 가이드와 함께 튜브를 타고 탐험할 수 있는 곳이다. 이 지역 사람들이 비교적 최근인 2010년도에 새롭게 관광지로 개발한 곳이기 때문에 아직 외부 관광객에게는 많이 알려지지 않았다.

고아 삔둘은 크게 처음 들어가는 입구, 빛이 없는 중간부, 출구 등 세 부분으로 나뉘어져 있으며 빛이 없는 중간부의 경우 손전등이 없으면 앞이 보이지 않을 정도로 깜깜하다. 탐험하는 동안 비교적 영어를 잘하는 가이드가 원하는 언어(영어 혹은 인도네시아어)로 자세한 설명을 해준다.

나와 함께한 가이드는 삔둘 지역 출신의 족자카르타에서 대학을 다니는 학생으로 유창한 영어로 동굴의 역사 등을 설명해 주었고 자신의 고향이 점점 관광지화가 되어감에 따라 환경오염 등이 심해진다는 걱정도 토로했다. 환경보호를 위해 친구들과 동아리를 만들어 한 달에 한 번 고아 삔둘 지역을 청소하는 활동도 한다고 하니, 어린 나이지만 고향을 생각하는 마음이 깊은 것 같았다. 어느 지역이나 발전을 하게 되면 혜택도 있지만 그에 따른 부작용도 생기기 마련인데 젊은 친구들이 이러한 인식이 있다면 어느 정도 균형 잡힌 지역 발전이 이루어질 것이라는 생각이 들었다.

## 만남의 광장, 쿠알라룸푸르

한창 족자카르타의 라이프를 즐기던 중, 서울에서 말레이시아 쿠알라룸 푸르로 출장 올 일이 있는 대학 친구가 쿠알라룸푸르 모임을 주선했다. 결국 어느 토요일 밤 서울에서 출장 온 친구, 자카르타에서 일하다 온 친구, 족자카르타에서 여행을 즐기다 온 내가 쿠알라룸푸르 공항에 모였다. 인도네시아와 말레이시아는 지리적으로나 문화적으로 비슷한 인접국가라 이동이 자유로운 편이다.

대학 시절 공부도 안 하고 매일 놀러만 다니던 친구들이 시간이 흘러 그래도 자기 밥벌이를 하며 사는 모습을 보니 신기하기도 하고, 한편으로는 대견하기도 하다는 생각도 잠시, 만남의 광장이 된 쿠알라룸푸르 공항에서 우리는 다시 예전으로 돌아가 '뭘 하고 놀지?'에만 집중하고 있었다. 자칭 승부사들인 우리는 곧장 겐팅 하이랜드(Genting Highlands)로 향했다. 겐팅 하이랜드는 이슬람의 영향이 큰 말레이시아 특성상 도박이 허용되지 않지만 인구의 30%를 차지하는 화교들을 위해 산꼭대기('겐팅'은 '구름 위'라는 뜻이다)에 건설해놓은 말레이시아 유일의 카지노이다. 우리나라의 강원랜드와 같은 개념으로 생각하면 된다. 쿠알라룸푸르 공항에서 차로 약 한 시간 조금 넘게 걸렸는데 그곳에서 1박 2일 동안 우리는 세 시간밖에 자지 않는 끈기와 고도의 집중력을 가지고 게임을 한 끝에 결국 모두 웃으며 겐팅 하이랜드를 나올 수 있었다.

대학 시절의 친한 친구들은 몇 년 만에 만나도 어제 만나고 오늘 만난 듯 어색함이 없다. 우연히 즉석 모임을 통해 쿠알라룸푸르에서 뭉친 우리는 예전의 대학 시절로 함께 돌아갔다. 대학생 시절의 유쾌함으로, 대학생 시절의 무모함으로 다시 만나 뭉쳐도 노는 모습은 그때와 같다.

누구나 말레이시아에 여행을 온다면 꼭 한 번은 들리는 올드 타운 화이트 커피(Old Town White coffee)에서 친구들과 헤어지기 전 마지막 식사를 했다. 올드 타운 화이트 커피는 커피도 물론 맛있지만 비교적 저렴한 가격에 말레이시아 전통음식까지 먹을 수 있는 말레이시아를 대표하는 카페이다. 편의점 등에서도 스타벅스 캔커피와 같이 올드 타운 화이트 커피 캔을 판매하니 기회가 된다면 꼭 한번 맛보길 권한다.

### 강현우의 Tip-8. 인도네시아와 말레이시아 언어

인도네시아와 말레이시아는 뿌리가 같은 언어, 멀라유(Melayu)어를 사용한다. 두 국가의 언어가 약간의 차이는 있지만 의사소통이 가능한 차이이며, 쉽게 생각해서 대한민국과 북한의 언어 차이 정도이다. 또한 대부분의 말레이시아 사람들은 영어에 능통하기 때문에 의사소통의 걱정은 인도네시아보다 덜해도 된다.

쿠알라룸푸르 국제공항에 위치한 말레이시아를 대표하는 Old Town White Coffee

## 사라진 여권

어느덧 한 달의 시간이 지나고 안식월을 마무리해야 하는 날이 다가왔다. 철저하게 일과 일상을 잊고 살아온 한 달간의 시간이 주마등처럼 지나가고 다시 현실로 돌아가야 하는 사실을 부정하고 있을 때, 이번 여행의 최대 사건이 일어났다.

족자카르타에서 자카르타행 비행기를 타러 공항으로 이동하는 중 아무리 찾아도 여권이 보이지 않았다. 혹시나 다시 꼬스로 돌아와 가구까지 들어내며 여기저기 찾아봤지만 여권은 찾을 수 없었다. 일단 대사관에 연락을 하고 현지 경찰서에도 도움을 요청했지만 주말이었던 관계로 일 처리가 바로 되지 않았다. 이런 급박한 상황 속에서도 불구하고 회사와 동료에게 조금 미안하지만 '여권을 재발급 받는 데 일주일은 걸리겠지', '그럼 일주일을 여기 더 있을 수 있겠네' 같은 생각이 들었다. 불안감보다는 오히려 행복감에 가까웠다.

하지만 순박하고 정직한 족자카르타 사람들은 나를 빨리 족자카르타에서 떠날 수 있게 도와주었다. 어젯밤 짐 정리를 한 후 평소 자주 가던 꼬스 근처 커피숍에 여권을 들고 갔다가 떨어뜨린 모양인데 마침 가게 직원들이 여권을 보관하고 있었다. 결국 순박하고 정직한 족자카르타 사람들 덕에 나는 계획된 일정에 맞춰 무사히 한국 땅을 밟을 수 있었다.

## 첫 번째 안식월을 마치며…

3년마다 찾아오는 달콤한 한 달의 휴가, 안식월은 소중한 재충전의 시간이다. 무조건적인 새로움이 아닌 익숙한 것 사이에서 새로움을 찾은 나의 첫 번째 안식월은 지친 일상에서의 탈출을 넘어 앞으로 3년의 삶에 즐거운 원동력이 될 것이다. 나의 경험을 토대로 안식월을 준비하는 분들에게 다음 두 가지를 당부하고 싶다.

첫째, 너무 세밀한 계획을 세우지 말라!
평소 우리의 삶 자체가 얼마나 계획적인가? 안식월에는 스스로에게 조금의 자유를 주어도 좋다. 계획은 큰 틀만 세우고 마음이 가는 대로 움직여 보는 것도 나쁘지 않다.

둘째, 돈 걱정은 잠시 미뤄두어라!
안식월은 당연한 권리가 아닌 3년의 노력이 담긴 대가이며 3년은 짧은 세월이 아니다. 돈에 너무 구애 받지 말고, 즐길 만큼 충분히 즐기고 누릴 만큼 충분히 누려라. 그래야 더 벌기 위해 열심히 일하게 된다.

열심히 3년을 일한 당신, 망설임 없이 떠나라!

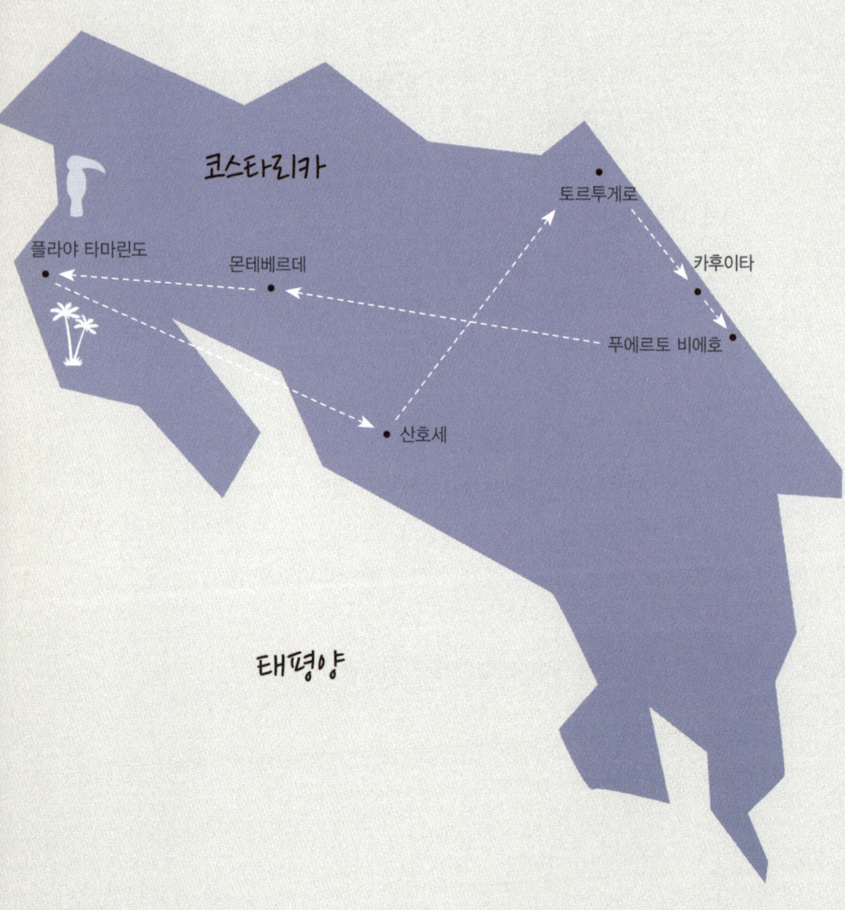

카리브 해
코스타리카
토르투게로
카후이타
플라야 타마린도
몬테베르데
푸에르토 비에호
산호세
태평양

# 낯설어서 더 좋아!
# 21일간 열정의 중남미를 가다

류정민

여행은 언제나 용기의 문제라는 말처럼

떠나겠다는 결정을 한 지 일주일만에

코스타리카행 비행기를 타고 있었다.

## 나에게 안식월이란?

일상에서 벗어나 새로운 것에 도전할 수 있는 시간, 다시 또 열심히 달리기 위한 재충전의 시간이다. 평소 머무는 여행을 좋아해서 한곳에서 여유 있게 시간을 보낼 수 있는 방법을 알아보다가 휴가형 어학연수를 계획하게 되었고, 안식월은 안식과 함께 나에게 또 다른 배움의 기회도 선물해주었다.

### 류정민. (前)헬스케어 PR본부 과장

엔자임헬스가 첫 정규직 직장이었다. 학생 시절에는 국내 번역회사와 홍보대행사, 요르단 암만 코트라에서 인턴으로, F1 코리아 그랑프리에서 통역으로 일하는 등 짧지만 다양한 경험을 쌓았다. 2016년 6월 엔자임헬스에서의 6년 회사생활을 마무리하고 현재는 부모님의 가업에 보탬이 되고자 고향에 내려가 사업가로 변신했다.

## 지구 위의 여섯 대륙, 어디로 갈까?

한 달의 휴가가 주어졌을 때, 난 최대한 욕심을 부렸다. 1주일 휴가로 갈 수 있는 곳은 아무리 매력적인 곳이어도 일단 제외하기로 했다. 이참에 기필코 아직 한 번도 밟아보지 못한 새롭고 먼 대륙에 가겠다는 고집이었다. 비슷하게 긴 휴가를 얻어 함께 스페인-포르투갈에 가자는 친구도 외면하고, 프랑스 니스에 사는 친구의 초대도 거절했다. 자연스럽게 비행 시간이 24시간 이상인 아프리카와 남미를 후보지로 올려두고 고민을 시작했다. 누군가는 여행은 계획할 때가 가장 즐겁다고 했지만 난 계획을 즐기는 타입은 아니다. 게다가 안식월을 계획하고 있었던, 회사에서 막 만 3년을 맞이했던 그때는 갑자기 참여하게 된 제안서 준비로 머릿속이 가득했기에 내 고민은 두 대륙의 몇몇 나라를 후보군으로 둔 채 조금도 구체적으로 나아가지 못하고 있었다. 제안서를 제출하자마자 잠시 미뤄놓았던 안식월을 당장 떠나기로 했다. 선물 같은 한 달을 어디서 보낼지 빠른 결단이 필요했다.

새로운 곳을 좋아하고, 떠나기를 좋아하지만 짧은 기간 동안 최대한 많은 지역을 방문하는 빡센 여행보다는 한곳에 둥지를 틀고 움직이는 것을 선호해왔다. 이번 여행에서도 마찬가지로 길게 머물 지역을 먼저 정하기로 했다. 무작정 여행만 하기보다는 친구를 만나기도 쉽고 뭔가를 배울 수도 있는 방식으로 한 달을 보낼 수 있을지 궁리하던 중 우리 팀 이사님이 추천해주신 EF 코리아를 찾았다. '직장인을 위한 휴가형 어학연수'라는 매력적인 상품이 마련돼 있는 EF 코리아는 유럽에서 시작한 어학연수 기관으로 전 세계 각국의 다양한 언어를 배울 수 있는 어학원을 운영하고 있다. 특히 직장인 과정은 1주일 단위부터 등록이 가능하며 어학원과 함께 기숙사, 아파트를 함께 제공하고 있어서 내가 원하는 방식인 오래 머물 수 있는 여행을 한층 쉽게 만들어준 기관이었다. 하지만 안타

깝게도 남미에는 EF 어학원이 하나도 없었고, 중미에 코스타리카 어학원 혹은 남아프리카공화국 어학원 두 곳이 내가 원하는 바에 가장 가까운 옵션으로 보였다.

대부분의 현대인처럼 결정 장애를 갖고 있는 나에게는 오래 고민할 시간이 없다는 것이 오히려 다행이었다. EF 코리아 담당자와 상담을 하고, 코스타리카 어학원에서 3주간 머물기로 최종 결정했다. 한국은 아직 쌀쌀한 4월이었기에 쨍쨍한 햇빛과 바다만으로도 선택은 한결 쉬워졌다. 어학원 내 위치한 기숙사도 3주간 등록을 하고, 여행사를 통해 코스타리카행 비행기표도 예매했다. 여행은 언제나 용기의 문제라는 말처럼 떠나겠다는 결정을 한 지 일주일 만에 코스타리카행 비행기를 타고 있었다.

한 달 동안의 안식월을 통해 내가 얻고 싶은 것은 무엇인가 하는 고민은 오히려 비행기에서 시작되었다. 떠나기 직전까지 일단 어디든 가고 보자는 마음으로 밀어붙이느라 정작 내가 원하는 한 달이 어떤 모습이었으면 좋겠다는 생각을 깊게 하지 못했다. 뒤늦게 출발하면서나마 노트를 꺼내 들고 끄적거렸다.

> 한없이 여유로운 시간이었으면 좋겠다는 것,
> 스페인어로 음식을 주문하고
> 물건을 살 수 있을 정도는 배웠으면 좋겠다는 것,
> 서핑이나 다이빙 등 한 번도 해보지 않은 것들에 도전해보자는 것,
> 편견도 고집도 없이 자유롭게 지내자는 것.

이 정도를 이번 여행의 목표로 삼았다.

## 여행은 출발하는 순간 현실이 된다

시간을 거꾸로 거슬러 올라가는 비행기를 탔다. 열두 시간도 넘게 비행기에 있었지만 내리니 또 똑같이 13일 1시다. 아무 생각 없이 집중해서 읽을 수 있는 두꺼운 추리소설을 인천공항에서 집어서 탔는데, 미국에 내려서 세관까지 다 지나고 나서야 놓고 내린 게 생각났다. 사자마자 바로 떠나 보냈지만, 다 읽어서 그런지, 그리 감명 깊지 않아서 그런지 그냥 무거운 짐 치웠다 싶었다. 인천에서 도쿄로, 휴스턴으로, 코스타리카 산호세로, 세 개의 비행기와 두 개의 다른 나라를 거치고도 한 시간을 넘게 가야 도착할 수 있는 곳이 나의 목적지였다.

휴스턴 공항에서는 세 시간을 머물렀다. 미국은 뭔가 오묘하다. 공항 밖의 미국인들은 그들만의 활기찬 에너지가 가득한데, 공항을 벗어나기까지는 기분이 상하는 일이 한두 가지가 아니었다. 기분 나쁠 정도로 딱딱한 세관 요원이 "여기는 미국 세관입니다"라고 큰소리로 외친다. 그저 팩트일뿐인 말 한마디인데 왠지 다른 속뜻이 숨어 있다고 느껴지게 만드는 말투다. '당신은 미국인이 아니고, 여기는 미국 세관이니 주의하시오'라는 느낌이랄까. 그저 비행기를 갈아탈 뿐이었는데도 거쳐야 하는 미국 세관 탓에 난 두 배 정도 더 피곤해졌다.

휴스턴에서 산호세를 향해 가는 비행기에선 한순간 우울했다. 뭘 위해서 왜 이렇게 고생 고생 하면서 기어이 코스타리카까지 가는 것인지 나도 나를 알 수 없다. 그냥 맘 편하게 친구가 있는 니스에 갈 수도 있었는데 새로운 곳에 가고 싶다는 그 마음은 그냥 또 무의미한 집착이 아니었을까? 아무도 아는 사람이 없는 그곳에서 혼자 외로워지면 어떡하지? 몸이 피곤해지자마자 과연 이 여행이 그럴 만한 가치가 있을지에 대한 의구심이 밀려오기 시작했다.

여행은 분명 낭만적이고, 일상의 피로와 스트레스에서 벗어나기 위한 탈출구이지만 여행지에 닿기까지 여정은 종종 현실보다도 더 현실적이다. 떠나기 전에는 '여행'이었던 것이 출발하는 순간 '현실'이 되고, 도착하기 전까진 딱히 할 일도 없는 탓인지 떠나기 전에는 떠오르지 않았던 온갖 고민들도 밀려오기 시작한다. 새해 첫날에나 잠시 고민하는, 어떻게 살아야 하는가 하는 거국적인 질문까지……. 피곤해서 그런가봐, 긍정적인 마음은 편안한 몸에 깃드는 거니까.

이번 여행은 너무 지치지 않게 편안하게 보내야지 다시 한 번 마음먹었다.

## 드디어 도착

공항 수하물 컨베이어 벨트에서 내 가방에 걸려 있는 것과 똑같은 EF 태그를 건 가방이 빙글빙글 돌고 있다. 곧 금발머리 여자애가 가방을 내린다. 슬쩍 다가가 인사를 건넸다. 노르웨이에서 온 마리아는 역시나 나와 같이 타마린도 EF 어학원으로 갈 친구다. 나와 똑같이 그녀도 유럽에서 24시간이나 비행해서야 코스타리카에 도착했다고 한다. 처음 와본 나라에 깜깜한 밤에 도착하는 것이 불안했지만 동지를 만나니 마음이 조금 편해진다.

출국장을 나서니 마리아와 내 이름이 나란히 적힌 카드를 들고 서 있는 EF 담당자가 보였다. 긴 비행으로 피곤했음에도 어학원 밴을 타고 타마린도까지 가는 한 시간 동안 끊임없이 얘기하다 보니 어느새 기숙사 앞에 도착했다. 차에서 짐을 내리는데 밖에 앉아 있던 친구들이 다가와 짐을 들어주고 친근하게 인사한다. Hola! 하고 스페인어로 한마디 인사를 던지고 모두 자연스럽게 영어로 이야기하기 시작해 스페인어를 한마디도 몰라 걱정이었던 마음이 조금 편해졌다.

마리아와 나는 기숙사가 달라서 내일 보자고 인사하고 헤어졌다. 담당자가 안내해준 내 방은 작고 심플하지만 나쁘지 않았다. 싱글 침대 두 개와 옷장 두 개, 책상이 두 개가 있다. 2인 1실이지만 아직 방은 비어 있었다. 이제서야 피곤이 밀려온다. 짐을 푸는 것은 모두 내일로 미루고 24시간 비행 내내 고대하던 따뜻한 샤워를 하고, 언제 잠들었는지도 모르게 푹 잠이 들었다. 밤 열두 시쯤 분명히 잠가둔 문이 열리는 소리에 깜짝 놀라서 깼다. 오늘 도착할 줄 몰랐던 룸메이트였다. 자다 깬 부스스한 얼굴로 인사를 나누었다. 네덜란드에서 온 라울라는 네덜란드와 인도네시아 혼혈이라고 한다. 그녀도 역시 24시간이나 비행해서 도착했음에도 불구하고 에너지가 넘친다. 의대를 다니고 있지만 패션 모델도 겸하고 있다는 신기한 이력을 들었다. 발랄한 성격의 룸메이트를 만나니 이번 여행이 더 즐거울 것 같다는 생각이 들었다.

코스타리카에는 Pura Vida가 있다.

## 코스타리카, Pura Vida의 나라!

코스타리카(Coast Rica)라는 나라 이름을 그대로 해석하면 풍요로운 해변(Rich Coast)이 된다. 중미 남쪽에 위치한 이 작은 나라는 나라 이름과 같이 서쪽으로는 태평양을, 동쪽으로는 카리브 해를 끼고 있다. 국토의 25% 가량이 국립공원과 보호구역으로 지정되어 있을 정도로 자연 그대로의 모습을 많이 보존하고 있는 국가여서 코스타리카 하면 떠오르는 여행의 유형은 생태관광(에코 투어리즘)이다. 남한의 1/4밖에 되지 않는 작은 나라에 해변과 정글, 화산과 녹색지대가 울창하게 펼쳐진다.

북쪽으로는 니카라과, 남쪽으로 파나마와 국경을 접하고 있으며, 중남미에서 민주주의가 가장 잘 정착되고 정치가 안정된 나라로 꼽힌다. 중립과 평화를 추구하며 주변국과의 관계를 개선해온 까닭에 중남미의 스위스라고 불리기도 한다. 세계 최초로 헌법에 의해 군대를 폐지한 나라로 '군대를 폐지하고 교육에 투자하자(Army would be replaced with an army of teachers)'라는 슬로건하에 국방비에 들어갈 예산을 교육과 의료 등 국민의 삶의 질을 위해 투자하고 있다. 안정된 정치 시스템과 경제 상황 덕분인지 코스타리카는 세계에서 행복지수가 가장 높은 나라 중 하나다. 한국에서는 축구 경기가 있을 때나 가끔 들어볼 만큼 생소한 나라이지만 거리상 가까운 미국에서는 대표적인 여행지이자 은퇴자들이 가장 살고 싶은 나라로 꼽히고 있을 만큼 아름답고 안전한 곳이다.

말 그대로 풀어보면 '순수한 삶(Pure life)'이라는 뜻이지만,

그 속에는 행복한 인생, 다 잘 될 거야, 문제 없어 등

다양한 긍정의 말들이 숨어 있다.

프랑스에는 C'est la vie(쎄라비; 그게 인생이지)가, 중동에 in shā' Allāh(인샬라; 신의 뜻대로)가 있다면, 코스타리카에는 Pura Vida가 있다. 코스타리카 어디를 가도 가장 많이 들을 수 있는 말로, Pura Vida가 새겨진 티셔츠와 간판, 기념품이 넘쳐나고, 그냥 일상적인 대화 속에서도 Pura Vida는 끊임없이 들려온다. 만나서 반가울 때도, 헤어질 때도, 고마울 때도, 미안할 때도, 기쁠 때도, 고민이 있을 때도, Pura Vida 하나로 통한다고 할 정도이다. 스페인어로 말 그대로 풀어보면 '순수한 삶(Pure life)'이라는 뜻이지만, 그 속에는 행복한 인생, 다 잘될 거야, 문제 없어 등 다양한 긍정의 말들이 숨어 있다. 코스타리카의 정신이 그대로 담겨 있는 이 말은 코스타리카 사람들이 어떻게 그렇게 행복하게 살아갈 수 있는지를 보여준다. 부유하고 풍족해서가 아니라 긍정적인 삶에 대한 관점이 바로 그들이 행복한 이유다. 좋은 순간뿐만 아니라 힘들고 지치는 순간까지 삶의 모든 것을 의연하게 받아들이는 Pura Vida를 나도 인생의 길을 잃은 느낌이 들 때마다 지침으로 삼을 수 있도록 잊지 않기로 했다.

## 머무는 여행의 시작

아침 8시부터 오리엔테이션이 시작되었다. 새벽에 시차 때문에 한국으로부터 몇 번 전화가 울려서 깼지만 또 어렵지 않게 잠들었다. 역시 잘 자는 것도 복이다. 오리엔테이션에서 타마린도 EF 어학원 스태프들을 모두 만날 수 있었다. 다양한 국가에서 온 사람들이 자유롭게 이 언어 저 언어로 소통하면서 일하는 모습이 즐거워 보인다.

현장 코디네이터는 패트리찌오라는 이름의 독일 남자였는데 정말 대단한 천재 같은 사람이었다. 5개 국어를 하는 사람은 봤어도 5개 국어를 모두 모국어처럼 하는 사람은 처음이었다. 포르투갈 출신 부모님을 둔 독일인으로 포르투갈어와 독일어는 당연하고 스페인어는 스페인어 강사로 일할 수 있을 만큼 유창하고, 영어도 거의 완벽하다. 스페인어를 못하는 나를 만나면 모든 이야기를 영어로, 이태리어밖에 못하는 학생을 만나면 이태리어로 그때그때 아무렇지 않게 언어를 바꿔가며 이야기하는 모습이 나뿐만 아니라 2~3개 언어 하는 것을 별달리 생각하지 않는 유럽 애들까지 깜짝 놀라게 했다.

나와 같이 이번 주에 어학원에 도착한 학생들은 12명가량이다. 모두 함께 레벨테스트를 치렀는데, 스페인어를 한 번도 공부해본 적 없는, 어차피 최고 기초반에서도 허우적댈 것이 뻔한 나에게는 정말 무의미한 시간이었다. 시험지를 앞에 두고 창밖 수영장만 바라보며 앉아 있었다. 시험이 끝나고, 이 지역에서 조심해야 할 것들, 추천하는 액티비티, 위험한 상황에는 어떻게 대처해야 하는지, 아프면 누구를 찾고, 길을 잃으면 어디로 전화를 해야 하는지 등등 이 도시에서 3주 동안 살아가기 위해 필요한 정보들을 전달받았다.

어학원은 EF가 유럽 기반의 회사여서 그런지 유럽 학생들이 가장 많았다. 네덜란드, 벨기에, 독일, 이태리, 스위스, 프랑스, 스페인까지 영어권 나라에서 온 학생은 거의 없었음에도 공용어는 영어였다. 정말 다양한 사람을 많이 만날 수 있었는데, 만 나이로 스물일곱이던 내가 나이로 5등일만큼 대부분 젊고 어렸다. 고등학교를 마치고, 혹은 대학교를 다니다가 Gap year를 보내기 위해 코스타리카에 왔다는 애들이 많았다. 종종 16살, 17살 학생들도 있어서 깜짝 놀라기도 했다.

20대 초반이 아니면 아예 극단적으로 나이가 많은 경우도 있었는데, 미국 대사관에서 일하던 50대 언니는 조지타운 대학교에서 국제학을 전공했고, 예전에 콜럼비아 미대사관에서 일하면서 그곳에 3년이나 살았었다고 한다. 지금은 아이 둘과 함께 필라델피아에 살고 있는데 베네수엘라로 발령받게 되어, 떠나기 전 스페인어를 좀 더 익히고자 3주간 여기에 왔다고 했다. 내 또래 프랑스 여자애는 일 년 반 정도 승무원으로 일해왔는데, 국내선에서 일하는 것이 너무 지겨워서 언어를 좀 더 익혀 국제선으로 가고자 여기에 왔다고 한다. 같은 수업을 들어서 얼굴이 눈에 익는데, 양쪽 가슴, 등에 문신이 한가득 이어서 승무원이라고는 상상도 못했다.

나와 비슷한 또래의 프랑스 남자 프랑수아는 프랑스의 플라스틱 회사에서 일하는데, 2년간 중국으로 파견되어 일한 대가로 3개월의 유급휴가를 받았다고 한다. 그중 한 달을 코스타리카에서 여행하며 스페인어를 공부하러 온 건실한 청년이다. 또 다른 30대 중반의 프랑스 남자 로랑은 유통회사에서 10년을 일하고 이제 세계일주를 떠나기 위해 출발지로 코스타리카를 선택했다고 한다. 1년간 세계를 여행할 예정인데, 영어엔 서툴고 여행의 시작은 중남미여서 한 달간 코스타리카에서 실용 여행회화를 익히고 출발하겠다는 계획이다. 20살짜리 포르투갈계 프랑스 여자애 엘로디는 10개월은 EF 시드니에서 영어를 배우고 6개월은 코스타리카에 스페인어를 배우러 왔다고 한다. 이미 집을 떠난 지 10개월이 됐는데, 어느새 또 다른 집이 되어버린 시드니도 떠나서 코스타리카에 오니 외로워서 큰일이라고 걱정이 태산이다.

멀리 떠나기를 좋아하지만 혼자 여행하는 것보단 다른 사람들과 함께하는 것을 선호하고, 여러 곳을 오가는 것보다 머무는 여행을 선호하는 나 같은 사람에게 단기어학연수는 좋은 대안이다. 별다른 어려움 없이 전 세계에서 온 다양한 친구를 사귀고, 안전하고 편안하게 새로운 지역을 깊이 경험할 수 있는 기회였다.

## 서퍼들의 파라다이스, 플라야 타마린도

EF 어학원이 위치한 플라야 타마린도는 여행객이 많은 유명한 관광지다. 여느 휴양지와 마찬가지로 아름다운 자연과 눈부신 해변이 펼쳐져 있고, 화려한 호텔, 레스토랑과 카페, 기념품 가게가 즐비하다. 서퍼들의 도시라고 할 만큼 많은 서핑숍이 있고, 가게도 없이 모래사장에 서핑보드를 세워놓고 대여해주는 사람들도 많다. 서핑이 얼마만큼 이곳 사람들의 삶에 깊이 들어와 있는지를 느끼는 것은 어렵지 않았다. 음식 메뉴에도 서퍼를 위한 메뉴가 있고, 마사지숍에도 서퍼를 위한 마사지, 심지어 요가 수업도 서퍼를 위한 요가가 따로 있을 정도다.

도로가 모두 각을 지어 포장되어 있거나, 인도와 차도가 완전히 분리되어 정돈된 느낌의 도시는 아니다. 걷다 보면 어느새 흙길이고, 풀숲인데 눈길만 돌리면 고급 호텔과 분위기 좋은 레스토랑이 보이는 뭔가 언발란스한 느낌도 있다. 열대기후의 중미 국가에 위치한 도시답게 사람들의 옷차림은 한없이 자유롭다. 방금 바닷물에서 걸어 나온 것처럼 수영복만 입고 돌아다니는 사람부터 가벼운 선드레스 차림까지 도시 전체가 편안하고 여유로운 관광지 느낌이다.

잠시 여행을 떠나온 여행자들부터 아예 이 도시에 삶의 터전을 꾸린 사람들까지 플라야 타마린도의 해변과 그 근처 중심지에는 외국인들이 더욱 많다. 코스타리카 사람을 티코(tico, 여자는 티카: tica)라고 부르는데, 아이러니하게도 도시가 너무 유명해지고 발전하면서 물가가 오른 바람에 진짜 티코들은 대부분 외곽으로 옮겨갔다고 한다. 코스타리카 버전의 젠트리피케이션이라고 할 수 있겠다. 시내에는 코스타리카 전통음식점보다는 피자, 파스타, 스테이크, 버거 등을 파는 레스토랑이 더 많았고, 외국인이 운영하는 바나 레스토랑도 여러 곳 볼 수 있었다. 그럼에도 이곳에 이주한 사람들 또한 Pura Vida의 삶의 관점을 추구하는 사람들이어서 그런지 전반적인 여유로운 분위기는 그대로였다.

도시를 걸어 다니며 소개받았던 첫날, 재미있는 이야기를 많이 들었다. 어학원에서 시내를 나가기 위해서는 정문으로 나가서 먼 길을 걸어가는 방법과 뒷문으로 나가서 풀숲을 지나는 지름길로 가는 방법이 있다. 그런데 밤에는 위험하니까 꼭 먼 길을 이용하는 것을 추천한다고 하는데, 그 위험한 이유가 도시와는 차원이 다르다. 밤에는 뱀과 전갈이 활발하게 활동을 시작하기 때문이란다. 안 그래도 벌레가 많아 낮에 풀숲을 걸을 때도 긴장했던 나는 한층 더 겁을 먹었다. 그럼에도 나는 절대 먼 길을 선택하지 않고 밤마다 풀숲을 아주 조심조심 걸었다.

또 다른 재미있는 길은 시내에서 해변까지 가로지르는 길이다. 이곳 또한 바로 바다로 나갈 수 있는 지름길인데, 습도가 높아지는 우기에는 그 길을 사용하지 말라는 조언이 있었다. 비 때문에 물에 잠기기라도 할까 생각했지만 전혀 아니다. 비가 많이 내리면 생기는 물웅덩이와 높은 습도 때문에 모기들이 활동하는 근거지가 되기 때문이었다. 그래서 그 길은 모두가 뎅기열의 이름을 따서 뎅기 스트리트로 부른다고 한다.

처음 나가본 시내에서 이 도시에서 가장 맛있다는 비스트로를 찾아 점심을 먹었다. 엠파나다와 파니니를 파는 작은 규모의 가게였는데, 겉보기에는 하나도 대단할 것이 없어 보였다. 큰 기대 없이 야채 파니니를 시키고 테라스에 앉아있는데, 그 맛은 정말 상상을 초월했다. 아보카도, 루꼴라, 토마토, 치즈 등이 들어있었는데 지금까지 먹어본 샌드위치류 중에 제일 맛있다고 확신할 수 있을 정도여서 끊임없이 감탄하면서 식사를 했다. 엠파나다는 왕만두 모양으로 생긴 음식인데, 속 재료를 직접 고를 수 있다. 5~6개의 종류가 있는데 치즈와 야채 메뉴가 가득해서 그곳에 머무는 동안 종류별로 꼭 다 먹어봐야지 단호하게 결심하기도 했었다.

코스타리카는 제조업 기반이 약해 물건값이 다 비싸니 웬만하면 가서 살 생각하지 말고 챙겨가라는 EF 담당자의 조언을 출발하기 전에 들었었다. 그럼에도 급히 짐을 싸다 보니 빠뜨린 것들이 많아서 오리엔테이션에서 소개받은 근처 마트로 향했다. 정말로 경고와 다르지 않게 가격이 비싸긴 했다. 코스타리카 콜론과 달러를 둘 다 섞어서 사용하는 여행도시의 특성상 돈 계산에 익숙해지는 데 한참 걸렸다. 첫날엔 없으면 당장 큰일나는 것만 사야겠다 결심하고 샴푸와 썬크림, 씨리얼, 식빵, 물만 사서 돌아왔지만 그 결심도 잠시뿐 타마린도에 머무는 동안 정말 뻔질나게 그 마트를 들락거렸다.

## 태평양에서 카리브 해까지, 프렌치 로드트립

정말 아이러니하게도 예전에 프랑스어를 배우러 어학연수를 떠났던 프랑스에선 미국 친구들만 잔뜩 만나서 영어만 늘었었는데, 이제 스페인어를 배우러 온 코스타리카에서는 프랑스인 세 명과 가장 친해져버렸다. 도착한 첫 주 저녁 식사 파티에서 만난 로랑과 프랑수아는 나랑 비슷하게 도착하고 떠날 예정이라 금방 친해졌는데 그 친구들이 이왕 코스타리카에 왔는데 카리브 해는 찍고 가야 하지 않겠냐고 제안을 했다. 그 제안에 엘로디까지 합류해 순식간에 부활절 주말 여행 팀이 결성되었다.

3박 4일간 코스타리카 주요 도시들을 여행하기로 계획을 세우고 다음 날 당장 SUV를 예약했다. 인터넷이 아니라 렌터카숍에 직접 걸어가서 계약을 하고 나왔다. 여긴 오토는 드물고 대부분 스틱인 까닭에 스틱 차를 렌트했는데, 난 국제면허를 가져오지 않았다는 핑계로 운전에서 빠져보려 했더니 여기는 한국 면허증으로도 운전이 가능한 자유로운 시스템을 가진 나라였다. 면허 땄던 10년 전 이후로 한 번도 운전해본 적이 없는 내가 스틱 차를 대체 어떻게 운전하나 고민했지만 다행히도(?) 여자 일행 중 한 명인 엘로디가 운전대를 잡자마자 10분 만에 접촉사고를 내는 바람에, 걱정이 산더미가 된 남자애들이 운전대를 잡기로 했고 난 지도를 펼치고 길을 안내하는 역할만 하면 됐다.

가장 오랜 시간 운전대를 잡은 건 프랑수아였다. 나와 동갑내기인 프랑수아는 삐삐 마르고 허여멀건 하면서도 바퀴 달린 기계는 다 좋아해서 산악 바이크까지 탄다고 한다. 역시나 그는 베스트 드라이버. 비포장도로

가 많은 코스타리카에서도 조심조심, 무리하지 않으면서도 빠르고, 위험하지 않게 직선 도로에서만 앞차를 추월하면서 신속 정확하게 나아갔다.

차 안에서 분위기 담당은 의외로 나이가 가장 많은 로랑이었다. 조수석에 앉은 나를 부조종사로 임명하더니 끊임없이 "코 파일럿, 다음 경로는?" 하면서 장난을 치는데, 네비게이션도 없이 지도 한 장 펼치고 길을 찾느라 진땀을 빼야 했다. 표지판이 아주 완벽하게 친절하지는 않지만, 워낙 개발을 제한하는 국가라 도로가 많지 않은 점이 길 찾기에 오히려 다행이었다.

새벽에 출발해서 포장도로를 한참 달리다가, 코스타리카의 유일한 고속도로라는 아메리칸 하이웨이로 접어들었다. 그런데 웬걸, 이름만 하이웨이지 지금까지 지나온 국도보다도 못했다. 아직 다 완성되지 않은 미완의 길을 따라 계속 달렸다. 고속도로도 국도와 똑같이 생겨서 풍경을 보는 재미가 있었다. 한국의 풍경도 여행하는 마음으로만 보면 똑같이 아름답겠지 하는 생각이 들면서도, 코스타리카의 한없이 파란 하늘과 새하얀 구름, 진한 초록에 마음을 훅 빼앗겼다.

중간중간 마음이 닿는 식당에서 아침도 먹고, 점심도 먹고, 하루 종일 달리다 보니 수도 산호세에 도착했다. 갑자기 8차선 도로가 펼쳐지는 것이 역시 수도는 수도다 싶었다. 하지만 주유소에만 잠시 들르고 멈추지 않고 달렸다. 토르투게로 선착장에서 배를 타고 들어가야 하는데 늦으면 마지막 배가 끊길지도 모른다는 걱정이 들어서였다.

카리아리라는 마을 끝에서 토르투게로 선착장까지는 비포장도로였는데, 차가 망가지겠다 싶을 정도의 험난한 길이었지만 가장 아름다운 길이기도 했다. 작은 도마뱀이 쪼르르르 길을 건너고, 픽업 트럭 뒤에 꼬마아이들 서넛과 엄마아빠가 보이는데 몇몇은 앉아서 나머지는 서서, 아빠는 뒤에 매달려서 지나가는 모습, 넓은 농장에 한가로운 소들, 자갈길 도로와 초록 농장을 뚜렷하게 구분하는 파란색, 노란색 울타리, 농장의 구역을 구분하려는 듯이 또박또박 줄지어 심어놓은 날씬한 나무들, 길거리를 걸어다니는 강아지들과 끝도 없게 이어진 차도를 달리는 용기 충만한 마라토너들, 자전거를 한 손으로 몰며 다른 한 손에는 아이를 안고 있던 소년, 짐을 잔뜩 싣고 모래바람을 일으키며 몇 번이나 우리를 추월하고 우리에게 추월당하던 노란색 SUV까지 모두 다 아름다웠다.

## 거북이들의 땅, 토르투게로

선착장에서 배를 타고 들어가는 길은 구불구불 긴 시간이 걸렸다. 밀림 같은 곳을 기대했는데, 기대한 바보다는 큰 감흥이 없는 강가를 따라 한참을 내려가다 보니 마을이 보였다. 색색의 컬러로 어떻게 보면 조잡한 조형물이 가득한 토르투게로는 활기차고, 다정하고 친근한 것이 도착하자마자 뭔가 마음이 편해지는 곳이었다. 도착하자마자 보이는 관광안내소에서 밤에 진행되는 바다거북 투어를 예약하고, 론니플래닛을 보고 미리 골라둔 호텔을 찾아 짐을 풀었다.

거북이들의 땅이라는 이름의 토르투게로, 그 이름처럼 토르투게로 국립 공원은 거대한 바다거북의 산란과 부화 과정을 관찰할 수 있는 에코 투어리즘 관광 프로그램으로 유명한 곳이다. 밤 열 시 암흑 속에서 시작된 바다거북 투어는 대체 무엇을 기대해야 할지 알 수 없는 프로그램이었다. 운동화와 긴 바지는 필수이고 휴대폰이나 플래시라이트 등 빛을 내는 물건은 절대 금지이다. 자연스럽게 사진 촬영도 금지이다. 빛에 민감한 바다거북을 위한 규칙이며, 공식 투어 가이드 없이는 국립공원에 입장조차 불가능하다.

몇 가지 주의사항을 듣고 가이드를 따라 바닷가를 걷기 시작했다. 가이드의 붉은 조명만이 유일한 빛이었는데 그 외엔 아무런 불빛이 보이지 않아 처음 경험하는 완벽한 암흑 속 투어였다. 앞이 보이지 않는 어둠 속에서 조용조용 대화하며 걷다 보니, 구름 뒤에 가려졌던 달이 나왔다. 이렇게 어두운 곳에 있어 보니 달빛이 얼마나 밝은지 새삼 실감이 났다.

걸어도 걸어도 거북이는 보이지 않고, 얼마나 걸었을까 몇 명은 더 이상 못 걷겠다고 할 정도로 피곤해질 때즈음, 우리가 걸어온 반대 방향에서 거북이가 나타났다는 무전이 왔다. 거북이가 아무리 느릴지라도 온 길을 걸어서 되돌아가면 이미 알을 낳고 바닷속으로 돌아가버릴 것이 뻔한 먼 거리였다. 그런데 정말 신기하게도, 해변 안쪽으로 쭉 걸어 들어가니 강이 나왔다. 강과 바다가 해변을 사이에 두고 평행하게 흐르고 있는 것이다. 강에서 모터보트를 타고 초고속으로 달려 반대쪽 해변에 도착했고, 어두 컴컴한 정글을 한참 달려 바다거북이 알을 낳고 있는 해변에 도착했다.

정말로 무슨 영화를 찍고 있는 것과 같이 드라마틱하게 운명적으로 거북이를 만났다. 1미터가 훌쩍 넘는 거북이는 상상했던 것보다도 정말 거대해서 공룡을 떠오르게 했다. 우리가 멀리 떨어져 조용히 산란 과정을 지켜보는 가운데, 가이드는 거북이의 개체수를 확인하고 관리할 수 있도록 거북이에게 태그를 붙이고, 모래 속에 낳은 거북이 알이 훼손되지 않도록 표시를 한다. 거대한 거북이는 느릿느릿 그렇지만 또 신기할 만큼 빠르게 움직여 모래 속에 알을 묻어두고 바닷속으로 돌아갔다.

지금까지 어디를 여행하면서도 느낄 수 없었던 신비로운 경험이었다. 함께 출발했던 일행 중에서도 절반은 거북이를 만나지 못한 채 투어가 끝나버 렸는데, 우리는 반대쪽으로 한참을 걸어가고도 산란을 볼 수 있었던 것은 마치 운명 같았다. 나중에 들은 이야기지만 에코 투어리즘이라는 이름으로 토르투게로가 너무 유명해지면서, 거북이 알이 훼손되는 등 오히려 악영향도 많았기에 공식 투어를 활용해서 한정된 인원만 국립공원에 출입할 수 있도록 규정을 강화하고 있다고 한다.

## 해변 위 정글 카후이타,
## 레게의 도시 푸에르토 비에호,
## 정글 속 짚라인 몬테베르데

코스타리카는 작은 나라이지만, 태평양, 카리브해, 정글, 화산 등 정말 특색이 강한 장소들로 가득 차 있었다. 토르투게로를 떠나 다음 찾은 곳은 카리브 해에 자리잡은 카후이타였다. 축제 분위기로 가득한 동네였는데, 바닷가 전체가 보호구역인 국립공원으로 이루어진 곳이었다. 원숭이, 다람쥐, 도마뱀 등 다양한 동물을 직접 보면서 정글 트래킹을 할 수 있는 신비로운 경험이었다.

카후이타에서 얼마 떨어지지 않은 도시 푸에르토 비에호는 밥 말리와 레게가 떠오르는 도시였다. 해변가 앞으로 노상 천막이 줄지어 서 있고, 길거리 음식과 기념품 판매상들이 넘쳐났다. 화려한 펍과 매력적인 레스토랑이 연이어 보이는 곳에서, 편안한 테라스를 찾아 저녁을 먹다가 전깃줄에 매달린 나무늘보를 만났다. 영화 〈아이스에이지〉에서 봤던 것과 비슷하게 생긴 나무늘보를 보려고 가게 안에 있던 여행객들이 모두 몰려나왔다. 그 소란 속에서도 나무늘보는 한 치의 흔들림도 없이 느릿느릿 자기 갈 길을 간다.

카리브 해를 찍고 다시 돌아가는 길에 마지막으로 방문한 곳은 몬테베르데, '녹색 산'이라는 이름을 가진 도시다. 화산 도시로 알려진 그곳은 번지 점프나 짚라인 등 익스트림 체험으로도 유명한 곳이다. 우리 일행도 짚라인에 도전하기 위해 꼬불꼬불한 산길을 운전해 올라갔다. 단일 거리 1km짜리 가장 긴 짚라인이 있는 곳이다. 그룹으로 움직이는 짚라인의 특성상 여행온 사람들과 인사를 나눌 기회가 이어졌는데, 미국에서 놀러온 노부부부터 혼자 세계여행을 떠나온 20대 초반의 유럽 여자들까지 다양했다. 산을 올라가면서 다양한 코스의 짚라인을 타게 되는데 마지막에 있는 가장 긴 1km 코스까지 두 시간가량 걸렸다. 나를 제외한 다른 친구들은 모두 번지점프까지 도전했다. 나는 계곡 한가운데에서 점프하는 모습을 보는 것만으로도 충분히 아찔했다.

부활절을 끼고 떠났던, 3박 4일간의 짧지만 막상 또 그렇게 짧게 느껴지지도 않았던 카리브 해 여행이 끝났다. 여행의 설렘과 여행에서 마주한 수많은 감정들로 가득 차 이것저것 새로운 영감과 동기 부여가 철철 넘치는 느낌이었다. 영원히 잊지 못할 것 같은 순간들이 혹시라도 도망가지 못하도록 열심히 일기장에 적어놓았다.

## 모이기만 하면 파티가 되는 곳, 플라야 타마린도

타마린도 기숙사는 월요일부터 일요일까지 매일매일 파티 분위기다. 매주 새로 오거나 떠나가는 사람이 있는 어학원의 특성상, 일단 모이고 나면 누구누구의 환영 파티, 굿바이 파티라는 명목이 어느새 만들어진다. 다양한 국적이 모여 있는 만큼 자기 나라의 음식을 직접 요리해 소개하는 경우도 있고, 각자 만든 요리를 가져와 나누어 먹기도 한다. 아무 이름 갖다 붙일 일이 없는 날에도 저녁이 되면 어김없이 다 함께 모여 바닷가에서 석양을 보고 식사를 한다.

금요일인 오늘은 더욱 특별하다. 원래 스위스의 이탈리아 파트에서 온 조지가 준비한 요리를 저녁 여덟 시에 먹기로 약속했는데, 나는 이미 배가 너무 고팠고, 어제 지나가며 봤던 팔라펠 가게가 때마침 생각이 나, 슬쩍 혼자 걸어 나와서 가게로 쏙 들어갔다. 특별히 죄를 짓는 것도 아닌데 저녁 두 번 먹는 걸 누가 볼까 봐 약간 눈치가 보였다. 피타브래드에 넣은 팔라펠 샌드위치와 아랍식 디저트, 그리고 콜라를 시켰다. 미치도록 맛있는 정도는 아니었지만 먹는 내내 무척 행복했다. 음식을 한참 먹고 나서야 사진을 찍어놓을걸 하는 생각이 들었다.

저녁을 먹었지만 안 먹은 척 기숙사로 돌아와 아파트먼트 씽코(apt 5)로 향했다. 톰과 리처드, 조지 등 남학생들이 사는 곳인데, 항상 난장판이기로 유명한 곳이다. 톰과 리처드는 막무가내인 애들이라 별로 밥도 같이 먹고 싶지는 않지만 조지는 항상 귀여운 웃음을 짓는 착한 친구다. 게다가 직접 카레 요리를 해주겠다고 하니 대환영이었다. 요리를 하는 도중에 가스가 나가는 등 여러 사건 사고가 있어서 한참 고생을 했다고 하는데, 우여곡절 끝에 완성된 조지의 카레라이스는 정말 맛있었다. 수영장 옆 테이블에 여덟 명 정도가 옹기종기 모여 앉아 함께 식사를 했다. 기숙사에서는 맥주 한 잔도 허용되지 않기 때문에 즐겁게 밥을 먹은 후 기숙사 바로 문 앞 테이블에 다시 모여 맥주를 마시기 시작했다.

맥주 한 잔씩을 앞에 두고 한참을 수다 떨다가 금요일을 기념하고자 '크레이지 몽키'라는 클럽으로 향했다. 타마린도에 사는 모든 사람이 온 것처럼 붐비는 클럽이었는데, 루프탑에 오픈 된 공간이어서 춤추고 놀면서 예쁜 별로 가득한 밤하늘을 바라볼 수 있는 환상적인 곳이었다. 한국에서 가본 클럽은 거의 지하에 연기와 냄새가 쾌쾌한 느낌이었던 것 같은데 야외에 만들어진 그곳은 정말 느낌이 달랐다. 물론, 술에 취해 비틀대는 사람이 가득하다는 점은 한국과 역시 똑같았다. 타마린도는 대도시가 아닌 만큼 모든 클럽이 매일 문을 열진 않는다. 요일에 따라 문을 여는 클럽이 정해져 있어서 어떤 날 어느 클럽을 향해도 웬만한 동네 사람을 모두 다 만나고 올 수 있는 독특한 시스템을 자랑한다.

## 서퍼스 파라다이스에서 즐기는 인생 첫 서핑!

독일 친구 마리타와 함께 첫날 오리엔테이션에서 코디네이터 패트리찌오가 소개해준 서핑숍을 찾아갔다. 수업 시간을 피해 서핑 레슨을 수요일 아침 9시로 예약했다. 네 명당 한 명의 서핑 강사가 붙는 그룹 레슨으로 두 시간에 30달러였다. 10달러 보증금 외에 특별히 준비할 사항이 있을지 물어봤지만 마음만 잘 먹고 오면 된다는 간단한 답변을 들었다. 화요일은 타마린도의 유명한 'Bar1'의 레이디스 나이트가 있는 날이다. 그날이면 어학원 전체 인원이 다 함께 'Bar1'을 향하곤 한다. 수요일 아침으로 서핑 레슨을 잡은 것은 약간의 판단 착오라고 볼 수 있었지만, 여기 머물 날이 길지 않았기에 그냥 하기로 했다. 여기서는 어쩐 일인지 아침 7시면 번쩍번쩍 눈이 잘도 떠진다. 새벽 2시에 자고도 아침 7시에 발딱 일어나서 서핑 레슨을 하러 갔다.

서핑숍에 도착해서 옷을 갈아입고 준비하다 보니 같이 레슨 받을 사람들도 속속 도착한다. 서핑 강사 두 명과 강습자 일곱 명 모두 아홉 명이 보드를 들고 바다로 향했다. 나와 마리타, 30~40대 미국 여자 두 명, 30대 프랑스 남녀 커플, 국적 불명의 중년 아저씨 한 명까지.

그 전에 친구 제니와 둘이 무턱대고 나갔던 바다는 바닥이 모두 돌이어서 까칠까칠 발이 아프고 무서웠는데 전문가들과 찾은 바다는 보들보들한 모래바닥이다. 모래사장에 먼저 보드를 쭉 줄 세워놓고 기본 자세를 배운다. 오른쪽 다리를 앞쪽에 둘지 왼쪽 다리를 앞쪽에 둘지를 결정하는데, 왼쪽 다리가 앞에 가는 것을 '레귤러', 오른쪽 다리가 앞에 가는 것을 '구피'라고 부른다. 처음 해보는 것이기에 어떤 것이 나에게 맞는지 모르겠다고 하니 보드 위에 서라고 하고 보드를 흔든다. 다리에 힘이 더 잘 들어가는 쪽으로 선택하면 된다. 나는 왼발이 앞에 나가는 '레귤러'가 잘 맞았다.

보드 위에 엎드려서 테일(보드의 뒤쪽)에 발이 걸쳐지게 자세를 잡는다. 팔은 가슴 옆으로 두고 요가 할 때처럼 엉덩이를 들고 삼각자세를 취한다. 뒷발(레귤러의 경우엔 오른쪽 발)을 먼저 앞으로 빼서 자리를 잡고, 앞발을 최대한 간격으로 넓게 앞으로 뺀다. 간격이 넓어야 중심을 잡기 쉽기 때문이다. 그리고 자세를 낮춰야 한다. 팔은 닌자처럼 앞으로 뻗는다. 시선은 아래를 보지 말고 꼭 앞을 향해야 한다. 아래를 보면 중심이 넘어간다. 모래사장에서 보드에 엎드렸다 일어났다를 대여섯 번 하는데 이것만으로도 꽤 힘이 들었다. 사실 보드를 들고 바다까지 오는 10분 정도 되는 시간만으로도 굉장히 지치긴 했다. 리쉬(보드 연결 줄)를 뒷발(레귤러의 오른쪽 발목)에 묶고 바다로 향했다. '앗! 차가워' 하고 순간적으로 몸이 반응하기는 했지만 조금 지나고 나서 보니 물은 다행히 따뜻한 편이었다. 들어가기 전 주의사항이 몇 가지 있었다.

## 서핑 전 주의사항

1. 보드 테일에는 갈퀴가 달려 있어 위험할 수 있기 때문에 항상 노즈(nose)를 앞으로 향
   해야 한다.

2. 바다 쪽을 향해 있을 때, 파도가 약할 때는 노즈를 파도 위로 향하게 하고 파도가 너
   무 세다 싶으면 물속 아래로 향한다. 정말 셀 때는 보드 위에 엎드려서 몸을 뒤집어
   물 밑으로 들어간다.

3. 해안 쪽을 향하고 있을 때 뒤에서 파도가 오면 가슴 쪽 보드를 꽉 잡고 머리를 위로 든
   다. 파도에 밀려 보드에 코나 턱을 부딪히지 않게 하기 위해서다.

4. 파도 속에서 보드를 놓치면 무조건 머리와 얼굴을 감싸야 한다. 이건 정말 중요하다
   고 두세 번 강조했다.

주의사항을 듣고 모래 위에 보드를 끌고 물속으로 들어 간 지 5분도 되지 않아서 일곱 명 중 두 명이 탈락했다. 중간에 화장실에 갔다 온다고 자리를 비웠던 마리타가 보드에 얼굴을 맞아서 코를 다쳤다. 피가 철철 나서 바로 포기하고 학교로 돌아갔다는데 나는 나대로 파도가 무서워 긴장하고 있느라 한참 지나서야 그 사실을 알았다. 다른 한 명은 프랑스 여자였는데, 보드에 잘못 걸려서 발톱이 빠졌다고 한다. 순식간에 두 명이 빠지고 나머지 다섯 명이 레슨을 계속했다.

나를 담당한 강사, 조나단은 24살이라고 했다. 다정한 미소에 귀여운 얼굴, 너무 아래로 입은 수영복 트렁크와 전쟁터에서 검정 바르는 것처럼 코에 바른 새하얀 선크림. 키는 나 정도밖에 안 되는 것 같은데 몸매는 진짜 완벽하다. 다른 강사는 이름을 잊었는데, 그도 마찬가지로 완벽한 갈색에 완벽하게 탄탄한 몸매였다.

나 혼자서는 몰려오는 파도나 조심하면서 보드 위에 엎어져 있는 거 말고는 별로 할 수 있는 게 없었다. 그렇지만 그게 나름 재미있었는데, 차갑지 않은 물에 팔을 담그고 보드에 엎드려서 바다에 떠 있는 시간은 뭐랄까 시간과 공간을 다 초월해버린 온전한 휴식이나 선물의 순간으로 느껴졌다. 뜨거운 햇살 찰랑찰랑한 바닷물의 느낌이 너무 좋았다. 물에 처박히는 것도 파도를 맞는 것도 모두 무서웠고, 렌즈 낀 눈에 바닷물이 들어가 따끔따끔했지만 시간이 좀 지나니 모두 극복이 됐다.

파도가 오는 것을 잘 보고 있다가 패들링을 해서 파도보다 빨리 달리다 속도가 나면 보드 위에 일어서면 된다. 파도를 딱 타야 하는 순간이 있는데 난 사실 그게 언제인지 잘 모르겠고, 이번 레슨에서는 패들링 할 시간, 일어설 시간을 강사가 계속 얘기해줬다. 사실 속도를 낼 수 있었던 것도 강사가 파도가 올 때 앞에서 당겨주고 뒤에서 밀어줘서 작은 파도가 와도 탈 수 있게 도와준 덕분이었다. 그룹 레슨이다 보니 항상 강사가 날 봐주고 있는 것은 아니어서 두 시간 동안 실제로 패들링을 해서 파도를 타본 것은 열 번 안쪽이었던 것 같다.

첫 번째 도전에서는 보드에서 몸을 떼지도 못 했다. 물에 있으니 무섭기도 했지만 몸이 훨씬 무겁게 느껴졌다. 그리고 보드가 움직이는 속도가 생각했던 것보다 훨씬 빨랐다. 우왕좌왕 보드 위에 엎드린 채로 해변 가까이까지 쭉 밀려 나갔다. 이건 이거대로 재미있었지만 계속 가면 모래사장에 처박히겠다 싶을 정도여서 일부러 물속으로 떨어졌다. 두 번째 파도에서는 무릎만 겨우 꿇었고, 네 번째 파도에서는 발만 살짝 닿았다. 겨우 한 번 일어섰다 싶었을 때는 시선을 아래로 향하거나, 다리 간격이 너무 좁았거나 해서 순식간에 물속으로 처박혔다.

몇 번 물을 먹고 나니, 조나단이 나에게 보드 위에 앉으라고 한다. 내가 지금 너무 긴장하고 있다며, 무서워하지 말고 편안하게 이 순간을 그냥 즐겨보라고 했다. 보드에 앉아 찰랑거리는 물을 느끼고 있으니 마음이 조금씩 편안해졌다. 처음엔 언제 두 시간이 다 갈까 생각했는데, 끝날 때는 한 번 더 타고 싶어 아쉬울 정도였다.

정말 운명인가 싶을 정도로, 시간이 다 되어 모두가 물 밖으로 나가고 마지막 파도를 탔을 때 보드에 제대로 올라섰다. 시간상으로는 아마 5초도 되지 않겠지만 몇 미터 정도 보드 위에 선 채로 파도를 탔다! 어떻게 내려와야 할지 몰라 그냥 물에 뛰어들어 일어섰지만 너무 신나서 나도 모르게 소리를 막 질렀다. 조나단과 환희의 하이파이브를 하고 신나서 다른 사람들에게 자랑하며 나왔다.

물속에 있을 것이라는 생각에 얼굴에만 선크림을 꼼꼼히 바르고 몸에는 신경을 많이 안 썼는데, 보드 위에 엎드려 있는 시간이 꽤 길었다. 끝나고 당장은 몰랐는데 저녁에 몸을 보니 다리 뒤쪽이 빨갛게 달아올랐다. 서핑 숍에서 준 반팔 셔츠를 입었는데 팔에도 선명하게 선이 생겼다.

타마린도 해변은 바다 쪽으로 많이 걸어 들어가도 발이 닿을 정도로 낮다. 파도를 맞아 물에 처박혀도 모래사장이 부드럽고 깊이가 얕아서 많이 무서워하지 않고 서핑에 도전할 수 있었다. 겁도 지나치게 많고, 운동신경도 부족한 데다가 도전의식도 별로 없는 내가 서핑을 이렇게나 즐길 수 있었다는 게 너무 신기했다. 게다가 순식간에 두 명이나 떨어져 나가고 다른 미국인 여자 한 명도 일찌감치 포기했던 상황을 생각하면 정말 선방이었다. 여기 머무는 동안 한 번 더 꼭 도전해야지. 팔다리가 후들거리고 무릎에 멍이 잔뜩 들어서 당장은 조금 어렵겠지만, 곧! 꼭!

## 마음을 내려놓는 안식월, 다시 잡은 행복의 기준

마지막 금요일 수업은 정말 늦게 끝났다. 4시 반까지 수업을 하고 바로 졸업식을 시작했다. 졸업식이라고 해봐야 형식적으로 학사모 같은 것을 쓰고 3주간 수고했다는 내용의 종이 한 장을 받는 것이지만, 생각해보면 대학교 졸업식에도 가지 않은 나는 고등학교 졸업 후 10년 만에 다시 한 번 학사모를 써본 것이었다. 수영장 옆에서 시작된 졸업식은 가볍게, 즐겁게, 유쾌하게 모두를 수영장에 밀어 넣는 것으로 끝이 났다.

타마린도의 하루하루는 사소한 일로도 금세 특별해지는 신비한 매력이 있었다. 반나절 수업을 듣고, 강의실 옆 수영장에 누워 쨍쨍한 오후를 즐기다가 해가 질 무렵 느릿느릿 걸어나가 석양을 보고 저녁을 먹는 일과가 이어지는 가운데 매일 새로운 사소한 경험들이 차곡차곡 특별하게 쌓여

나갔다. 우연히 들어간 피자집에서 갑자기 기타 연주가 펼쳐져 작은 콘서트가 되기도 하고, 겨우 3주 머물렀을 뿐이지만 어느새 몇몇 작은 가게의 단골이 되기도 하고, 멀게만 느껴지던 나라에서 온 친구가 생기기도 했다. 하지만 이곳에서의 하루하루가 특별하고 행복했던 건 코스타리카가 특별해서만은 아니다. 해야 하는 일보다 하고 싶은 일들로 하루를 채울 수 있었기에 내 마음은 어느 때보다 너그러웠고, 이곳에서 나의 행복의 기준은 대체로 낮았다. 기준을 낮게 잡는다는 건 쉽게 행복해질 수 있다는 뜻이다. 하루하루 일상인 한국에서는 어느새 불평거리가 되었을 것들도 즐겁기 위해 떠나온 이곳에서는 부정적인 힘이 발휘되지 못했다. 딱히 맛있을 것 없는 음식도 더 즐거운 식사가 되었고, 불편한 침대도 편안한 안식처가 되었다.

많은 것이 느리게 흘러가는 이곳에서, 빠르게 바쁘게 지낸 한국에서의 시간을 돌아보며, 그사이 조금 더 각박해진 것 같은 내 마음을 살짝 내려놓았다. 무엇이 그렇게 조급했는지, 또 불안했는지 이제와 곰곰이 생각해보니 어느새 별일이 아니었던 것 같이 느껴진다. 가진 것이 많아서 행복한 것도, 없어서 불행한 것도 아니라는, 누구나 알고 있지만 마음으로 느끼기엔 어려운 진실을 여유로운 코스타리카의 해변 마을에서 조금씩 배워나간 시간이었다.

일상 속 기쁨을 찾아나가는 방법은 내 기준에 달려 있었다. 조금만 마음을 바꿔도 훨씬 많은 순간이 쉽게 행복해질 수 있다는 것! 이곳에서의 깨달음이 한국까지 꼭 따라와주길……. 언젠가 또 지치고 힘든 순간이 와도, 이곳에서의 기억이 한걸음 더 나아갈 수 있는 힘이 되길.

안녕…… 기억하고 간직하고 꺼내볼게 나의 안식월.

① 두려워하지 말 것!

코스타리카는 우리에게는 엄청 낯선 오지처럼 느껴지지만 사실 아주 많이 알려진 여행지이다. 에코 투어리즘이 발달되어 있어 자연 그대로 보존된 아름다운 환경을 만날 수 있다. 누구라도 쉽게 여행할 수 있으니 겁내지 말고 떠나도 좋다.

② 로드트립은 안전하게!

작은 나라이지만 곳곳에 놓치면 안 될 여행지가 숨어 있기에 자동차로 여행하는 것이 좋다. 하지만 비포장 도로가 많기 때문에 렌트할 때 이왕이면 SUV를 추천한다. 또한 차를 비울 때는 차 안에 아무런 짐도 두지 않는 것이 안전하다. 빈 쇼핑백이라도 안에 있는 것이 보이면 누군가 창문을 깨고 차를 엉망진창으로 만들어버릴 수 있으니 주의하자!

③ 새로운 경험에 올인!

화산 투어, 정글 투어, 에코 투어부터 서핑, 스노클링, 스쿠버다이빙 등 수상스포츠와 짚라인, 번지점프, ATV 등 익스트림 체험까지 다양한 경험이 펼쳐지는 곳이다. 이번이 아니면 언제! 하는 마음으로 도전해보자. 물론, 모든 도전 시 공식 인증된 업체에서 보험이 보장되는 프로그램인지 확인하는 것이 중요하다!

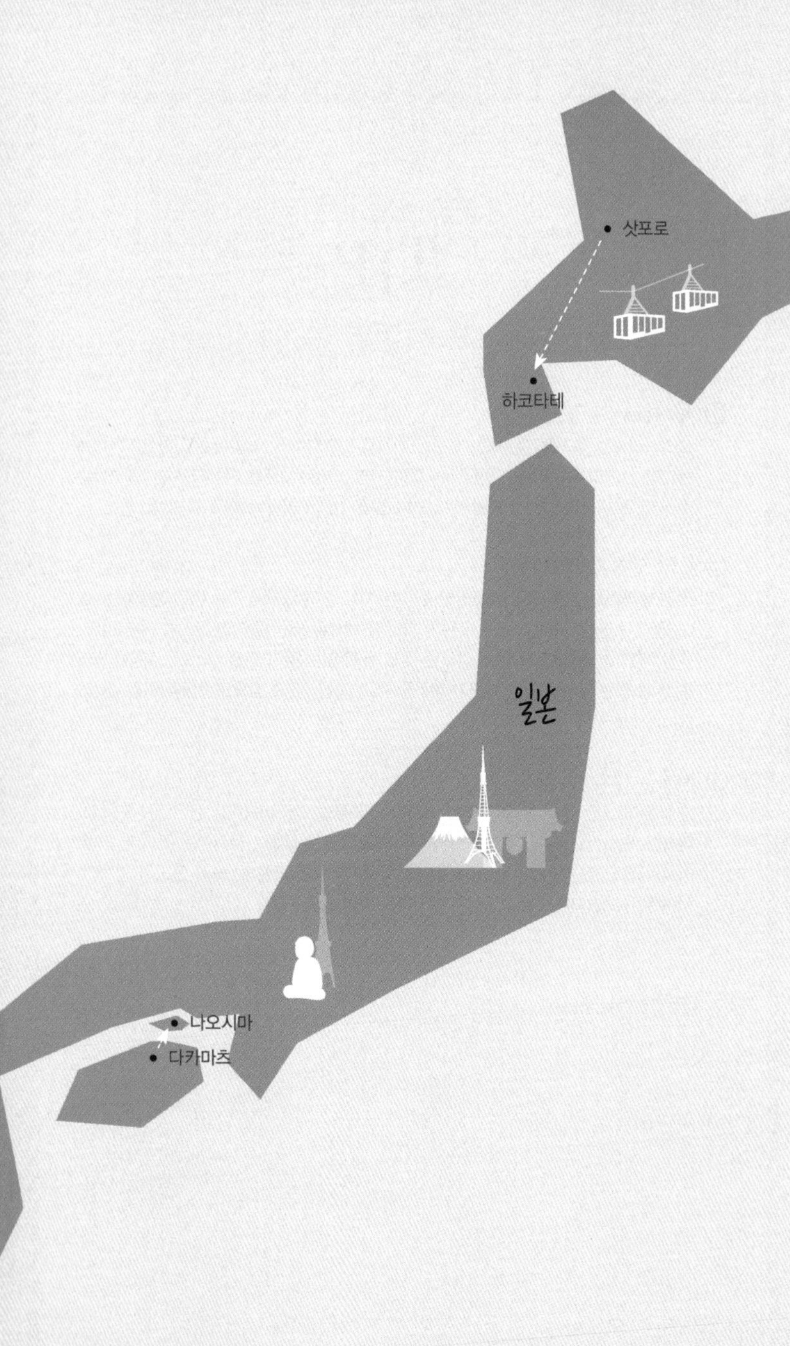

삿포로
하코타테
일본
나오시마
다카마츠

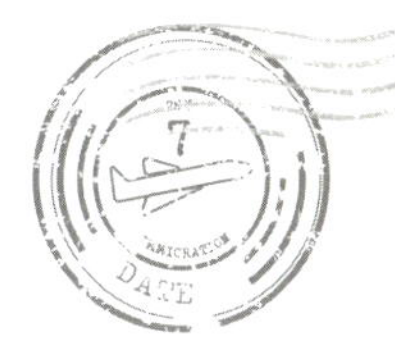

# Always Japan,
# Slowly Japan

이현선

5월의 따뜻하면서도

시원한 바다 바람을 맞으며,

시간과 날씨가 주는

여유로움이란 이런 맛이구나.

## 나에게 안식월이란?

"재충전". 몸도 마음도 모두 충전되는 시간. 여유 있게 하루를 보낼 수 있고, 아무 간섭 없이 온전히 나만의 시간을 가질 수 있는 소중한 시간. 무리한 계획보다는 '쉼'에 중점을 두고 보낸 시간이다.

한 달의 안식월 휴가가 주어지면 대부분의 경우 유럽이나 미국 등 장거리 여행을 가기 마련인데, 여행에 모든 시간을 투자하기에는 아까운 시간들이라 가까운 일본 도시여행을 다녀오기로 했다. 평소 휴가 내고 다녀올 수도 있는 일본을 굳이 왜 안식월 휴가 때 가는지 의문이 들 수도 있다. 나는 여행은 준비단계부터 시작이라고 생각한다. 어디를 가고 무엇을 할지 등을 계획하는 것부터 여행의 설렘이 시작된다. 이런 설렘을 충분히 느끼고 싶고, 일본은 도시마다 특색이 달라서 가는 곳마다 새로운 재미를 준다.

**이현선.** 기획관리본부 이사

인사, 회계, 기획, 총무, 구매 등 회사 경영과 살림에 필요한 전체 업무를 책임지고 있다. 무역회사, 외국계 여행사 회계팀에서 근무하다 초창기 아무것도 갖춰진 것이 없었던 엔자임헬스에 합류해 엔자임헬스의 복지 및 경영의 뼈대를 만든 장본인이다. 여행을 사랑한다. 특히 일본의 문화, 건축, 디자인에 관심이 많아 여행 기회가 있을 때마다 일본을 찾는 일본 여행 전문가다.

## 여행과 일상이 주는 여유로움을 즐기다
### 휴식이란 무엇일까?

사전을 찾아보니 "하던 일을 멈추고 잠깐 쉬는 것"이라고 되어 있다. 한 달의 휴식, 한 달 동안 하던 일을 멈춘다. 그렇다면 이제부터 행복한 고민이 시작된다. 한 달 동안 하던 일을 멈추고 무엇을 할까? 어떻게 쉬어야 내 삶의 에너지가 재충전될까?

모든 직장인들이 그러하듯 시간이 주어지면 일단 여행을 계획하게 된다. 한 달이라는 기간은 사람에 따라 다르겠지만 세계 어디든 갈 수 있는 충분한 시간이다. 대부분 평소 시간이 없어 멀리 가보지 못한 유럽 여행이나 미국 등의 여행을 계획하는 경우가 많다. 하지만 나 같은 경우는 애초 그럴 계획이 없었다. 평소 비행기 오래 타는 것을 별로 좋아하지도 않고, 한 달이라는 시간을 온전히 여행으로만 보내고 싶지는 않았다. 그래도 어디론가 떠나고 싶었다.

함께 떠날 수 있는 사람, 'my travelmate'.

영혼이 통하는 사람을 '소울메이트(Soulmate)'라고 한다. 나에게는 여행이 통하는 '트래블메이트(travelmate)'가 있다. 죽마고우도 아니고, 자주 만나는 편도 아니지만, 알고 지낸 지 벌써 10년이 넘은 친구다. 우리는 발리부터 시작해서 도쿄, 삿포로, 나오시마까지 함께 여행을 했다. 내가 가고 싶은 여행지를 말하면 친구는 별말 없이 함께한다. 첫 번째 그리고 두 번째 안식월 휴가도 어김없이 나의 트래블메이트와 함께 떠났다.

# 첫 번째 안식월 휴가

## 사계절 매력이 다른 홋카이도로 떠나다

겨울 여행하면 떠오르는 몇몇 도시들이 있다. 나에게는 영화 〈러브레터〉의 배경인 홋카이도가 그중 한곳이다. 눈이 하염없이 내리고 조용하다 못해 적막할 것만 같은 설국의 나라.

평소 북쪽에 대한 환상 같은 것이 있어서, 알래스카, 아이슬란드, 핀란드 등 주로 위도가 높은 나라들에 관심이 많았다. '추위 알레르기'로 고생한 적이 있을 만큼 추위에 매우 약하지만, 원래 하지 말라면 더 하고 싶듯이, 추운 겨울에 홋카이도를 꼭 한 번 가보고 싶었다. 하지만 눈이 내리는 삿포로와 오타루의 환상적인 장면들만 생각했지 현실적인 상황은 잊고 있었다. 겨울철에는 워낙 눈이 많이 내려서 걸어 다니기 힘들며, 하코다테 야경도 눈이 내리면 시야가 흐릿해져서 제대로 볼 수 없다고 해서, 겨울이 아닌 날씨 좋은 10월에 홋카이도로 떠나기로 했다.

홋카이도는 북위 41도~45도 상에 위치해 있어서 겨울에는 눈이 자주 내리고, 기온이 영하 20도까지 내려가는 일본 최북단의 섬이다. 겨울이면 오호츠크 해 연안에서 유빙을 볼 수 있는 곳. 우리나라 사람들에겐 홋카이도가 겨울 여행으로 유명하지만 실제 일본인들은 무더운 여름을 피해 여름 휴가를 가는 곳이 홋카이도라고 한다.

대부분의 경우 홋카이도 여행은 삿포로에서 시작하기 마련이다. 홋카이도의 행정도시이기도 하고 비행편도 많기 때문이다. 그러나 우리는 하코다테 공항에 도착 후 홋카이도 레일패스를 이용해 삿포로로 이동하는 경로를 선택했다. 이런 비유가 적절할지 모르겠지만 마치 일본사람이 서울이 아닌 부산부터 도착해서 서울을 KTX로 왕복하는 일정인 셈이다.

## 홋카이도 보통 열차를 타다

아침 7시 30분 비행기를 타고 하코다테에 11시경 도착했다. 공항은 생각보다 크지 않았다. 바로 버스를 타고 JR 하코다테 역으로 이동했다. 홋카이도 보통 열차 3일권을 미리 구입했고 발권을 위해 역무원에게 이것저것 물어봤는데 일본어밖에 하지 못하는 역무원과 대화는 불가능했고, 열차 시간은 다 되어 가고 급해져서 '예약석'이라는 영어 단어도 생각이 나지 않았다. 겨우 생각나서 말했지만 못 알아들어 결국 종이에 'Reserved seat'이라고 써서 보여줬는데, 그제서야 알아들었는지 단호하게 "NO"라고, 보통 열차는 예약석은 없고 줄을 서서 순서대로 타는 것이라고 한다. 하코다테에서 삿포로까지는 보통 열차로 두 시간. 도저히 서서 갈 수는 없다. 이럴 때는 빠른 발이 필수. 다행히 열차 맨 앞 줄에 서서 기다리게 되었다. 이런 상황에서도 홋카이도의 유명한 대게 도시락을 잊지 않고 샀다. 괜히 조바심에 뛰어다닌 것이 후회가 될 정도로 보통 열차 안은 한가해서 여유 있게 앉을 수 있었다. 엄청 기대했던 도시락은 먹으면 먹을수록 일본 특유의 간장 맛이 진하게 느껴져서 끝까지 먹지는 못했다.

급하게 들고 뛰느라 다소 모양이 흐트러진 대게 도시락

창밖으로 바다가 보이는 보통 열차를 타고 두 시간을 달려 드디어 JR 삿포로 역에 도착했다. JR 삿포로 역은 굉장히 크고 넓어서 입구를 잘 찾아 나가야지 안 그러면 다리가 고생하기 딱 좋다. 우리는 다행히도 헤매지 않고 곧장 예약한 호텔을 찾을 수 있었다. 치산 호텔은 일본 호텔이 대부분 그러하듯 정말 최소한의 공간에 침대와 화장실이 있을 뿐이었다. 집 떠난 지 12시간 만에 숙소에 도착해서 침대에 누웠다. 내가 어디 미국이나 유럽으로 떠난 것도 아닌데 서울 출발 반나절 만에야 목적지인 삿포로에 도착한 것이다. 도착 첫날은 근처 오도리 공원을 둘러보고 쉬었다. 오도리 공원은 겨울이면 세계적으로 유명한 삿포로 눈 축제가 열리는 곳이다.

## 안녕, 나의 오타루

다음 날은 드디어 오타루에 가는 날이다. JR삿포로 역에서 JR쾌속 이사카리 라이너를 탑승하면 40분 만에 오타루에 도착할 수 있다. 타는 방향에서 오른쪽에 앉아야 아름다운 해안선을 보면서 갈 수 있다. JR미나미오타루 역에서 내려 일본 최대 규모의 오르골을 전시 및 판매하는 오타루 오르골당(Otaru Music Box Museum)에 도착했다. 1층 매장에는 전 세계 오르골 5,000여 점을 전시 및 판매하고 있으며 곡을 자유롭게 선택해서 자신만의 오르골을 제작할 수도 있다. 평소 오르골에 관심이 없었던 나조차 눈이 휘둥그래져서 정신없이 둘러봤다. 일본 특유의 초밥 모양을 한 오르골부터 애니메이션 〈토토로〉 오르골까지 정말 다양한 모양의 오르골을 판매하고 있었다.

반복되는 똑같은 음악에 맞춰 회전하는 오르골의 모습이 흡사 우리 직장인들의 모습과 다르지 않다는 생각을 한 적이 있다. 때로는 무한 반복되는 음악과 움직임에 지겹고 지칠 수도 있겠다 싶었지만, 그런 생각도 잠시뿐, 들려오는 청아한 오르골 소리에 마음이 편안해지는 기분이었다.

과연 오타루 오르골당에서 오르골을 사지 않고 나올 수 있을까? 그런 경우는 거의 드물 것이다. 나에게는 나만의 기념품을 고르는 노하우가 있다. 가장 중요한 것은 과연 나의 취향에 맞는지 나의 공간에 어울릴지 여부다. 마냥 신기하다고 초밥 오르골을 고르는 실수를 해서는 안 되는 이유이다. 동남아 여행에서 사온 기념품들의 경우, 현지 느낌이 물씬 나면서 좋아 보였지만 내 방에 들어오는 순간 너무 눈에 띄거나 혹은 아주 초라해 보이기 짝이 없다. 그래서 어딘가에 방치되어 있다가 없어지기 쉽다. 그렇게 사라져간 기념품들의 추억이 하나씩은 있을 것이다. 나는 타는 것은 좋아하지 않지만 보는 것은 좋아하는 회전목마 모양의 조그만 오르골을 골랐다. 그 오르골은 지금도 내 책상 위에서 겨울에는 한 번씩 잔잔한 멜로디를 선사해주고 있다. 첫 안식월의 추억을 기억하면서.

오타루 오르골당 내부 사진

다시 오면 되니까. 꼭.

홋카이도는 낙농업이 발달해서 유제품이 유명하다. 그래서 거리 곳곳에서 아이스크림을 판매하는 상점을 많이 볼 수 있다. 우유를 통째로 갈아서 만든 듯 진하고 부드럽다. 진짜 밀크 맛이다. 아이스크림을 손에 들고 친구와 함께 오타루 운하까지 천천히 걷기 시작했다. 오타루 운하는 지금은 운하로 사용되고 있지는 않지만 예전에 쓰던 창고 건물들이 주변에 남아 있어 고풍스러운 운치를 느낄 수 있다. 창고는 상점으로 개조해서 곳곳에 볼거리가 많은 편이다. 저녁 가로등에 불빛이 들어오면 그 불빛이 운하에 은은하게 번져 멋진 오타루의 야경을 감상할 수 있다.

홋카이도는 10월이면 오후 5시부터 어둑어둑해지고 일찍 밤이 찾아온다. 저녁 시간까지 여유 있게 산책하며 오타루의 유명한 야경까지 보고 돌아올 예정이었는데, 몸이 갑자기 좋지 않아 걷기조차 힘들었다. 조금 걷다 벤치에 앉아 쉬어도 보고 다시 조금 걷다가 산책로에서 쉬어도 봤지만 도저히 걸을 수 없을 만큼 몸이 안 좋아졌다. 아쉬움만 잔뜩 남기고 다시 삿포로로 돌아왔다. 비행기 타고 기차 타고, 지하철까지 타고 오타루까지 갔는데……. 〈러브레터〉 영화 속 장면들을 떠올리며 여주인공 후지이 이츠키가 일했던 도서관과 병원으로 나온 오타루 시청 등을 천천히 둘러보고 오타루의 야경까지 보려던 모든 계획이 무산된 채 호텔 침대에 누워 있자니 억울한 생각이 들었다.

숙소에서 진통제를 먹고 다리와 허리에 파스를 붙이고 두 시간 정도 쉬었더니 몸이 좀 괜찮아진 것 같아서, 아니 괜찮다고 자기 체면을 걸었는지도 모른다. 다시 삿포로 시내로 나와 JR타워 T38전망대로 향했다. 고소공포증이 있지만 밤에는 거리감이 없어지는지 무섭지 않고 오히려 조명으로 비춰지는 시내가 조용하고 아름다워 보였다. 삿포로 시내는 도쿄처럼 고층 건물이 많지 않고 복잡하지도 않아서 야경이 화려하지 않다. 그래 이번엔 오타루 야경을 삿포로 야경으로 대신하자. 다시 오면 되니까. 꼭. 그렇게 나 스스로를 위로하는 밤이었다.

## 조용한 항구도시, 하코다테

다시 홋카이도 보통 열차를 타고 하코다테로 돌아왔다. 하코다테는 조용한 항구도시로 옛 건물들이 많아 고즈넉한 분위기였다. 하코다테의 BAY AREA는 옛날 창고를 개조해서 만든 일종의 쇼핑몰이다. 일본은 옛 건물들을 개조해서 상점으로 활용하는 경우가 많다. 카네모리 창고에는 홋카이도의 명물 '대게'와 같은 수산물부터 아기자기한 기념품까지 다양한 물건들을 판매하고 있었다.

역시나 여기서 내 지갑이 자연스럽게 열리기 시작했다. 작은 손수건에서부터 우산까지 아기자기한 소품들이 가득했다. 벚꽃 모양이 가득한 우산이 마치 "나를 데려가세요"라고 말을 거는 것 같았다. 한참을 고민한 끝에 구입했는데, 이유는 장 우산이라 공항에서 들고 타야 하는 수고로움이 있었기 때문이었다. 그래도 벚꽃 무늬 가득한 특이한 우산은 여기에서밖에 살 수 없다는 생각에 망설임 없이 구입했지만 한 달 후 웬걸, 서울에서 똑같은 우산을 보고야 말았다.

그래도 저 우산은 내 우산과 다르다고 특별한 가치를 부여하며 아직도 비 오는 날이면 항상 벚꽃 우산과 함께한다. 내가 그의 이름을 불러주었을 때 그는 나에게 와서 꽃이 되었듯, 벚꽃 우산은 단순히 나에게 우산이 아닌 어느 가을 하코다테의 추억을 의미하니까.

오전에 비가 내려 좀 걱정이었는데 다행히 오후에는 비가 그쳐서 하코다테 야경을 볼 수 있을 거라는 기대감으로 하코다테 산으로 향했다. 산 정상에 가려면 하코다테 로프웨이를 타고 가야 한다. 일종의 케이블카로 10분 간격으로 운행한다. 하코다테는 고베, 나가사키와 함께 일본 3대 야경으로 손꼽힌다.

10월인데도 하코다테는 5시부터 어두워지기 시작했고, 산 정상에 있는 전망대라 날씨도 쌀쌀했다. 아직 거리에 조명 불빛이 들어오기 전이고 오전에 내린 비로 안개가 자욱하게 깔려 있어서 불안한 마음이 들었다. 이러다 멋진 야경을 보지 못하는 것은 아닐까? 오타루 야경에 이어 하코다테 야경도 나와는 인연이 아닌가. 시간이 지나니 조금씩 안개도 잦아들고 거리에 불빛이 하나둘씩 켜지기 시작했다. 쌀쌀한 날씨에 기다린 보람이 있었다. 불빛이 켜지면서 멋진 야경이 내 눈앞에 펼쳐지기 시작했다.

사진기 셔터를 수없이 눌렀지만 사진으로는 표현되지 않는 정말 멋진 야
경이었다. 한참 동안 야경을 보고 있으니 날씨는 쌀쌀했지만 기분은 상
쾌하고 시원했다. 만약 하코다테를 가게 된다면 야경을 꼭 보고 오길 바
란다. 그리고 시간적 여유가 있으면 조금 일찍 도착해서 불이 켜지기 시
작하는 순간부터 지켜보시라. 한 편의 영화처럼 야경의 기승전결을 감상
할 수 있을 것이다.

하코다테에서는 노면 전차를 타고 이동할 수 있다. 걸어서도 충분히 갈 수 있는 거리였지만 한 번쯤 전차를 타보고 싶었다. 우리와 반대로 뒷문으로 타서 앞문으로 내리는 방식이다. 일단 급히 전차에 올랐다. 처음 타는 전차라 신기해서 두리번두리번거리고 있는데 사람들이 가지고 있는 작은 종이가 눈에 들어왔다. 작은 종이의 정체가 궁금해지기 시작했다. 요금은 어떻게 내는지 사람들을 유심히 지켜보니, 모두 내릴 때 그 종이를 보여주고 동전을 내고 있지 않은가. 그러니까 전차를 탈 때 종이(표)를 뽑으면 어느 역에서 승차했는지 알 수 있고 표를 내릴 때 운전기사 님에게 보여주고 정산하는 방식이다. 낭패였다. 모르면 용감해지는 법. 내릴 때가 되어 운전기사 님한테 세 정거장 전에 탔는데 표는 없다고 설명하자 친절하게 요금을 알려주셔서 다행히 민폐 여행객은 되지 않았다. 일본 여행의 좋은 점이라면 이런 친절들이 아닐까 싶다. 무엇을 물어봐도 최선을 다해서 설명해주는 느낌이다.

노면 전차는 아주 천천히 움직였고 대부분의 승객들은 모두 연세가 지긋하신 어르신들뿐이었다. 그러고 보니 어디를 가나 어르신들이 많았다. 심지어 스타벅스에서도 말이다. 고령화 사회를 목격하는 순간이었다.

삿포로도 조용해서 좋았는데 하코다테는 항구도시라서 그런지 더욱 운치가 있고 한적해서 좋았다. 일본 여행하면 대부분 도쿄 부엉이 여행 아니면 온천 여행을 많이 하는데, 삿포로와 하코다테는 조용하면서 볼거리도 많아서 여유 있게 휴가를 보내기에 안성맞춤인 곳이다. 어느 곳이나 계절마다 분위기가 다르겠지만 홋카이도만큼 계절별 분위기가 다른 곳은 없을 것이다. 봄, 여름, 가을, 겨울 사계절을 모두 보내고 싶은 곳이다. 다음에는 겨울에 와서 홋카이도를 제대로 느끼고 싶다. 물론 10월, 가을도 충분히 좋았다.

하코다테 하치만자카

# 두 번째 안식월 휴가

## 우연이 필연이 된 여행 – 예술의 섬 나오시마

여행지를 선택하는 데 오랜 시간이 걸리지 않았다. 몇 년 전부터 가보고 싶었던 곳이 하나 있었기 때문이다. 그곳은 예술의 섬 '나오시마'.

예전에 우연히 도서관에서 자전거를 타고 일본을 일주하는 여행서를 읽게 되었다. 단순한 자전거 여행이 아닌 일본의 '건축물'을 보고 소개하는 이야기라 관심 있게 읽었다. 애초에 나에게 자전거 여행 따위는 할 생각도, 그리고 할 수도 없는 여행이다. 이때까지만 해도 '나오시마'에 큰 관심을 갖지는 않았다. 그렇게 잊혀지다가 우연치 않게 또다시 '나오시마'만 다룬 여행서를 읽게 되었다. 그때였다. 꼬물꼬물 마음속에서 기분 좋은 열정이 생겼다. 그래 '나오시마'에 가보자. 당장은 갈 수 없으니 시간의 여유가 생기면 느긋하게 다녀오자.

또다시 안식월을 맞이하고 날씨가 좋았던 싱그러운 5월, 두 번째 안식월 여행도 나의 트래블메이트와 함께 나오시마로 떠났다.

해외여행을 떠날 때마다 주로 아침 일찍 출발하는 비행기를 타곤 했다. 예전에 하코다테를 갈 때는 오전 7시 30분 출발 비행기라 전날 공항 근처 숙소에서 자야 하나 심각하게 고민한 적도 있었다. 하지만 이번 여행은 여유를 갖고 출발하기로 했다. 처음으로 오후 5시가 넘는 비행기를 타기로 한 것이다. 물론 다카마츠에 도착하면 저녁 7시가 넘는 시간이라 숙소에 도착해서 그날은 아무것도 할게 없는 것이 사실이지만 상대적으로 오전 시간의 여유를 누릴 수 있어서 나쁘지 않았다.

사실 대부분 특히 일본이나 대만, 중국 등 가까운 해외여행지의 경우 최대한 아침 일찍 출발하고 돌아올 때는 최대한 저녁 늦게 도착하는 비행기 편으로 일정을 계획하는 경우가 많다. 그래야 가격 대비 많은 곳을 보고 올 수 있기 때문이다. 그러나 이런 일정은 여행 첫날부터 피곤하고 지치기 마련이다. 오랜만에 가져보는 한 달 휴가를 그처럼 피곤하고 힘들게 시작하고 싶지 않았다. 게다가 일본은 내 생애 다시 한 번 가볼까 말까 하는 여행지도 아니고 솔직히 며칠 휴가 내고 언제든 다녀올 수도 있는 가까운 곳이다. 이번에 못 봤으면 다음에 다시 와서 보면 되는 거다. 이게 가까운 해외여행의 좋은 점이자, 내가 자주 일본을 찾는 이유다.

이번처럼 늦은 오후에 출발하는 여행은 마음의 여유가 생기고 여행의 설렘도 오래간다. 어렸을 때 소풍 전날은 하루 종일 설렘으로 가득했던 것처럼.

그렇게 오후 시간에 비행기를 타고 다카마츠 공항에 저녁 7시 넘어 도착했다. 리무진 버스를 타고 숙소에 도착해 간단하게 저녁을 먹고 쉬기로 했다. 왜냐하면 다음 날 오전에 나오시마로 가는 배를 타야 하기 때문이다.

나오시마는 다카마츠에서 배를 타고 한 시간 정도 가야 하는 섬이다. 섬 나라에서 다시 섬으로 가는 여행인 셈이다. 나오시마는 가가와 현과 오카야마 현 사이에 있는 일본 세토내 해의 작은 섬이다. 이 섬은 산업 폐기물로 오랫동안 방치되어 있다가 일본 '베네세' 재단이 섬마을 전체를 현대미술의 복합 공간으로 재탄생시킨 곳이다. 나오시마에는 지중미술관, 베네세 하우스 등 일본의 대표적인 건축가, 안도 다다오가 직접 설계한 건축물들을 볼 수 있다. 내가 여기까지 온 가장 큰 이유 중 하나이다.

## 안도 다다오를 만나러 가는 길 - 지중미술관

평소 '집'에 대해 관심이 많은 편이다. 특히 '작은 집'에 관심이 많다. 그래서 작은 집이 많은 일본 건축에 관심이 많았고, 일본 건축가 '안도 다다오'와 '나카무라 요시후미'를 특히 좋아한다. 본래 집이라 함은 편안한 공간으로 크기가 크게 중요하다고 생각하지 않는다. 작은 공간이라도 나의 생각과 나의 취향을 담은 집이면 되는 것이다. 지금이야 부모님 집에서 살고 있지만 언젠가 나의 집을 직접 지어보는 것이 꿈이다. 그래서 집과 관련된 책을 마구잡이로 읽게 되었다. 그러다 보니 점차 내 취향에 맞는 것들을 찾아 보게 되고 그게 바로 '작은 집'이었다.

다카마츠에서 배를 타고 한 시간 정도 지나 선착장 근처에 일본의 설치미술가, 쿠사마 야요이의 〈빨간 호박〉이 보이면 나오시마에 거의 도착한 것이다. 배에서 내려 버스를 타고 이동하는데, 자전거를 대여해서 이동하는 사람들도 상당히 많았다. 우리는 일단 버스를 타고 지중미술관으로 향했다. 입구에서 내려 표를 구입하면 미술관까지 올라가는 길이 있는데, 길 옆으로 모네의 수련을 옮겨놓은 듯한 연못과 작은 정원이 있다. 미술관을 향해 가는 길도 전혀 지루하지 않게 설계되어 있었다.

드디어 지중미술관 입구에 도착했다. 안도 다다오가 설계한 미술관답게 노출 콘크리트로 되어 있어 첫인상은 어딘지 모르게 무표정한 차가운 느낌이었다. 지중미술관은 세토내 해의 경관을 해치지 않기 위해 미술관의 이름처럼 '地中' 즉, 건물 대부분이 땅속에 묻혀 잘 보이지 않는다. 입구에 도착하면 좁고 어두운 통로 저 멀리 빛이 보인다. 빛을 따라 천천히 들어가는데 미술관에서 이런 긴장감을 느껴보기는 처음이다. 워낙 조용하기도 하고 어두운 실내에 오직 빛의 힘에 의지해 걸어가야 하기 때문이다. 미술관이 아니라 무슨 성당에 와 있는 느낌이었다. 하루의 시간에 따라, 계절의 변화에 따라 다양한 모습으로 변하는 미술관이다.

빛을 따라 이동하다 보면 전시실이 나온다. 지중미술관은 제임스 터렐, 워터 드 마리아, 클로드 모네의 작품만을 전시한 미술관이다.

천장에 네모난 구멍이 뚫려 있는 제임스 터렐의 〈Open Sky〉. 사각형의
벽 가장자리에 앉아서 하늘을 바라본다. 하늘의 열린 공간으로 날씨와 시
간, 계절에 따라 다양한 하늘의 표정을 볼 수 있다. 5월 오후 3시. 하늘
은 구름 한 점 없이 맑았다. 온전한 하늘을 볼 수 있었는데, 구름이 있는
흐린 하늘도 나름 운치 있지 않을까 싶었다. 여기에 들어서면 사람에 따
라 머무는 시간이 제각각이다. 어떤 사람들은 10분 이상 하늘만 쳐다보
는 사람도 있고, 쓱 한 번 쳐다보고 지나치는 사람들도 있다. 비행기를 타
고, 배를 타고 버스를 타고 여기까지 와서 하늘을 바라보고 있자니 이렇
게까지 하늘을 봐야 하나 싶은 생각도 살짝 들었다. 미술관 밖에서도 고
개만 들면 볼 수 있는 하늘인데 말이다.

하지만 프레임에 담긴 하늘이 자연이 만든 하나의 작품이라는데 이견은 없다. 자연이 준 예술 혹은 자연 자체가 예술이라는 생각이 들었다. 자연을 담아내기 위한 인간의 노력이 예술이라는 장르로 승화되었는지도 모른다. 별이 총총 뜬 밤하늘을 어떨까? 별똥별이라도 떨어지는 하늘이라면 그 찰나가 얼마나 아름다울까……. 계속 보고 있자니 상상력이 자꾸만 솟는다.

제임스 터렐 〈Open Sky〉

모네의 방은 전체 자연광으로만 구성되어 있는데 그곳에서 모네의 〈수련〉을 볼 수 있다. 미술관에 가보면 각 작품마다 조명이 설치되어 있는 것이 보통인데, 모네의 방은 어떤 조명도 없이 빛이라는 자연 조명이 그림을 비추고, 바닥 대리석과 벽이 온통 하얀색으로만 되어 있어 빛의 밝기가 극대화된다. 마치 온통 흰색의 공간에 〈수련〉만 보이는 비현실적인 세계를 경험하게 된다.

지중미술관은 전시된 작품의 수가 많지 않다. 그리고 미술관이면서 체험관이기도 하다. 못 알아듣는 일본어가 크게 문제가 되지는 않는다. 그림이나 건축은 설명이 없어도 충분히 감동 받을 수 있기 때문이다. 지중미술관은 콘크리트, 철, 나무, 유리 네 개의 소재만을 사용하여 건축 디자인을 최소화했고, 안도 다다오의 작품답게 자연의 빛이 절묘하게 어울리는 공간이다. 전시된 작품들이 모두 빛과 연관되어 있는 것도 우연은 아닌 것 같다.

지중미술관에서 나와 버스를 타고 이동하다 보면 '이우환' 미술관을 만날 수 있다. 우리 회사 직원들에게는 익숙한 이름인데, 우리 회사 옆 서울시립미술관 입구에 이우환의 작품이 전시되어 있기 때문이다. 철판 사이로 두 개의 돌이 놓여져 있는 작품이 여기 나오시마에도 있다. 낯선 곳에서 만나는 낯익은 것에 대한 반가움. 일본에서 만나는 한국 작가에 대한 반가움이 교차했다.

## 한적한 섬마을 집들을 산책하다 – 이에 프로젝트

버스에서 내려서 일단 천천히 동네를 구경하기 시작했다. 한적한 섬마을이라 사람들도 별로 없고 고즈넉하다. 우리가 내린 '혼무라'라는 곳은 '이에(일본어로 '집') 프로젝트'로 유명한 곳이다. '이에 프로젝트'는 사람이 살지 않는 낡은 집을 작가들의 작업을 통해 집집마다 독특한 예술작품으로 재탄생시켰다. 이런 집들의 내부를 보려면 소정의 비용을 지불해야 하는데, 놀이공원의 자유이용권처럼 전체를 둘러볼 수 있는 관람권을 판매한다. 관람권을 구입했지만 반드시 '이에 프로젝트'의 모든 집을 보려는 것이 아니어서 천천히 둘러보기 시작했다. 놀이공원 자유이용권을 사고 모든 놀이기구를 다 타는 것이 아닌 원하는 것만 선택해 타보는 셈이었다. 티켓에는 'Art House Project General Viewing'이라고 되어 있고 집들의 사진과 지도가 작게 인쇄되어 있다. 굳이 티켓을 사지 않아도 동네의 집들이 아기자기하고 독특해서 그냥 산책하듯 둘러만 보아도 좋은 동네이다.

혼무라 지역 이색적인 집

여러 집을 방문했지만 그중 가장 인상적인 곳은 안도 다다오가 설계한 집 미나미데라(Minamidera)이다. 그곳에서는 유일하게 줄을 서서 기다렸다가 들어갔는데 우리 앞에 일본인 부부 두 명과 함께 안내원을 따라 집 안쪽으로 들어갔다. 집은 빛을 완벽하게 차단해 아무것도 보이지 않는 암흑 그 자체였다. 손으로 벽을 더듬으며 한 발 한 발 움직여야 했다. 앞은 안 보이고, 말도 거의 못 알아들어 공포스럽기까지 했다. 가끔씩 말해주는 Left와 Right에 의존할 수밖에 없었다. 도대체 얼마나 걸었을까?

"Sit down."

앉으라니 일단 앉았다. 그리고 계속 눈을 감고 있으라고 한다. 아무것도 보이지 않아서 눈을 감으나 뜨고 있으나 차이는 없지만 처음부터 눈을 감

안도다다오 뮤지엄, 미나밀레라

으라고 해서 계속 감고 있었다. 이런 곳에서는 일단 시키는 대로 해야 손해 보지 않는다.

"Open your eyes."

눈을 뜨고 있어도 캄캄하기는 마찬가지이다. 그런데 몇 분 지나니 신기한 경험을 하게 된다. 눈앞에 빛이 희미하게 보이기 시작한다. 이 칠흑 같은 어둠 속에서 어렴풋이 빛을 발견해가는 과정을 체험하게 되는 것이다. 이건 직접 경험하지 않고서는 알 수 없을 것 같다. 말로는 제대로 표현할 수조차 없다. 직접 경험해보시라. 절대 잊혀지지 않는 경험이 될 것이다.

## 점 찍기의 달인과의 만남–쿠사마 야요이와 김환기

한적한 동네라서 그런 건지 꽤 많이 걸었는데도 전혀 피곤하지 않았다. 섬 중심부터 걷기 시작해서 바닷가까지 도착했다. 여기 바닷가에도 쿠사마 야요이의 유명한 〈노란 호박〉이 있다. 5월의 따뜻하면서도 시원한 바닷바람을 맞으며 바닷가에 앉아서 친구와 "좋다", "좋다"를 연신 되풀이하고 있었다. 시간과 날씨가 주는 여유로움이 이런 맛이구나.

부둣가에 외로이 놓여진 쿠사마 야요이의 〈노란 호박〉. 〈노란 호박〉을 그냥 지나치는 사람들은 거의 없다. 친구끼리 혹은 가족끼리 사진 찍느라 정신이 없다. 사람들이 모두 떠나고 한가해진 무렵 쿠사마 야요이의 〈노란 호박〉을 가까이에서 마주하게 되었다. 작가의 어떤 외로움이 이렇게까지 무수한 점을 찍게 되었을까 생각해본다. 게다가 전시장이 아닌 이렇게 바닷가에 덩그러니 놓여 있으니 왠지 더 쓸쓸한 느낌이다. 어린 시절 겪었던 육체적 학대와 그로 인한 망상으로 평생 환영과 강박에 시달린 쿠사마 야요이는 끊임없이 반복되는 물방울 무늬를 통해 자신만의 독창적인 예술세계를 만들었다.

쿠사마 야요이의 물방울 무늬들을 보면 생각나는 사람이 있다. 바로 김환기다. 김환기의 대표 작품인 〈어디서 무엇이 되어 다시 만나랴〉는 고향에 대한 그리움을 무수한 점들로 표현한 것이다. 외로움과 그리움은 이렇게 무언가에 몰두하게 만드는 힘이 있는 모양이다. 대부분 김환기의 점 찍기 작품은 무제인데 반해 〈어디서 무엇이 되어 다시 만나랴〉라는 작품은 김광섭 시인의 〈저녁에〉라는 작품에서 영감을 받았다고 한다. 이 작품은 내가 좋아하는 조용한 동네, 부암동의 환기 미술관에 가면 볼 수 있다. 실제로 보면 2m가 넘는 화폭 크기에 무수한 점이 빼곡히 그려져 있어 고향에 대한 작가의 그리운 마음을 짐작해볼 수 있다.

작가의 어떤 외로움이 이렇게까지

무수한 점을 찍게 되었을까 생각해본다.

## 추억이 있어야 맛이 있다-사누키 우동투어 버스

우동. 겨울철이면 가끔 생각나는 정도이지 특별히 좋아해서 즐겨 먹는 편은 아니다. 나에게 우동은 고속도로 휴게소에서나 생각나는 그저 그런 메뉴들 중 하나일 뿐이다. 그래도 사누키 우동의 본고장인 다카마츠까지 와서 어찌 우동을 먹지 않을 수 있으랴.

사누키(다카마츠가 속해 있는 카가와 현의 옛 이름) 지역은 강수량이 적어 예로부터 밀 재배에 적합했고, 이런 풍부한 밀과 소금, 물을 적절하게 조합해서 만든 굵은 면이 사누키 우동이다. 다른 우동보다 면이 굵고 쫄깃한 것이 특징으로 우리가 쉽게 먹는 우동을 주로 사누키 우동이라고 보면 된다.

워낙 우동이 유명하다 보니 '우동 버스투어'가 있을 정도다. 우리나라도 그렇듯 맛집은 도심 외곽에 많은 편. '우동 버스투어'는 버스를 타고 유명한 우동집에 내려서 우동을 맛보고 다시 버스를 타고 다른 우동집으로 이동하는 투어로, 반나절 코스와 종일 코스로 나뉘어 있다. 나는 당연히 오전 반나절 코스를 선택했다. 우동 매니아였다면 종일 코스를 선택했겠지만. JR다카마츠 역에서 우동 버스를 기다리는데 솔직히 미리 예약을 하지도 않아서 탈 수 있을지 없을지 약간 걱정이 되었다.(우동 버스투어는 사전 예약이 필수다.) 막상 버스를 타보니 나보다 가이드가 더욱 걱정스러운 표정이었다. '우동 버스투어'에는 가이드가 있었는데 외국인 그것도 한국인은 나와 친구 달랑 둘뿐이었다. 설명은 당연히 일본어로 진행되었고 우리는 당연히 아무 말도 못 알아들었다. 그래도 일본인 특유의 친절함으로 중간중간 짧은 영어로 설명을 해주었다.

기대 반, 설렘 반으로 처음 도착한 '야마고에' 우동집은 날계란을 풀어먹는 가마타마 우동의 원조 우동집이다. 오전인데도 많은 사람들로 붐비고 있었다. 어딜 가나 맛집은 시간과 상관없이 길게 줄을 서는 것이 기본인가 보다. 줄을 서서 기다리며 앞 사람이 어떻게 주문하고 먹는지 유심히 살펴보고 그대로 따라 주문하면 성공이다.

소심한 여자 둘은 특히 낯선 음식 앞에서 그 소심함이 극대화된다. 평범한 우동일 줄 알았는데, 어쩌면 평범한 우동이라면 이렇게 사람들이 외곽까지 와서 우동을 먹지는 않겠지만, 아무튼 우동 면에 날계란을 비벼 먹는 우동이라니. 원래 날계란을 먹지 않는 나는 도전 정신이 필요한 순간이었다.

"어때, 먹을 만해?"

"생각보다 괜찮은데."

생각보다 괜찮다는 친구(음식에 있어서는 나보다 훨씬 소심한 편이다)의 말을 절대 신뢰하며 한입 먹어봤는데, 어라! 비린 맛이 날 줄 알았는데 나름 고소하다고 해야 하나 나쁘지 않은 맛이었다. 그렇게 우동을 한 그릇 먹고 다시 우동 버스를 타고 이번에는 '타무라' 우동집으로 이동했다. 우동 면 삶는 김이 모락모락 피어나는 소박한 우동집이었다. 굵은 면에 따뜻한 국물이 있는, 평소에 쉽게 접할 수 있는 우동이었다. 첫 우동을 먹은 지 한 시간도 되지 않은 상태에서 두 번째 우동을 먹게 되어 이번엔 면을 조금 남기게 되었다. 주인 아저씨한테 왠지 미안한 마음이 들었다. 원래 일본인들은 소식(小食)하기로 유명한데, 우동집에서 본 일본인 중 우동을 남긴 사람은 단 한 사람도 없었다.

반나절 코스는 이렇게 끝난다. 우리는 중간에 리쓰린 공원에서 내려 산책을 하기로 했다. 이미 우동을 두 그릇이나 먹어서 배가 불렀는데 신기한 건 이렇게 중간에 내린 사람은 나와 친구 둘뿐이라는 거다. 다들 종일 코스로 또 우동을 먹으러 간다. 정말 우동 사랑이 대단한 일본인들이다.

우동의 고장답게 길거리에 즐비한 것도 우동집이다. 게다가 '우동 버스투어'의 우동집에서는 예쁘게 포장된 우동 면을 판매하고 있다. 개인적으로 일본의 포장 기술에 쉽게 현혹되는 편이라 이번에도 맛있게 포장된 우동 면을 샀다. 이럴 때면 평소 효녀가 아니더라도 가족의 얼굴이 제일 먼저 떠오른다.

"그래, 집에 가서 가족들에게 이 맛을 보여줘야지."

다들 좋아할 거라는 기대감은 서울에 도착해서 산산조각이 났다. 우리 가족이 우동을 그다지 즐겨 먹지 않는 데다가 따뜻한 5월에 먹는 포장 우동

은 일본에서 맛본 그 우동 맛이 아니었다. 물론 현지에서 김이 모락모락
나는 면 삶는 모습을 보며 갓 만들어진 우동을 맛보는 것과 포장 우동의
맛이 같으면 그 많은 사람들이 굳이 거기까지 가서 줄을 서서 먹지는 않
았겠지 싶다. 장소와 분위기가 주는 맛이 있다는 걸 다시금 알게 되었다.
추억이 있어야 맛이 있는 것. 그 추억을 함께하지 못한 가족들은 사누키
우동의 참맛을 알 수 없었을 것이다.

## 거꾸로 강을 거슬러 오르는 연어들처럼
## ㅡ다시 일상으로 돌아오다

돌아보면 짧게 다녀오곤 했던 일본 여행과 그다지 크게 다르지 않은 여정
이었다. 다른 점이라면 '여유'가 있느냐 없느냐의 차이가 아닐까 싶다. 시간
적으로 여유가 있다는 것은 마음의 여유가 있다는 것과 다르지 않다. 며
칠 휴가 내고 다녀올 수 있는 짧은 여행, 주말에도 갈 수 있는 전시회 등
은 평소에도 시간을 내면 충분히 할 수 있다. 그래도 한 달 쉬면서 여유
있게 보냈던 시간들은 오래도록 여운을 남겼다.

두 번의 안식월 휴가를 보내면서 무엇을 특별히 하겠다는 목적이 뚜렷하
지는 않았다. 휴가에 목적이 있는 것이 이상한 것 같고 휴가라면 마음 편
히 쉬는 것이 최선이 아닐까 싶었다. 누구는 사표를 내고 해외여행을 떠
나는데 사표 낼 고민 없이도 여행을 자유롭게 할 수 있고, 나만의 시간을
가질 수 있는 시간. 우리 회사 엔자이머(우리 회사 직원을 칭한다)만의 특별한
시간이다. 한 달 내내 쉬어보기도 하고, 보름씩 나눠서 쉬어보기도 했다.
간혹 둘 중 어떻게 쉬는 게 더 좋았는지 물어보는 경우가 있는데, 당연히
둘 다 좋다. 직장인에게 휴가는 언제나 좋고 옳다.

일을 하다 보면 방전되는 느낌이 들 때가 있다. 모두 소진되어 아무것도

남아 있지 않아 바닥으로 떨어진 그런 느낌 말이다. 이럴 때 힘이 되는 것이 '안식월 휴가'다. 나는 2017년인 내년에 다시 세 번째 안식월 휴가를 갈 수가 있다. 벌써부터 기대가 되고 설렌다. 안식월 휴가를 보낸 사람들은 알겠지만 의외로 일상으로 복귀하는 것이 어렵지 않다. 쉬다가 다시 일하려면 힘들지 않을까 생각하는 경우가 많은데 오히려 업무 효율이 높아진다. 쉬는 동안 재충전이 되어 에너지가 가득하기 때문이 아닐까 싶다.

안식월 휴가는 재충전을 위한 멈춤이기도 하지만, 또 다른 시작이기도 한 것이다.

# 홋카이도 여행

홋카이도 레일패스는 한국에서도 구입 가능하니 미리 구입해서 가는 것이 좋다. 보통석으로 구입해도 줄을 잘 서면 앉아 갈 수 있다. 삿포로에서 오타루로 이동할 경우 출발 방향 오른쪽에 앉아야 바다 감상이 가능하다. 하코다테 야경은 어두워지기 전에 전망대에 자리 잡는 것이 좋다. 그래야 제대로 된 야경을 마음껏 볼 수 있다.

### 홋카이도 여행에서 함께 읽으면 좋은 책

- **홋카이도 보통열차 : 청춘의 터널, 그 끝자락을 달리다**
  홋카이도의 여름을 제대로 즐길 수 있는 여행에세이. 물론 보통 열차를 타고 말이다.
- **윈터홀릭 두 번째 이야기 : 다시 만난 겨울 홋카이도**
  제목에서처럼 겨울 홋카이도의 따뜻한 풍경들을 만날 수 있다.
- **비에이로부터 : 세컨드 홈에 살며 홋카이도를 여행하다**
  비에이에서의 소박한 삶. 1년 동안 비에이에서 보낸 시간들.

# 다카마츠 여행

나오시마에서 1박을 하게 된다면 일본의 대표적인 건축가 '안도 타다오'가 전체를 설계. 담당한 미술관 겸 호텔인 '베네세 하우스'에서의 1박을 추천한다. 나오시마 배편을 미리 알아두면 1박을 하지 않아도 충분히 나오시마 섬을 즐길 수 있다. 첫 배편(오전 8시12분)으로 출발해서 마지막 배편(오후 5시)으로 나오는 방법이 있다. 사누키 우동 투어버스는 미리 예약하는 것이 좋지만 평일에는 현장에서도 버스 탑승이 가능하다. 반나절 코스를 추천한다.

### 나오시마 여행에서 함께 읽으면 좋은 책

- **나오시마 삼인삼색 : 여행과 예술을 사랑하는 3인, 예술의 섬 나오시마를 가다**
  예술의 섬 나오시마 프로젝트의 궁금증을 그림과 함께 해결해주는 여행에세이.
- **자전거 건축여행 : 소심한 아저씨, 후쿠오카에서 도쿄까지 길 위의 건축을 만나다**
  여행하면서 일본의 대표 건축물들을 만날 수 있는 1석 2조.
- **나, 건축가 안도 다다오 : 한줄기 희망의 빛으로 세상을 지어라**
  안도 다다오의 건축철학과 다양한 건축물, 책 속에서 찾아 보는 나오시마 프로젝트.

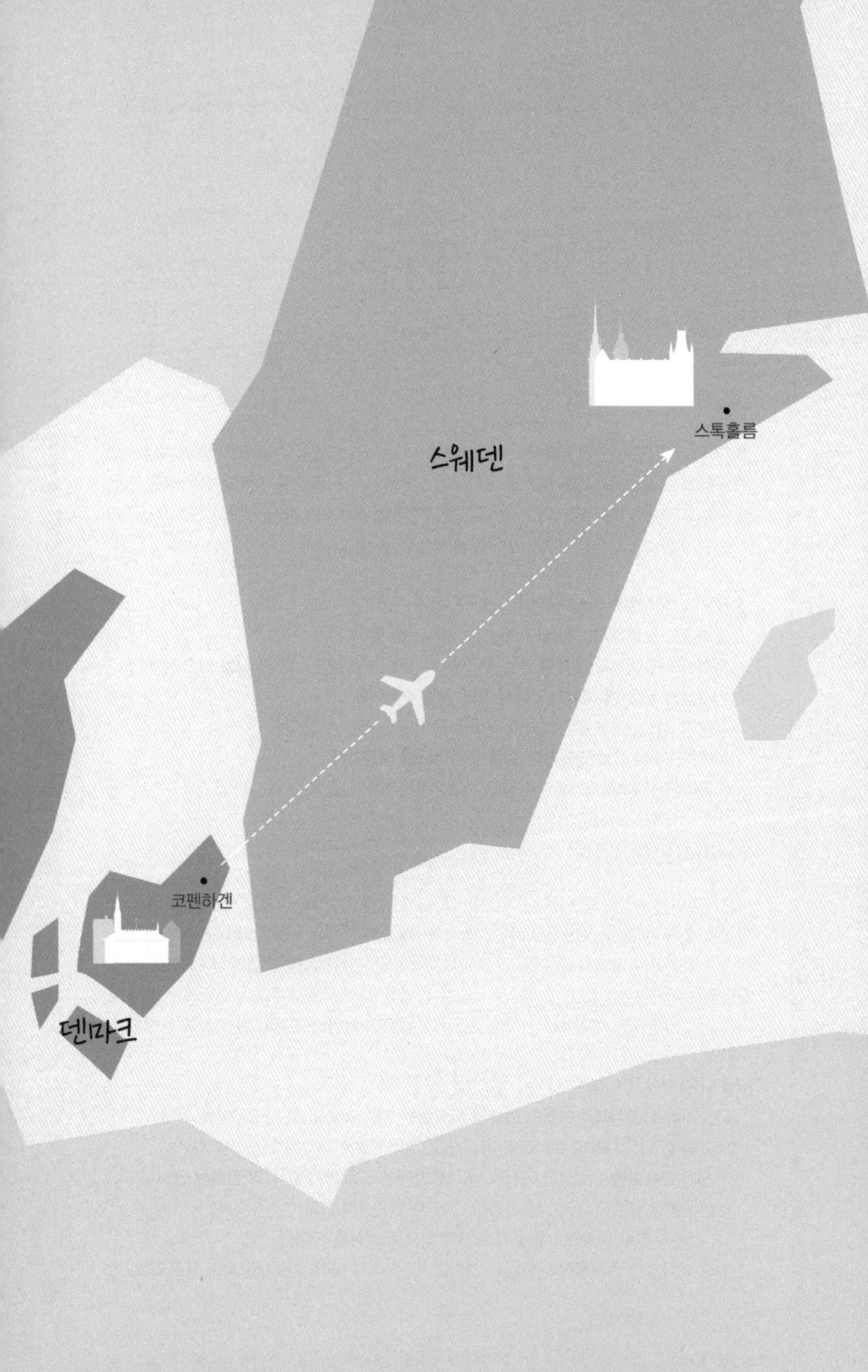

스웨덴
스톡홀름
코펜하겐
덴마크

# 나 홀로 떠난
# 북유럽 디자인 여행

김지연

비가 지나간 밤 9시,

시청사의 하늘에 무지개가 떴다.

한밤중에 무지개라니.

## 나에게 안식월이란?

나에게 안식월은 더 열심히 하루를 살도록 한 동기 부여였다. 졸업도 하기 전에 엔자임에서 쭉 일해왔기 때문에 피로감을 느끼고 있었다. 신기하게도, 내 능력에 조금씩 의심이 생기고 힘에 부친다고 생각할 즈음 안식월이 찾아왔다. 마음에 있는 생각을 가다듬고 지친 마음을 조금 쉴 수 있도록 한 좋은 기회였다. 개인적인 호기심을 채우기에 가장 적합한 장소가 북유럽이었다. 기왕 한 번 여행을 간다면 가기 어려운 곳으로 가고 싶었고, 북유럽의 디자인 용품이나, 문구, 장난감에 대한 관심이 컸기 때문이다. 혼자 하는 여행이기 때문에 안전도 중요한 선택 요소였다. 평소 성향을 '안전 민감증'이라고 부를 만큼 위험한 상황에 놓이는 것을 매우 싫어하는데, 6월에 밤 늦게까지 해가 떠 있고, 치안 상태가 좋은 북유럽이야말로 나 홀로 가는 안식월 휴가에 적합한 곳이라고 생각했다.

## 김지연. 헬스케어 PR본부 과장

2011년 6월 대학 마지막 학기에 인턴으로 엔자임헬스와 인연을 맺었다. 다음 해 대학교를 졸업하고 곧바로 엔자임헬스 PR팀의 컨설턴트로 입사하게 되었다. 멀리 떠나는 것만이 여행이라고 생각하지는 않는다. 출퇴근길, 가족과 함께하는 외식, 가지 못했던 전시회나 뮤지컬을 보기 위해 길을 나서는 우리의 사소한 일상 자체가 곧 여행이 아닐까.

## 앞으로 3년 동안은 가지 못할 먼 곳으로 갈 거야

예전부터 덴마크에 대한 환상이 있었다. 어릴 때 가장 좋아하던 장난감 '레고'의 나라. 좋아하는 쥬얼리 브랜드 '판도라'의 본고장. 사실 덴마크와 아무 연관도 없지만 심지어 편의점에서 매일 사 먹던 덴마크 우유까지. 언젠가 이 나라를 꼭 가보리라 다짐했지만 회사를 다니면서 길고 먼 여행을 다녀올 기회란 쉽게 찾아오지 않았다.

회사에서 보낸 시간이 벌써 3년. 까마득해 보이던 시간이 성큼 지나 나에게도 드디어 안식월의 기회가 찾아왔다. 어렵게 주어진 소중한 한 달이기에 무엇을 해야 할지 더 고민했다. 유명한 관광지도 여러 곳 떠올렸지만, 마지막으로 도달한 생각은 '앞으로 3년 동안은 가지 못할 곳으로 가자'는 것이었다. 역시 북유럽으로 가야겠다. 그동안 가고 싶었던 덴마크에 가고, 기차로 바로 갈 수 있는 스웨덴까지 다녀온다면 더욱 좋겠지. 고민은 길지 않아서 좋았다.

안식월을 가기로 한 6월은 일 년 중 북유럽의 해가 가장 긴 시기다. 새벽 3시가 지나면 서서히 동이 트고 밤 여덟 시가 넘으면 뉘엿뉘엿 해가 지기 시작하는 때. 좀 더 밝은 곳에서 이들의 삶을 지켜볼 수 있다는 생각에 들떴다. 터키항공을 타고 이스탄불을 경유해 덴마크의 수도 코펜하겐에 도착했다. 디자인으로 유명한 도시답게 출국장 복도에서부터 간결한 디자인 일러스트들이 관광객을 반긴다.

3일 동안 묵기로 한 호스텔에 도착하자마자 캐리어를 맡기고 밖으로 나왔다. 길거리는 아무 데나 아무렇게나 찍어도 그림이 될 정도로 너무 이뻤다. 하지만 간과한 것이 있었다. 북유럽의 추운 날씨였다. 6월에 갔기 때문에 늦봄 날씨를 기대하고 가디건 하나만 걸치고 나섰지만 찬 공기가 니트 사이사이를 뚫고 들어왔다. 거리 여기저기에 얇은 패딩을 입은 사람도 보인다. 뭐지 이 날씨는……. 캐리어 안에 담아온 하늘하늘한 꽃무늬 원피스는 그냥 다시 가져가야 하나.

설상가상으로 비까지 오기 시작했다. 어쩔 수 없이 가까운 옷가게에서 두꺼운 겉옷과 스카프 하나를 구입해서 꽁꽁 둘러 메고 여행을 시작했다. 하지만 이번엔 비바람이 문제였다. 비를 맞지 않기 위해 우산을 쓰고 다녔지만 옆으로 부는 비바람의 기습은 막을 방법이 없었다. 주변의 많은 사람들이 우산을 쓰지 않고 다녔는데, 써봐야 다 필요 없어서 그런 것이었다.

## 덴마크 디자인의 어제와 오늘, 디자인 박물관

코펜하겐 시청 가이드 투어를 하고 나온 후 '디자인 박물관'으로 발걸음을 옮겼다. 때마침 특별전이 열리고 있었는데 주제는 '아이들을 위한 디자인'이었다. 장난감, 유아 용품부터 카시트, 가구, 의류, 서적까지 아이들과 관련된 다양한 제품들의 디자인 변천사를 살펴볼 수 있었다. 전시회에서는 레고의 초기 모습도 볼 수 있었다. 덴마크에서 탄생한 레고는 초기에는 나무로 만들어졌고 이후 나무에서 플라스틱으로 변하면서 대량 생산이 가능해졌으며 지금처럼 마음대로 쌓고 분리할 수 있는 현재의 레고 모습을 갖추게 되었다.

조금 충격적인 모양의 전시물도 있었는데, 2010년 노르웨이에서 만들어진 출산 시뮬레이터라는 이름의 도구였다. 성인 여성의 몸통보다 작은 빨간색 주머니 안에 신생아 모양의 인형이 들어 있고, 그 인형은 탯줄과 태반 모형으로 그 주머니에 연결되어 있었다. 너무 사실적인 외관에 처음에는 놀랐지만, 단순히 그림이나 비디오로만 보는 것보다는 이렇게 실제와 같은 모형으로 출산 과정에 대해 배우는 것이 더 이해하기 쉬운 교육이라는 생각이 들었다.

여러 개의 전시실이 연결된 가운데 한 방 걸러 한 방씩 아이들이 자유롭게 디자인을 체험할 수 있는 공간이 따로 마련되어 있었다. 장난감과 스마트폰을 활용해 스톱 모션 영상을 찍도록 한 곳도 있었으며, 전시물인 아동용 책상에 종이와 크레파스를 두고 자유롭게 그림을 그린 후 그 그림을 마치 작품처럼 붙일 수 있도록 한 코너도 있었다. 어릴 때부터 자연스럽게 디자인을 접하고 체득하도록 하는 것이 창의력의 기반이 된다는 사실을 이들은 잘 알고 있는 것 같았다.

박물관 입구에는 특이하게도 들고 다닐 수 있는 접이식 의자가 비치되어 있었다. 마음에 드는 작품이 있다면 앉아서 천천히 살펴보라는 의미에서다. 평소 전시물을 스치듯이 구경했기 때문에 이 의자의 필요성을 느끼지 못했다. 하지만 그렇게 크지 않은 소규모임에도 흥미를 갖도록 전시의 구성이 잘 짜여 있어 전시물 하나하나를 꼼꼼하게 살펴보게 되었다. 뒤늦게야 그 친절한 의자를 들고 오지 않은 걸 후회했다.

아르네 야콥센 단독 전시관, 카레 클린트의 단독 전시관

상설 전시장에는 북유럽 디자이너들의 가구들이 시대별, 작가별로 전시되어 있었다. 집중해서 보다 보니 디자이너들마다 갖고 있는 개성과 특징이 눈에 띄어, 가구만 보고도 디자이너를 유추하는 재미가 생겼다. 덴마크의 대표적인 가구 디자이너인 아르네 야콥센과 카레 클린트는 별도의 전시관이 마련되어 있었는데 이 둘은 건축가이자 가구 디자이너라는 공통점이 있지만, 서로 다른 스타일을 가졌다. 아르네 야콥센이 만든 의자가 사람의 몸을 둥그렇게 감싸주는 곡선미의 편안한 느낌이라면, 카레 클린트가 만든 의자는 나무로 만들어진 딱 떨어지는 직선미에 풍성한 패브릭의 따뜻함이 느껴졌다.

아르네 야콥센은 1952년 최초로 나무 합판을 휘어 가공한 '개미 의자(Ant chair)'를 선보이며 그 이름을 알렸다. 엉덩이와 등받이는 넓은 원형이고, 그 사이를 개미 허리처럼 가늘게 만들어 '개미 의자'라는 이름이 붙여졌다. 이 의자로 밀라노 트리엔날레에서 대상을 수상하며, 지금까지도 세계에서 사랑 받는 대표적인 북유럽 스타일의 가구 디자이너로 자리잡게 되었다. 이후 몸을 감싸 아늑한 느낌을 주는 계란 의자(egg chair), 백조 의자(swan chair)를 차례로 선보였다.

카레 클린트의 대표작은 파보그 박물관의 관람객을 위해 만들어진 '파보그 의자(faaborg)'다. 나무를 가늘게 켜켜이 잘라 엮어 완성한 등받이에서는 장인의 손길이 느껴진다. 야외에서 간이 의자로 많이 쓰이는 X자 다리의 접이식 의자도 클린트가 먼저 선보였다. 하지만 이 제품은 클린트의 사후에서야 상품화되었다고 한다.

비교적 최근에서야 디자인의 중요성에 눈을 뜬 우리나라로서는 보고 배울 점이 많아 보였다. 우리나라에는 세계적 디자이너가 정말 없는 걸까,

혹은 그들에게 관심과 애정을 갖지 않고 있는 걸까.

## 숲과 바다 사이, 세계에서 가장 아름다운 미술관

밍밍한 호스텔 조식을 먹고 숙소를 나섰다. 기차를 타고 '루이지애나 현대미술관'을 향해 이동했다. 루이지애나로 향하는 기차를 갈아타기 위해 중간에 벨뷰 비치에서 내렸는데, 바다와 백사장과 푸른 숲이 어우러진 풍경이 이국적이었다. 나는 그 매혹적인 풍경에 취해 기차를 놓칠 뻔했다. 루이지애나에 도착해 10분 정도 걸어 목적지에 도착했다. 미술관 안의 카페에서 점심 식사를 하는 내내 창밖의 날씨는 사춘기 아이마냥 변덕스러웠다. 밥을 먹는 30분 동안 검은 구름이 몰려오는 가 싶더니, 이내 비가 내리고, 다시 바람이 강하게 불었지만, 다행히도 자리에서 일어날 즈음에는 하늘이 맑아졌다. 마치 하늘이 내 동선을 알고 있기나 한 것처럼 말이다.

숲과 바다 사이에 위치해 아름다운 풍경을 즐길 수 있는 루이지애나 현대미술관

'루이지애나 현대미술관'은 '세계에서 가장 아름다운 미술관'으로 알려져 있다. 말발굽 모양으로 만들어진 미술관 건물의 뒤편에는 푸른빛 바다가 있고, 양 옆으로 울창한 초록 숲이 건물을 감싸고 있다. 미술관 부지는 넓은 편이지만, 미술관 건물을 크고 높게 올리는 대신 지하로 깊게 파는 방법을 택해 주변 경관을 해치지 않고 자연 풍경에 녹아 들었다. 미술관이라는 하나의 건축물이 자연의 일부분이기도 하고 거대한 예술작품이기도 한 것이다. 자연 그 자체만큼 아름답고 변화무쌍한 미술품이 있기는 한 것일까.

여기에서도 아이들을 위한 교육 섹션이 꽤 큰 규모로 마련되어 있었다. 진행되고 있는 전시회의 주제와 기법을 활용하여 그림을 직접 그리기도 하고, 전시된 조각을 레고로 만들어보도록 하기도 했다. 아이들과 함께 도란도란 앉아 그림을 그리는 부모들의 모습이 여기에서는 일상적인 것 같았다.

아름다운 곳에서 다양한 현대미술을 만날 수 있다는 것도 좋은 경험이었지만, 이곳에서 가장 기억에 남았던 건 작은 자투리 공간에 재치 있게 전시된 작품이었다. 바다가 보이는 휴게실의 창문에 설치된 다이빙대 모양의 작품은 바로 바다로 풍당 뛰어들고 싶게 만들었다. 주변 경관을 이용한 이런 영리한 아이디어가 즐겁다. 이 미술관에는 이처럼 자연과의 교감을 중요시하는 작품들이 적지 않았다. 결국 예술도 인간도 자연의 일부라는 사실을 상기시키기라도 하듯이.

## 코펜하겐에서 만난 안데르센

덴마크 동화작가 안데르센의 흔적을 만나기 위해서는 안데르센의 출생지인 오덴세 지역으로 가는 것이 가장 좋겠지만, 코펜하겐에서도 안데르센의 크고 작은 흔적을 만나볼 수 있다. 기념품 가게 앞에 앉아 있는 어른 크기만 한 안데르센 인형부터 그의 이야기를 담은 크고 작은 상징물까지. 아직도 그를 마음에 담아 기억하는 덴마크 사람들의 진심이 느껴졌다.

덴마크의 대표적인 풍경이라고 하면 바다를 바라보는 인어공주상을 떠올리는 사람들이 많을 것이다. 사진만 보고 매우 큰 인어를 상상하지만, 실제로 보고 와서는 볼 것이 없다고 투덜거리는 사람들도 많다. 마치 벨기에의 오줌싸개 동상처럼⋯⋯. 실제로 만난 인어상은 생각보다도 훨씬 더 작은 크기였다. 실망했다고 하는 사람들의 반응을 이해 못할 것도 아니었

다. 하지만 크기가 뭐 그리 중요하랴. 저 작은 동상을 보기 위해 어린 시
절 인어공주 동화책을 읽던 사람들이 관광객이 되어 찾아왔다는 사실만
으로 충분히 훌륭하지 않은가.

티볼리 놀이공원을 바라보며
앉아 있는 안데르센 동상

코펜하겐 시청 근처에는 1843년 개장한 세계에서 두 번째로 오래된 놀이
공원인 '티볼리'가 있다. '티볼리'의 길 건너편에도 안데르센 동상이 서 있
다. 안데르센 동상 뒤에서 건너편을 마주보면 마치 안데르센이 '티볼리'를
바라보는 것과 같은 모습이 된다. '티볼리'를 건축한 기오 카르스텐센은
안데르센과 절친한 사이였다고 한다. '티볼리' 내에도 안데르센의 동화 속
이야기를 담은 놀이기구가 있을 정도다.

‘티볼리’는 규모가 그리 크진 않지만 어린 학생들부터 노부부까지 남녀노소가 사랑하는 공간이라는 느낌을 받았다. 오래됐지만 아기자기한 놀이기구와 즐거운 음악이 흐르는 야외무대, 편하게 앉아서 쉬거나 아이들이 뛰어놀 수 있도록 펼쳐진 넓은 잔디밭이 아름다웠다. 동화 속 이야기, 놀이기구, 그리고 어린이. ‘티볼리’를 한 바퀴 산책하고 나와 안데르센상 옆에서 ‘티볼리’를 다시 바라보았다. 마치 아이처럼 순수한 안데르센의 마음이 느껴지는 것 같아 왠지 따뜻하고 흐뭇한 기분으로 숙소에 돌아갈 수 있었다.

## 천 년의 역사를 만날 수 있는 크리스티안보르 궁전

코펜하겐 시내에서 가장 인상 깊은 관광지로 많은 사람들이 '크리스티안보르' 궁전을 꼽곤 한다. 호스텔에서 같은 방을 쓰던 에밀리가 시내 전망을 보기에 가장 좋은 곳이라고 추천해 준 곳이기도 하다. 결국 이곳은 코펜하겐 여행 중 나에게 가장 기억에 남는 장소가 되었다.

코펜하겐에 있는 이틀 내내 비가 내렸다. 이날 아침도 마찬가지였다. 숙소를 나올 때는 흐리기만 했던 날씨가 목적지에 도착하니 거센 비로 바뀌었다. 크리스티안보르 궁의 탑으로 올라갔지만 바람이 심하게 불고 풍경이 보이지 않아 실망한 마음으로 내려왔다. 밖으로 돌아다니기 힘든 날씨라 내부만 구경하기로 했다. 매표소에서 샤워캡처럼 생긴 파란 비닐 두 장을 나눠줬다. 내부가 훼손되면 안 된다며, 이걸로 신발을 감싸 관람하라는 설명을 덧붙였다. 파란 비닐을 뒤집어쓴 발이 우스꽝스러워 보였지만, 한편으로는 문화유산을 소중하게 지키겠다는 이들의 노력이 느껴졌다. 이 아이디어는 어떻게 시작되었을까? 우스꽝스러운 모습에 관광객들이 혹시 투덜대지는 않았을까? 잘 차려입는 지체 높으신(?) 방문객들도 똑같이 이 파란색 비닐 덧신을 신고 관광을 했을까? 문득 많은 것이 궁금해졌다.

내부는 절제되고 소박했다. 그렇기 때문에 건물 안에 담긴 상징들을 더욱 자세히 볼 수 있었다. 거실에는 현재 덴마크 여왕과 왕세자 부부, 그리고 그 자녀들의 모습을 담은 사진이 전시되어 있었다. 몇 년 전 덴마크의 제약회사인 레오파마의 프로젝트를 진행하며 한국을 방문한 왕세자 부부를 직접 만날 수 있는 기회가 있었다. 그들의 사진을 보니 아는 사람을 오랜만에 본 것 같은 기분이 들었다. 물론 그분들은 날 모르겠지만.

내부를 따라 걸으면 '그레이트 홀'이 나온다. 천장부터 바닥까지 닿는 커다란 17개의 태피스트리(여러 가지 색실로 그림을 짜 넣은 직물)가 네 개의 벽을 둘러싼 공간이다. 이 그림들은 마그레테 2세 여왕의 탄생 50주년즈음에 만들기 시작해, 약 10년 후인 2000년에 이 장소에 놓이게 되었다. 덴마크의 예술가 비외른 뇌르고르가 밑그림을 그렸고 파리의 고블랭 국영 직물 공장에서 만들어졌다고 한다.

그레이트 홀 내부와
20세기를 표현한 태피스트리

각각의 그림에는 천 년의 덴마크 역사를 담았다. 덴마크 건국의 역사와 변화, 현재의 모습과 미래에 대한 기대감까지 담고 있다. 한 컷의 그림 안에 역사적인 인물, 사건, 상징물과 건축물 등을 모두 표현했는데, 관광객을 위해 이들이 각각 누구이며 어떤 사건이 있었는지 설명해주는 안내 책자가 있어 이를 맞춰보는 재미도 쏠쏠했다.

가장 오랫동안 시선을 끌어당긴 그림은 20세기를 묘사한 그림이었다. 케네디, 처칠, 마오쩌둥, 간디와 같은 동시대를 대표하는 세계 지도자들의 얼굴과 20세기를 관통하는 시대적인 사건들도 담겨 있었다. 제2차 세계

대전과 히틀러 등 역사의 부정적 측면과 함께 베를린 장벽의 붕괴, 인류의 첫 달 착륙과 같은 긍정적인 모습이 같이 묘사되어 있었다. 또한 비틀스의 등장, 도날드덕과 같은 문화적 아이콘이 소개되어 있고 농업에서 공업 시대로, 뒤이어 산업 시대와 정보화 시대로, 나아가 로봇과 유전공학이 발전한 시대까지 인류의 역사가 빼곡히 담겨 있었다.

20세기를 표현한 태피스트리

나는 아는 인물과 사건을 찾기 위해 그림을 샅샅이 살펴봤다. 한 무리의 관광객들에게 섞여 가이드의 설명을 살짝 훔쳐 듣기도 했다. 내가 바라보는 역사가 과연 객관적인 것인지, 그동안 다양한 면을 보지 않고 한쪽 면만 봐왔던 것은 아닌지 생각하게 됐다. 100년 후의 후손들은 이 그림들을 어떻게 생각하게 될까. 역사 속에 살고 있으면 그 역사는 모든 인생들의 총합이기도 하지만 역사 속의 개개인들은 각자의 인생 너머로 역사의 큰 흐름을 살펴보기 어려워진다. 그래도 정신을 바짝 차리고 주위를 둘러싼 시대의 흐름이 어떤 역사로 기록될 것인지 관심을 가져야 한다. 잘 가고 있는지 혹은 역행하는지.

## 젊은이들의 손으로 부활한 재래시장 '토르브할렌'

시내 중심 토르브할렌역은 토르브할렌 코펜하겐 재래시장과 연결되어 있다. 흔히 재래시장이라고 하면 지저분한 분위기를 연상하기 쉽지만 이곳은 젊은이들이 주로 시장을 운영하고 있으며, 일반적인 재래시장에 비해 상대적으로 매우 활기차고 현대적이다. 특히 시장의 간판이나 표지판 등 디자인이 깔끔하게 통일되어 있어 세련된 이미지를 주었다. 시장은 통유리로 만들어진 두 개의 온실형 구조로 되어 있는데, 한쪽은 꽃, 과일, 채소, 곡류를 팔고 다른 한쪽은 육류, 치즈 등을 팔았다. 식재료도 많이 팔지만, 주변 지역의 싱싱한 농산물로 음식을 만들어 파는 가게가 눈에 많이 띄었다. 곳곳에 테이블과 의자를 설치해 시장에서 구매한 음식을 그 자리에서 바로 먹을 수도 있는데 맛있고 신선한 음식을 저렴한 가격에 먹을 수 있다는 장점 때문에 현지인들이 많이 찾는다고 한다.

나도 점심 식사를 해결하기 위해 과일 야채 주스와 샌드위치를 팔고 있는 'retreat'이란 가게에서 비트 주스와 연어 샌드위치를 사 들고 햇볕이 잘 드는 곳에 앉았다. 이 가게는 'real fastfood'가 아닌 'real food fast'를 목표로 하고 있다고 하니 참 바람직한 목표다.

우리나라에서도 재래시장의 현대화 바람이 불어 간판을 일괄적으로 바꾸고, 보도블록을 다시 깔고 있지만 이것만으로는 대형 마트로 가버리는 사람들의 발길을 붙잡기 어려운 것이 현실이다.

오래된 춘천중앙시장이 젊은이들의 적극적인 참여로 낭만 시장이 되어 많은 사람들이 찾는 관광지가 되고, 이곳 토르브할렌 시장이 현지인들이 즐겨 찾는 활기 넘치는 장소가 된 것같이 지금의 재래시장이 보다 더 사랑 받는 장소가 되려면 사람들이 원하는 것이 무엇인지 더 진지하게 고

민해봐야 할 것 같다. 재래시장이 마트와 경쟁한다고 마트처럼 편리하게 바뀌는 것이 능사일까? 국가 정책에 따라 충분한 고민 없이 현대화라는 한 방향만을 바라보는 방식으로는 한계에 부딪힐 수밖에 없다는 확신이 들었다. 해당 재래시장만이 갖고 있는 향기를 가득 담은 특색이 필요하고, 이를 실천할 열정이 필요하며, 젊은 청춘들의 신선한 에너지가 필요하다. 남의 나라에 와서 남의 시장을 보면서 자꾸만 부러워지는 건 무엇 때문일까?

## 네모난 블록의 상상력, 레고

레고(LEGO)라는 브랜드의 의미는 '잘 논다(Leg godt)'라는 뜻으로 덴마크 어에서 유래되었다. 기막힌 이름이다. 아이들은 이 네모난 블록만으로 집 이나 로봇, 나아가 우주정거장까지도 만들 수 있는 무한한 잠재력을 가 졌다. 어릴 때 레고 블록을 사면, 처음에는 제품 설명서대로 만들었다가 도 어느새 설명서에 없는 전혀 다른 건물을 창조하고, 다른 시리즈에 있 는 블록까지 섞어 세상 어디에도 없는 나만의 건물을 만든 기억이 있다. 어릴 적 추억을 찾아 시내에 있는 레고 본점을 찾아갔다. 오랜 기다림만 큼이나 많이 설레었다.

매장이 마치 조그마한 놀이동산 같았다. 매장 천장에는 레고로 만든 커다란 용이 방문객을 맞이했고, 덴마크 근위병과 사자 모양의 대형 레고도 나에게 인사하고 있었다. 덴마크 주요 명소도 레고로 만들어져 있었는데 너무 정교해 마치 실제 관광지를 구경하듯 한참이나 쳐다보았다. 다른 설명서가 있는 것도 아니었을 텐데, 어떻게 레고 블록만으로 이처럼 사실적이고 환상적인 작품을 구현해낼 수 있는지 감탄스러웠다. 덴마크인의 자전거 사랑은 레고 매장에서도 확인할 수 있었다. 자전거를 타고 있는 사람들을 레고 벽화에 담고, 입체 형태로도 전시해놓았다. 정말 이 나라는 여기저기 자전거, 자전거다.

가게 중간에는 나만의 레고 미니 피규어를 만들 수 있는 공간도 있었다. 다양한 얼굴, 몸통, 다리, 장식품 등을 조합해 원하는 피규어를 세 개까지 만들 수 있었다. 레고 매장의 직원들은 미니 피규어를 조립하는 어린이 손님들을 칭찬하고 격려하면서 아이들이 더 자유롭게 그리고 창의적으로 생각할 수 있는 기회를 제공한다. 나도 아이들 무리에 섞여 '나만의 미니 피규어'를 만들어 보았다. 기념품 삼아 가져가기 위해 고심해서 조립을 시작했다. 내 모습의 피규어를 만들고 싶었는데, 나와 닮은 얼굴이나 머리 모양을 찾기가 어려워 오랜 시간 부품을 뒤적이며 서 있었다. 직원들이 지나가며 초등학생 손님을 대하듯 "재미있는 시간을 보내고 있니?", "지금 만드는 건 누구야?" 같은 질문을 던지곤 했다. 마침 주위를 둘러보니 서 있는 사람 중 아이들의 부모를 제외하면 어른은 나뿐이었다. 음······ 난 아직도 동심이 남아 있는 순수한 영혼이니까.^^

## 텅 빈 도시, 스톡홀름

외국인들이 새콤달콤한 캔디를 좋아한다는 이야기를 듣고 한국에서부터 가방에 잔뜩 담아갔다. 코펜하겐의 호스텔에서 체크아웃하기 전에 같은 방을 사용한 친구들에게 선물했는데, 아침 내내 방에서 새콤달콤 냄새가 났다. 이거 사업되겠다 싶었다.

코펜하겐 역에서 다섯 시간 동안 고속열차를 타고 스웨덴 스톡홀름에 도착했다. 도시는 놀라우리 만큼 조용했다. 마치 텅 비어 있는 것 같았다. 기차역 내부도 컴컴하고, 길거리를 걷는 사람도 거의 없었으며, 심지어 문을 연 매장도 보이지 않았다. 평일도 아니고 일요일이었기에 이처럼 고요한 분위기가 이해되지 않았다.

겨우 숙소를 찾아 도착하니 문이 잠겨 있었다. 체크인 때 받은 카드로 열고 들어오라는 안내문만 있을 뿐 문 건너편에도 사람의 흔적이 보이지 않았다. 당황한 나머지, 문을 두드리고 문고리를 여러 번 돌렸지만 요지부동이었다. 순간 '이 도시에도 24시 찜질방이 있을까?'라는 생각까지 들었다. 거의 체념하다시피 다른 숙소를 알아봐야 하나 하는 생각이 들 때, 작은 글씨로 쓰여진 다른 안내문이 보였다. '건너편 자매 호텔에서 체크인을 돕고 있습니다.'

내가 도착한 그날은 알고 보니 스웨덴의 가장 큰 명절인 하지 축제 기간이었다. 하지가 되면 도시 사람들은 자리를 비우고 가족들과 함께 축제를 즐기러 교외로 떠난다. 그래서 도시가 텅텅 비고, 호텔에서 일하는 사람조차도 휴가를 떠난 것이다.

스웨덴의 하지 축제 기간에는 사람들이 모두 교외로 떠나 도시가 텅텅 비어 있다

스웨덴을 여행하며 느낀 것은 이 사람들에게는 휴식이 정말 소중하다는
것이다. 식당이나 술집을 제외한 대부분의 상점은 오후 7시 정도면 문을
닫았다. 겨우 들어간 술집을 겸한 식당도 9시가 되니 닫을 시간이 되었다
고 손님을 내보냈다. 저녁 시간에도 해가 떠 있지만 길거리에 다니는 사
람은 많지 않았다. 흥겨운 저녁 라이프를 시작할 우리나라에서는 상상할
수 없는 낯선 풍경이었다. 그렇다면 이 사람들은 오후 7시 이후에는 무엇
을 할까? 궁금하지 않을 수 없다.

## 박물관 옆 박물관 옆 박물관, 유르고덴 지역

둘째 날의 목적지는 다양한 테마를 다룬 박물관들이 옹기종기 모인 유르고덴 지역이었다. 전날 도시가 텅 비어 갈 곳이 없어 아무 일정도 소화하지 못한 만큼 이날 하루만은 시간을 알차게 쓰자고 다짐했던 터였다. 처음으로 향한 곳은 북유럽 사람들의 의식주 양식을 담은 '북방 민족 박물관'이었다. 나는 오래된 유적에는 감흥이 없는 편이다. 그 대신 이 나라의 사람들이 무엇을 먹고, 어떤 일을 하며 살았는지가 더 궁금하다. 계절에 따른 북유럽 삶의 양식을 설명한 이 박물관에서 이러한 개인적인 호기심을 충족할 수 있었다. 작고 귀여운 생활소품이 가득해 행복한 마음으로 이 층 저 층을 누비고 다녔다.

하지 축제의 마지막을 느끼기 위해 일종의 야외 민속촌인 스칸센으로 발걸음을 옮겼다. 기대했던 것만큼 큰 볼거리가 있는 것은 아니었지만 전통 의상을 입고 축제를 즐기는 현지 시민들과 어울려 나 역시 마음이 들떴다. 하지만 잘 풀리던 일정도 여기까지, 스톡홀름 카드(현재 스톡홀름 패스로 변경)로 무료 입장할 수 있을 줄 알았던 어린이 박물관이 유료 입장으로 바뀌었다는 것을 알게 되면서 그 뒤의 일정이 꼬였다. 당황해서 멍하니 앉아 있다가 오늘 하루도 그냥 보낼 수는 없다는 생각에 스톡홀름 카드로 들어갈 수 있는 곳은 모두 들어가보려고 무리하게 움직였다.

딱히 별로 가고 싶다는 생각도 하지 않았으면서 바사호 박물관에 들어가고, 엄마에게 선물할 것은 없을까 아바 박물관 1층도 기웃거려봤다. 쫓기듯이 걸어 유르고덴 지역 끝에 있는 놀이공원까지 다다랐다. 그곳 역시 딱히 갈 계획은 원래 없었는데 무료로 들어갈 수 있다기에 그냥 들른 것뿐이었다. 빙글빙글 돌아가는 놀이기구를 보며 '도대체 왜 여기에서 혼자 이러고 있지?'라는 생각이 들었다. 쉬기 위해 온 여행인데, 정작 여기 있는 건 할 수 있는 한 최대한 무리해서라도 더 많이 걷고, 먹고, 보려는 내 모습이었다. 엄청엄청엄청 비싸게 구입한 스톡홀름 카드의 본전을 챙기기 위해서? 어제 하루를 그냥 허비한 것을 만회하기 위해서? 여행만 오면 욕심이 많아지는 이런 내 모습에 피식 웃음이 나기도 하고, 이제는 좀 쉬엄쉬엄 여행을 즐기자는 마음에 일정을 접고 총총총 숙소로 향했다.

## 인간적인 허당 매력, 스톡홀름 시청사

전날 욕심 내서 많이 돌아다녔더니 몸도 마음도 지쳤다. 내가 여기를 언제 또 오겠냐는 생각으로 눈 속에 꾸역꾸역 담았더니 체한 것만 같았다. 오늘은 욕심을 버리고, 시청사와 감라스탄 두 곳만 가자고 마음 먹고 아침 거리를 나섰다.

스톡홀름의 대표적인 관광지인 스톡홀름 시청사는 1923년에 지어졌는데, 다양한 국가의 건축 양식이 조화된 것이 특징이다. 특히 돌기둥 모양을 각각 다르게 만드는 등 이탈리아 건축 양식의 영향이 가장 두드러진다. 시청사에 들어가면 '블루 홀'이라고 불리는 넓은 공간이 가장 먼저 관광객을 맞이하는데 이곳은 매년 12월 10일 노벨상 축하 만찬이 거행되는 곳이기도 하다. '블루 홀'은 이름과 달리 붉은색 벽돌로 지어졌다. 설계할 때는 푸른색으로 지을 예정이었으나, 건축가가 붉은색이 더 예쁜 것 같다고 생각해서 바꿨다고 한다. 다소 어처구니없다고 생각할 수 있지만 만들어진 지 90년이 넘은 지금까지도 그냥 '블루 홀'이라고 불리며 국내외 주요 행사를 진행하는 장소로 사용되고 있다.

이런 귀여운 허점은 시청사 안의 다른 공간에서도 만날 수 있었다. 시청사 투어의 마지막에는 동서양의 화합을 상징하는 벽화가 그려진 '골든 홀'에 다다르게 된다. 입구쪽에는 그림이 많이 그려져 있는데, 입구 바로 위 뭔가 어색한 그림이 있었다. 원래대로라면 사람의 머리가 있어야 할 부분이 뚝 잘려 있다. 바로 천장에 막혀버린 것이다. 설계에 문제가 있었기 때문이라고 하는데, 일반적인 경우라면 이 부분을 다시 짓겠지만 그대로 두는 것을 택했다고 한다. 그 대신 건물에 그 이야기를 담아 관광객에게 이야기를 전할 수 있는 장소로 만든 것이다. 이런 걸 융통성이라고 봐야 하는 건가. 웃음이 슬며시 났다.

## 저녁이 있는 삶을 누리는 스웨덴 사람들

시청사에 이어 스웨덴의 옛 풍경을 담은 구시가지 감라스탄 지역도 천천히 둘러보고 다시 숙소로 돌아왔다. 구경하는 데 욕심을 내지 않으니 비로소 나만의 시간이 생긴 것 같았다. 컵과일과 초코 우유를 사 들고 숙소 근처의 공원으로 향했다. 벤치에 앉아 멍하니 풍경을 바라보는 것 만으로도 복잡한 마음이 정리되는 것 같았다. 멈추고 나니 주위를 되돌아 볼 수 있는 여유가 생겼다는 말을 이해할 수 있었다.

그때, '이 동네 사람들은 저녁에 대체 무얼 하나?'에 대한 의문이 풀렸다. 많은 사람들이 가족, 친구들과 함께 공원에 돗자리를 펴고 휴식을 취하고 있었다. 그야말로 그들은 '저녁이 있는 삶'을 누리고 있었다. 부러운 마음을 숨길 수 없었다. 북유럽에서 디자인 가구가 발달한 것도 이와 같은 흐름과 무관하지 않다는 생각이 들었다. 저녁에 빠르게 일을 마치고 돌아와도 딱히 갈 수 있는 곳이 없고, 심지어 겨울에는 해가 짧아 집에 빨리 돌아갈 수밖에 없다. 가장 많은 시간을 보내는 곳이 가족과 함께 있는 집이다 보니 식기, 가구, 침구 등 집을 꾸미는 데 더욱 신경을 쓰게 되었으리라.

나는 경기도에 살기 때문에 회사가 있는 서울 광화문까지 통근 시간만 하루에 2시간 반을 훌쩍 넘게 쓴다. 그러다 보니, 최근 몇 년간 평일에 가족과 함께 저녁 식사를 한 기억이 손에 꼽을 정도다. 회사에서는 가족과 함께 대화하고 시간을 보내자는 주제의 캠페인을 진행하고 있으면서, 정작 나 자신은 가족과 소통하는 휴식 시간을 가지지 못했다는 생각이 스쳤다. 나에게 소중한 가족과 일상으로부터 잠시 거리를 두면, 그때서야 비로소 그 소중함이 보이게 되는 것 같다. 멀리 스톡홀름에서 다른 이들의 일상을 바라보며 한국에 두고 온 내 일상과 가족을 생각했다.

멀리 스톡홀름에서 다른 이들의 일상을 바라보며
한국에 두고 온 내 일상과 가족을 생각했다.

## 시선을 사로잡은 디자인 소품숍과 소포 지역

쇼핑을 좋아하는 편은 아니지만, 예쁘고 아기자기한 물건을 보는 것은 내 삶의 큰 기쁨이다. 많은 나라를 뒤로 하고 굳이 북유럽으로 안식월을 온 이유 중 하나는 예쁜 디자인 소품을 쉬지 않고 볼 수 있을 것이란 기대 때문이었다. 분명히 새로운 것이나 꼭 필요한 것이 아님에도 예쁜 디자인은 지갑을 열게 만드는 힘이 있다. 이번 여행 중 지갑 문을 꽁꽁 걸어 잠그는 것이 가장 힘든 일 중 하나였을 정도로 덴마크와 스웨덴에는 사고 싶은 것들이 정말 많았다.

덴마크와 스웨덴의 디자인 숍을 돌아다니며 느낀 공통점은 같은 제품이라도 선택할 수 있는 색상의 폭이 넓다는 것이었다. 특별한 제품이 아니더라도 무지개처럼 다채로운 색상별로 아름답게 배치하여 진열장을 꽉 채운 모습에 눈길이 갔다. 디자인 매장뿐만 아니라 슈퍼마켓에서도 색상에 맞춰 정갈하게 정리된 진열장을 볼 수 있었다.

북유럽의 최신 디자인 상품을 만날 수 있는 디자인토르엣

매장에서 파는 대부분의 물건들은 매우 비싼 편이었기에 구경만으로 만족해야 했지만 비교적 저렴한 가격으로 예쁜 디자인을 만날 수 있는 곳이 몇 군데 있었다. 스웨덴의 '그라니프'는 일본의 무인양품과 비슷한 컨셉의 매장인데, 상대적으로 저렴한 가격에 좋은 물건을 구입할 수 있다. 또한 스웨덴 주요 거점에 몇몇 체인점을 갖고 있는 '디자인토르옛'은 관광객들이 좋아할 만한 다양한 아이디어 상품으로 가득하다.

개성 있는 디자인 소품과 의류, 다양한 책과 독립 잡지를 보고 싶다면 '소포' 지역을 추천한다. 골목마다 보물찾기 하듯 숨겨진 예쁜 가게를 찾을 수 있는 점이 가장 큰 매력 포인트다. 빈티지 의류를 판매하여 그 수익을 사회에 환원한다는 옷가게도 있고, 액자 안에 신발을 넣어 예술작품처럼 전시한 가게도 있었다. 80년 넘은 캐러멜 가게에서 산 캐러멜을 오물거리며 골목 사이사이를 구경하다 보면 또다시 나만 발견한 것 같은 독특한 가게가 보이곤 했다.

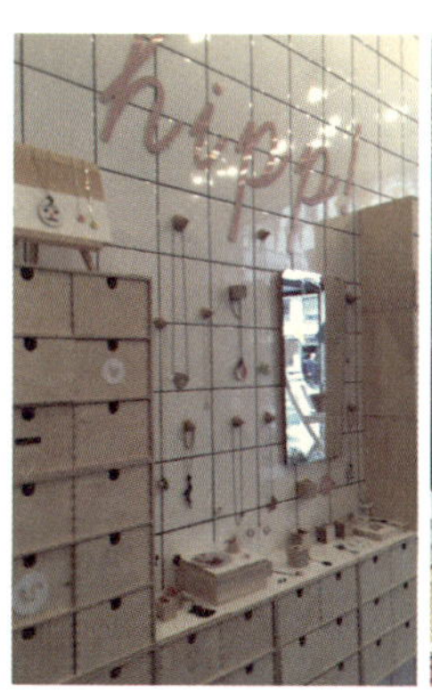

## 밤 9시에 마주한 시청사의 무지개

아! 드디어 마지막 날이다. 며칠째 도시의 분위기에 취해 분주하게 돌아다니다 보니, 챙겨야 할 선물을 잊었다. 마지막 날은 가족과 친구들에게 줄 선물을 고르기 위해 스톡홀름 시내를 돌아다니기로 했다. 아무래도 물가가 비싸다 보니 적당한 가격대의 예쁜 선물을 고르는 것이 어려웠다. 늦은 오후까지 돌아다니다 지쳐 카페에 멍하니 앉아 있었다. 그래도 여행의 마지막 날인데 스톡홀름의 전체 모습을 기억하고 싶어 가이드북에서 봤던 카타리나 전망대를 찾아갔다. 늦은 오후에는 찾아갈 만한 전망대가 많지 않다. 그나마 이곳이 늦게까지 여는 무료 전망대라고 하니 마지막 풍경을 눈에 담기 위해 서둘러 발걸음을 옮겼다.

하지만 카타리나 전망대는 다소 실망스러웠다. 건물 최고층에 위치한 식당과 언덕 위 거주 지역을 연결한 다리를 카타리나 전망대라고 부르는 것인데 좋은 전망을 보기 위해서는 그곳에서 식사를 해야 했지만 나는 그럴 마음이 없었다. 다리에서 보는 시내 풍경은 붙어 있는 식당 때문에 주변 시야가 막혀 일부밖에 볼 수 없었고, 그나마도 다리의 높다란 철창에 가려 시내 모습이 선명히 보이지 않았다. 내려오는 길에는 우산도 없는데 원망스럽게 비가 한두 방울씩 내리기 시작했다.

마지막 날을 이렇게 떠나 보내고 싶지 않았다. 아쉬웠다. 마침 며칠 전 하늘에서 바다로 쏟아져 내리는 햇볕이 유난히 아름다웠던 시청사 앞바다가 떠올랐다. 다행히도 비가 조금씩 잦아들었다. 조금 흐린 날씨였지만 마지막으로 찾아간 시청사에서 보는 스톡홀름 시내의 모습이 참 곱고 아름다웠다. 그 자리에 한참을 앉아 여행의 아쉬움과 설렘을 되새겼다. 천천히 일어나려 할 때, 비가 지나간 밤 9시, 시청사의 하늘에 무지개가 떴다. 한밤중에 무지개라니. 또렷하지는 않았지만 고생했던 하루를 위로라도 하듯 선물처럼 그렇게 한밤에 무지개가 떠 있었다. 이건 분명 행운이야. 지금 바라보고 있는 저 밤 무지개만으로도 너의 여행은 충분히 행복하고 멋졌다고 스톡홀름의 자줏빛 밤하늘이 나에게 이야기하는 듯했다.

## 얼마나 많은 사람들의 행복을 빼앗아온 것일까?

우리가 사는 도시는 24시간 찬란한 조명으로 반짝이고 있다. 이른 아침에도 늦은 밤에도 어디서든 식사를 할 수 있고, 대중교통을 쉽게 이용할 수 있다. 많은 사람들이 서울의 장점으로 '늦은 시간에도 편하게 활동할 수 있는 것'을 꼽는다. 그리고 나 또한 이것이 당연한 것이라고 생각하고 있었다. 하지만 밤 늦게까지 빛나는 도시를 움직이는 것은 결국 밤 늦게까지 일하는 사람들의 힘이고 노력이다.

우리가 생각하는 북유럽의 삶이란 하루에 6~7시간만 근무하고, 노르딕 패턴의 아기자기한 소품과 가구로 꾸며진 집에서 잘 짜인 촘촘한 복지로 편안한 노년을 보내는 것일지도 모른다. 하지만 북유럽에서 처음 느낀 감정은 '불편함'이었다. 공휴일에 호텔 직원들은 모두 자리를 비우고, 저녁 7시가 넘으면 거리의 가게들은 문을 닫았으며, 편의점조차 밤 12시면 문을 닫았다. 당연하게 생각했던 일들이 당연하지 않게 되자 처음에는 당황스러운 마음이 컸다.

하지만 이들의 삶 속에 들어가 보니 나 혼자 편하기 위해 다른 이들의 시간과 노력을 빼앗는 것이 무례한 일임을 깨닫게 되었다. 우리는 서비스, 편의, 신속이라는 미명 아래 얼마나 많은 사람들의 시간을, 얼마나 많은 사람들의 행복을 빼앗아온 것일까.

우리가 동경하는 북유럽의 삶은 결국 오랜 시간 동안 서로의 삶을 지켜주기 위한 사회적인 동의를 통해 생겨났을 것이다. 이 과정이 결코 쉽지는 않겠지만, 앞으로 우리도 천천히, 많은 사람들의 합의와 배려를 통해 모두가 저녁이 있는 삶을 누릴 수 있기를 바란다.

한 달의 휴가가 생긴다면 조금 더 여유를 가져도 된다. 마음은 급할 것이다. 언제 다시 올지 모르는 한 달이고, 나에게 주어진 이 시간을 남김 없이 쓰고 싶을 것이다. 사실 그건 내가 안식월에서 놓친 부분이기도 하다. 여행도 살뜰하게 다녀오고 싶고, 그동안 하지 못했던 일, 가지 못했던 곳을 모두 경험하고 싶었다. 하지만 안식월이 끝나고 정작 기억에 남았던 것은 바쁘게 돌아다닌 시간보다 여유를 갖고 나를 되돌아보던 시간이었다. 한 달을 빈틈없이 보내겠다는 계획도 좋지만, 그동안 우리는 너무 바빴으니까, 휴식을 위해 주어진 시간인 만큼 조금만 천천히 한 달을 보내기 바란다. 그리고 나 또한, 한 달간의 휴가를 다시 만난다면 더욱 여유롭게 나 자신을 돌아보는 시간을 가질 것이다.

## ① 북유럽에서는 슈퍼마켓을 활용하라

북유럽은 한국의 두 배에 가까운 비싼 물가로 유명하다. 이 때문에 저녁은 슈퍼마켓에서 타임세일하는 샐러드나 샌드위치로 저렴하게 해결한 날이 많았다. 다양한 체인 슈퍼들이 많고, 늦게까지 열기 때문에 관광객들의 주머니 사정을 지키는 데 큰 도움이 된다. 물건을 살 때 비닐봉지 부담금이 작은 편이 아니므로, 에코백을 들고 다녀도 도움이 된다. 디자인으로 유명한 지역인만큼, 슈퍼마켓도 각각의 디자인 아이덴티티를 만들고 있다. 덴마크의 irma는 작은 소녀의 옆모습을 로고로 사용하고 있으며, 이를 활용한 다양한 PB 상품을 판매하고 있다. 이 로고가 들어간 에코백은 많은 관광객들이 구매하는 상품이기도 하다.

## ② 덴마크 코펜하겐 카드 & 스웨덴 스톡홀름 패스

여행 중 박물관을 무료로 이용하고, 자유롭게 대중교통을 이용할 수 있었던 건 코펜하겐 카드와 스톡홀름 카드(현 스톡홀름 패스) 덕분이었다. 두 나라 모두 대중교통 비용이 높은 편이기 때문에, 이동이 많다면 교통패스 구매를 추천한다. 특히 무료 입장 가능한 장소가 매우 많아 이를 중심으로 코스를 짜면 더욱 저렴하게 여행할 수 있다. 코펜하겐 카드는 1일에 379크로네, 2일에 529크로네, 3일에 559크로네이다. 스톡홀름 카드는 2016년 1월부터 60곳이 넘는 관광지를 무료로 이용할 수 있는 '스톡홀름 패스'로 개편되었다. 여기에 추가할 수 있는 옵션으로 대중교통을 무료로 이용할 수 있는 '트래블 카드'가 신설되었다. 스톡홀름 패스와 트래블 카드를 한번에 구입하려면 1일에 710크로나, 2일에 1025크로나, 3일에 1225크로나가 든다.

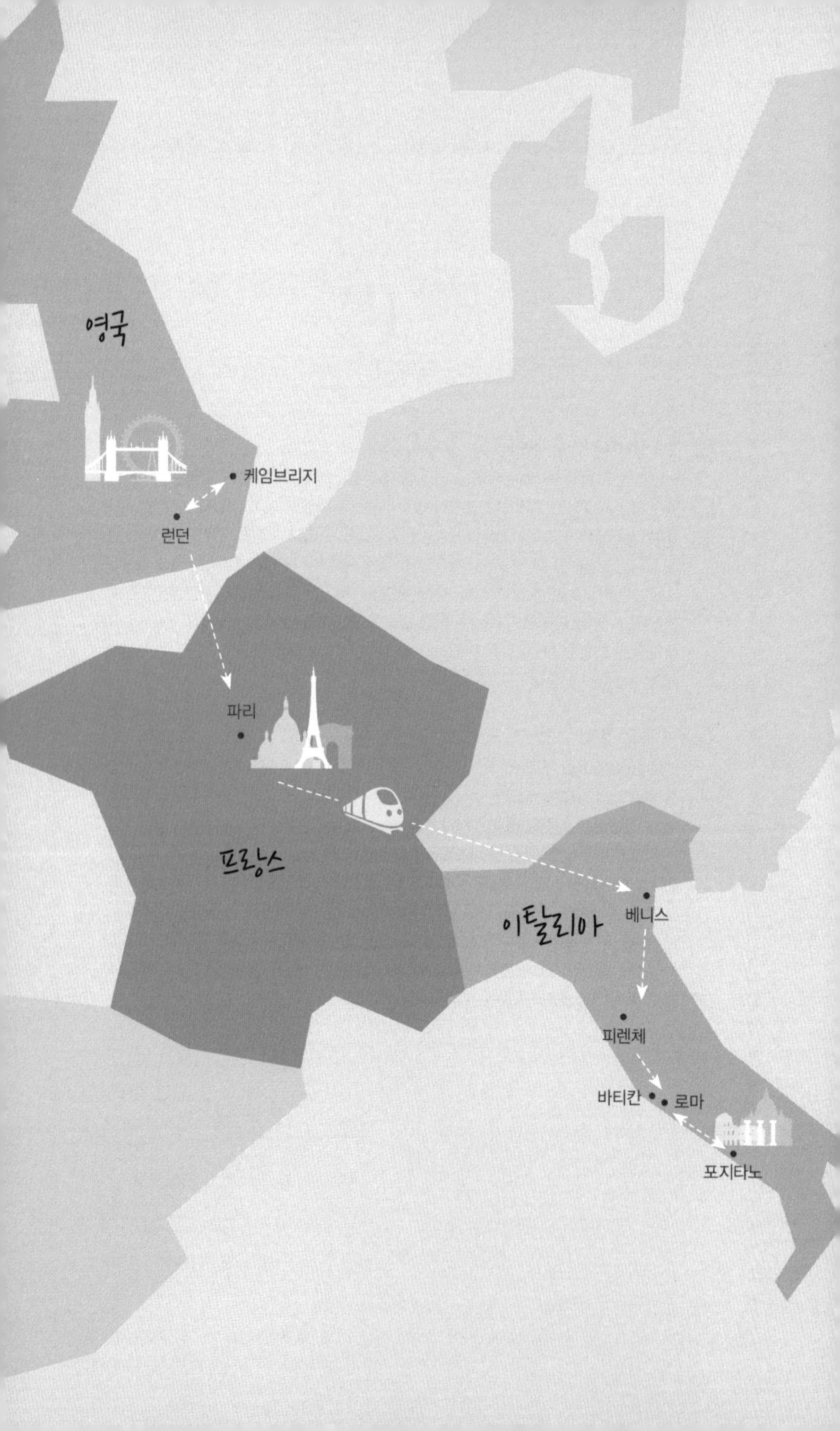

영국
케임브리지
런던
파리
프랑스
이탈리아
베니스
피렌체
바티칸
로마
포지타노

절대 부지런하지 말 것

# 영화의 기억을 찾아
# 유럽의 거리를 걷다

유혜영

안식월을 보내는 한 달만큼은

절대 힘 빼지 않으리라 다짐하고

스스로 규칙을 정했다.


'절대 부지런하지 말 것'

## 나에게 안식월이란?

개인적으로 직장인에게 있어 '직업 혹은 직장'이라는 것은 자기 발전이든, 금전적인 것이든 보상이 있기 때문에 힘든 일도 척척 이겨낼 수 있는 것이 아닌가 생각한다. 그런데 한 번씩 견디기 힘든 순간이 찾아오는데 그건 이 일에 끝이 보이지 않는다고 생각할 때 생기는 권태감일 것 같다. 누적된 피로와 권태감으로 인해 배터리가 2% 정도 남아 있는 아슬아슬한 휴대폰이 딱 나의 상태였다면 안식월은 시기적절하게 찾아온 충전 케이블이었다.

**유혜영.** 헬스케어 크리에이티브본부 과장

2012년 엔자임에 인턴으로 입사하여 지금까지 쭈—욱 엔자이머로 살고 있다. 크리에이티브본부에서 헬스케어 디자인, 광고, SNS, 영상, 브로슈어 등의 헬스케어 콘텐츠 기획 및 개발을 담당하고 있다. 입사 후 입에서 가장 많이 뱉어낸 단어임에도 불구하고 '크리에이티브'라는 단어가 세상에서 가장 어렵고 무섭다. 엔자임과 함께하며 대학교 졸업을 맞았었고 2016년 현재는 엔자임과 함께 20대의 마지막을 보내며 새로운 30대를 맞이할 준비를 하고 있다.

아직도 어제 일마냥 눈앞에 선명하게 그려진다. 회사에 입사하며 처음 발을 디디던 그날. 코로 숨을 쉬는 당연한 일마저 어색하게 느껴질 정도로 긴장했던 그날. 사내 문화와 복지 등 이것저것 입사 안내를 받고 열심히 받아 적었지만 사실 '안식월'에 대한 내용은 크게 귀 담아 듣지 않았었다. 그때는 '설마 내가 갈 수 있겠어'라고 생각했던 것 같다.

[공지] 2015년 안식월 휴가 대상자

생각지도 못했던 안식월 안내 메일이 왔다. 메일 제목부터 어찌나 벅차고 설레던지……. '어디 갈까, 언제 갈까, 뭐 입고 가지' 사무실 책상 앞이 아닌 낯선 곳에서 한량처럼 널브러져 있을 내 모습을 상상하며 설레발을 치니 정말 신이 났다. 하지만 그도 잠시, 곧 바쁜 일상에 치여 안식월 계획을 계속 미루게 되었다.

그렇게 시간이 흐르며 진행 중이던 프로젝트도 점점 마무리되었고, 주변에서도 슬슬 안식월 계획을 묻는 사람들이 많아졌다. '곧 가겠지 뭐~' 올해 안에 상황 봐서 아무 때나 가면 되겠거니 하고 안이하게 생각하던 중 나는 일생일대 가장 큰 변화를 맞게 되었다.

'결혼.'

결혼이라는 큰 산이 눈앞에 닥치게 됐다. 이제는 일생일대 가장 큰 이벤트라는 결혼과 나의 소중한 안식월이 맞물리지 않도록 안식월 휴가 장소, 시기, 예산 등 현실적으로 고민해야 했다. 장소는 유럽으로 마음이 기울어져 있었고, 예산은 일단 다녀와서 열심히 일하면 된다고 생각했기 때문에 그리 크게 고민하지는 않았다. 가장 고민이 되었던 것은 언제 떠나느냐였다.

결혼 전에 떠날 것인가, 결혼 후에 떠날 것인가.

하지만 시기에 대한 현답을 얻기 위해 주변에 고민을 얘기해봐도 백이면 백 모두가 '가는 것 자체가 문제'라고 했다. 결혼같이 큰일을 앞두고 장기간 여행을 가는 것은 혹 사고라도 날까 불안하고, 상대방에게도 예의가 아니기 때문이라고 했다. 그렇게 대부분의 사람들이 결혼 전 나의 여행을 말리며 차라리 그동안 결혼 준비를 하는 것이 낫다는 현실적인 조언을 주었다. 한 달간의 휴식이라는 이 절호의 찬스를 얌전히 집에서 조신하게 앉아 결혼 준비하는 데 투자하라니? 생각지도 못했던 조언들을 도저히 받아들일 수 없었던 나는 이 문제에 대해 어떻게 생각하느냐고 남자친구에게 툭 털어놓고 물었다. 잠시 생각하던 남자친구는 직장인에게 있어 한 달의 휴가가 얼마나 큰 가치를 갖는지 충분히 가늠할 수 있다는 모범 답안을 내놓았다. 곧이어 일부 일정이라도 함께할 수 있도록 본인이 여름 휴가를 쓰겠다는 친절한 답변을 내놓았다. 본인 나름의 절충안이었으려나.

결국 우리는 함께 떠나는 것으로 합의를 봤다.

## 대리님, 왜 아무 준비 안 해요?

안식월을 일주일가량 앞두고 팀원, 다른 부서의 동료들에게 가장 많이 들은 말이었다. 정말 아무 준비를 안 했다. 그나마 뒤늦게 항공권만 부랴부랴 예매하고, 여행 계획이며 숙박, 이동 수단 등 아무 준비도 하지 않았다. 수학여행처럼 일정에 맞춰서 타이트 하게 움직이는 것이 싫다는 허울 좋은 핑계로 여행 준비에 있어 맘껏 게으름을 부렸던 것 같다. 사실 그 당시에는 업무 스트레스도 높고, 누적된 피로로 심신이 많이 지친 상황이었다. 거기에 결혼 준비까지 함께하자니 흔히 말하는 배터리가 다 된 상태가 되어버렸다. 처해 있는 현실을 부정하고 싶을 만큼 진이 빠져 단언컨대 정말 아무것도 하고 싶지 않았다.

그래서 안식월을 보내는 한 달만큼은 절대 힘 빼지 않으리라 다짐하고 스스로 규칙을 정했다.

'절대 부지런하지 말 것.'

**유혜영의 Tip-1.**
항공권과 도시 간 이동 열차(유로스타, 트랜 이탈리아 등)는 빨리 예약할수록 저렴하다. 특히 도시 간 이동 열차는 티켓이 오픈되는 일정을 확인해 빠르게 예약하면 많게는 3~4배 이상 예산을 아낄 수 있다. 게으름을 부리는 만큼 지갑은 가벼워지니 주의할 것!

## 아름답지 않은 여행의 시작
여행의 시작점은 런던!

첫 방문할 도시, 이동 동선 등은 고려하지도 않고 무작정 시작점은 런던으로 정했다. 이유는 딱 두 가지였다. 첫째, 하루 빨리 영화 〈킹스맨〉에 나왔던 블랙프린스 펍에 가서 기네스를 마시고 싶었다. 둘째, 나는 왔던 길도 기억 못하는 길치지만 일주일간의 여름휴가를 얻어온 남자친구는 다행히도 런던을 잘 안다는 것.

런던으로 향하는 비행기 내에서도 들뜬 마음에 그 긴 비행 시간 동안 눈을 붙일 수가 없었다. 오랜만에 맞이하는 긴 휴식은 그 자체만으로도 엄청난 비타민이 되기 때문이다. 여름휴가보다 훨씬 긴 여행이라니! 내가 콜린 퍼스가 말하던 바로 그 'lovely guiness'를 마실 수 있다니! 엄마, 아빠와 처음 놀이공원을 가는 어린아이처럼 들떠 기내에서도 〈킹스맨〉을 다시 한 번 복습했다. 콜린 퍼스가 악당들을 물리치기 전, 기네스를 우아하게 마시는 모습을 셀 수 없이 반복하며 꿈같은 비행 시간을 보냈다.

하지만 본격적인 여행의 시작이 나의 설렘만큼 아름다울 수만은 없다. 런던 공항에 도착해서 수화물을 기다리는데 30분이 지나고, 1시간이 지나도 내 짐은 나올 생각이 없는 것 같았다. 어쩌다 한 번씩 매우 낮은 확률로 짐이 인천에서 오지 못하는 경우가 있다는 친구의 이야기가 불현듯 머릿속에 맴돌았다. '에이 아닐거야. 어떻게 그런 일이 나한테 또 생겨.' 이미 불행히도 몇 년 전 호주에서 그 일을 몸소 겪어본 경험이 있었기에……. 불안한 마음에 근처에 있던 공항 직원들에게 짐이 나오지 않는다고 하소연했지만 기다리면 나올 것이라는 태평한 대답만 돌아왔다. 짧은 여행도 아니고 3주가량 여행을 해야 하는데 짐이 오지 않으면 어쩌나 점점 멘탈이 바스러지고 있던 찰나, 남자친구는 잠시 기다리라며 혼자 휘적휘적 돌아다니더니 분실물 센터에서 캐리어를 찾아왔다. 직감했다.

'이번 여행도 쉽지만은 않겠구나.'

## 영화 속 그 장소, 〈킹스맨〉의 '블랙프린스 펍'

나는 듣는 것보다는 보는 것이 더 좋다. 음악을 듣는 것도 좋지만 영화를 보는 것이 더 좋고, 이야기를 듣는 것보다 책을 보는 것이 더 좋다. 그리고 좋아하는 책과 영화는 몇 번을 봐도 좋다. 볼 때마다 새로운 포인트를 찾게 되고, 매번 새로운 감정을 느낄 수 있다. 여러 번 봐도 특히 질리지 않는 영화가 몇 편 있는데 대표적인 것이 〈킹스맨〉, 〈인셉션〉, 〈물랑루즈〉다. 멋진 수트를 말끔하게 차려 입은 기다란 기럭지의 콜린 퍼스가 세상 무서울 것 없는 액션을 펼친 뒤, 아무 일도 없었던 듯 우아하게 걷는 모습은 낭랑 28세 소녀의 마음을 불타게 만들었다. 거기에 과하지 않은 유머러스한 스토리까지 가미되어 있으니 영화를 보고 또 봐도 질릴 리 만무하다. 지금이야 2편이 제작되고 있지만, 여행을 시작하기 전에는 제작 가능성만 논의되고 있던 터라 제작 관련해서 새로운 소식이 없나 인터넷을 기웃거리던 중 우연히 블랙프린스 펍의 방문 후기를 발견했다.

나도 그곳을 기필코 가고 말겠다는 다짐과 동시에 이참에 유럽을 여행하며 영화 속 인상 깊었던 장소들을 두 눈에 직접 담아 오는 것이 어떨까 하는 생각이 들었다. 평소 맛집 위주로 여행을 많이 했었는데 조금 색다르게 동선을 정할 수 있을 것 같았다. 그렇게 우연히 발견한 후기 하나로 결정된 이번 여행의 첫 방문지는 블랙프린스 펍.

이번 안식월 휴가에서 '부지런하면 안 되는' 나만의 절대 규율이 있었기 때문에 오후에야 어슬렁어슬렁 찾아간 블랙프린스 펍의 외관은 영화 〈킹스맨〉 속에서 봤던 바로 그곳과 똑같았다. 감격스러웠다. 이곳에서 나쁜 놈들에게 예의범절을 가르치기 위해 "Manner maketh man"을 읊조리던 명장면이 나왔구나 다시 한 번 감격하며 내부로 들어가는데 이게 무슨 일인지 영화와 전혀 딴판인 모습이 눈앞에 펼쳐졌다. 알고 보니 영화 속 내부 장면은 스튜디오 촬영이었다고 한다. 너무나 다른 펍의 내부 모습에 살짝 허탈했다. 하지만 허탈함도 잠시, 기대치보다 맛있었던 음식들로 어느새 기분이 좋아졌다. 거기에 기네스 한 잔이 더해지니 세상 부러울 것이 없었다. 집에서 영화 보며 마시는 기네스 캔맥주와 비교할 수 없을 만큼 정말 부드럽고 맛있었다. 술 한 잔만 해도 얼굴이 빨개지는 편인데 만약 술을 마셔도 얼굴 색이 바뀌지 않는 체질이었다면 그 자리에서 분명 고주망태가 되었을 것이다. 그랬다면 아마 누군가가 몰래 올린 '킹스맨 촬영지에 나타난 어글리 코리안'으로 페이스북에서 1만 Like를 받았을지도 모르겠다.

살짝 들뜬 상태로 식사를 하는데 종업원 한 명이 말을 걸어왔다.

"런던에서 공부하니?"
"아니~ 여행 왔어."
"늦은 점심이네? 어디 갔다 오느라 늦은 거야?"
"아니~ 그냥 내가 게을러서 늦은 거야. 나 이번 여행에서 꼭 게을러야 되거든."

나름대로 정해진 규율이라 진지하게 말했더니 종업원은 뭐가 재미있는지 껄껄 웃으며 혹시 너도 〈킹스맨〉 보고 왔냐고 대화를 이어갔다. 요즘 〈킹스맨〉 팬들이 자주 온다며, 내부가 달라서 다들 살짝 실망하는 것 같다고 했다. 실망했을 그들의 마음이 백 번 이해됐지만 블랙프린스 펍에 대한 나의 만족도는 별 다섯 개! 주문했던 음식은 기대한 것보다 맛있었고, 기네스는 기대한 만큼 훌륭했으며, 펍의 외관은 기대 이상으로 멋졌으니까! 원래 여행 다니면서 사진을 많이 찍어 남기는 편이 아닌데 블랙프린스 펍의 외관은 굉장히 멋스러운 편이라 괜히 밖에서 여러 컷 찍으며 오두방정을 떨어댔다.

혹시 런던을 다시 방문할 기회가 온다면, 그때는 멋진 스트라이프 수트를 차려 입고 더욱 게으름을 부리며 오만한 자세로 기네스 생맥주 두 잔에 도전하리라.

낮 시간 조금 한가해 보였던 블랙프린스 펍

## 영화 속 그 장소, 〈해리 포터〉의 '9와 3/4 승강장'

10년도 훨씬 전에 개봉했던 〈해리 포터〉 시리즈. 영화는 영화대로, 책은 책대로 재미있는 명작이다. 사실 런던을 가면서 〈킹스맨〉 촬영지, 영국 드라마 〈셜록〉 촬영지, 해리 포터 박물관은 꼭 가봐야겠다고 생각했었는데, 뭔가 막상 박물관을 가려니 내가 아무리 영화 팬이라도 박물관은 너무 상술에 놀아나는 기분이라 괜히 자존심이 상했다. 변덕이 심한 편이라 지금은 갔다 올걸 그랬나 아쉽기도 하지만 런던에 있을 때는 해리 포터 박물관은 가지 않겠다는 말도 안 되는 오기가 생겼었다. 마치 남들 다 해도 나는 안 할거라며 괜한 자존심을 세우는 것처럼. 하지만 그럼에도 불구하고 해리 포터가 호그와트로 향하는 기차를 타기 위해 벽 속으로 뛰어들던 킹스크로스 역의 Platform 9와 3/4은 꼭 가보고 싶었다. 정확히 말하자면 꼭 가서 기념 사진을 남기고 싶었다.

때마침 케임브리지를 구경하러 갈 예정이라 일부러 기차 티켓은 킹스크로스 역에서 출발하는 것으로 예약했다. 케임브리지 구경을 마치고 다시 킹스크로스 역으로 돌아와 찾은 9와 3/4 승강장. 정확히는 9와 3/4 승강장의 모습을 한 인증샷 스팟이었다. 역의 규모가 큰 편이라 찾기 어렵지 않을까 걱정했지만 유독 시끄럽고 사람이 많이 몰려 있는 곳으로 향하니 쉽게 찾을 수 있었다.

원래는 실제 기차 타는 플랫폼 쪽에 있었는데 안전상의 문제로 로비 쪽으로 옮겼다고 한다. 기념 사진을 찍기 위해 기다리는 긴 줄을 보며 남자친구는 "그냥 갈까"라고 물었고, 나의 입은 "그래, 그냥 가자~"라고 쿨하게 대답했지만 몸은 그와 반대로 이미 사진을 기다리는 줄로 향하고 말았다. 본능은 의식과 다르게 쿨하지 못했던 것이다. 솔직히 이 글을 쓰고 있는 지금 이 순간에도 그때 왜 그렇게까지 오랜 시간 기다리며 사진을 찍고 싶었는지 모르겠다. 승강장 벽에는 카트가 통과하듯 반만 박혀 있고, 직원 2명이 사진 촬영을 돕고 있었다. 해리 포터 목도리를 착용한 뒤, 카트를 잡고 벽으로 들어가듯 사진을 찍을 수 있게 도와주는데 뭔가 그 모습이 너무 웃겨서 크게 웃고 말았다.

"아, 저게 뭐야~ 유치해!"

30분의 기다림 뒤, 유치하다고 말해놓고 가장 적극적인 자세로 호그와트 기숙사에 따라 종류별로 준비된 목도리 중 붉은색 목도리를 선택하는 나의 모습에 또 한 번 웃고 말았다. 아쉽게도 직원의 카메라로 찍은 사진은 구도도 별로인데 비싸기까지 해서 구매하지 않았고, 직원이 아이폰으로 찍어준 사진은 4등신으로 찍혀 있어 더 이상 웃을 수가 없었다. 결과물이야 어떻든 오랜만에 유치해짐과 동시에 유쾌해지는 경험이었다.

## 드라마 속 그 장소, 〈셜록〉의 '버킹엄 궁전'

미국 드라마도 재미있는 것이 많지만 나는 특히나 영국 드라마 〈닥터후〉와 〈셜록〉을 좋아한다. 특히 드라마 〈셜록〉은 일명 오이 오빠(주연배우 베네딕트 컴버배치의 얼굴이 길어서 국내 팬들 사이에서는 오이라고 불린다)를 일약 글로벌 스타로 만들고, 이제 시즌 4를 준비할 정도로 많은 팬을 보유하고 있는 드라마니 두 말 하면 입 아프다.

런던을 방문한 셜록 팬들이 주로 찾는 장소는 극 중 셜록의 집인 베이커가 221B와 셜록과 왓슨이 자주 들르는 'SPEEDY'S SANDWICH'일 것이다. 실제 221B는 셜록 홈스 박물관으로 운영되고 있고, 스피디 샌드위치는 문을 일찍 닫기 때문에 게으른 여행을 하고 있던 나와는 일정이 맞지 않았다.

비도 추적추적 내리고, 쭉 같이 있던 남자친구가 여름휴가 기간이 끝나 한국으로 돌아가 버려서 괜히 혼자 마음이 쓸쓸하기도 했던 터라 버킹엄 궁전을 향해 무작정 걸어 갔다. 구글 맵에 의지하며 노란 우산 하나를 들고 비 오는 런던의 거리를 누볐다. 천천히 걷다 보니 점점 궁의 외곽이 보이기 시작했다.

드라마 시즌 2에서는 버킹엄에 누드로 끌려가 사건 의뢰를 받는 셜록의 모습을, 시즌 3에서는 근위병 살인사건 등의 에피소드를 통해 버킹엄과 근위병의 모습을 확인할 수 있는데 실제 모습은 화면 속 모습보다 100배, 아니 1000배 이상으로 훨씬 웅장하고 멋졌다. 세월의 흐름이 느껴지는 외벽, 반짝거리는 금으로 장식된 철창과 문, 뭐든지 다 막아낼 것 같은 멋진 근위병, 거기에 회색빛으로 무겁게 깔린 구름까지 더해지니 전체적으로 압도당하는 느낌이었다.

노란 우산 하나를 들고

비 오는 런던의 거리를 누볐다.

버킹엄 궁전은 근위병 교대식 시간에 맞춰 방문하면 화려한 세레머니를 볼 수 있지만 수많은 관광객들로 인산인해를 이루기 때문에 버킹엄 궁전의 모습을 온전히 눈에 담기가 어렵다. 비가 오는 날, 우연히 한적한 시간에 갔던 것이 나에게는 신의 한 수가 아니었나 싶을 정도로 멋진 광경이었다. 한 손에는 우산을 들고, 남은 한 손으로 궁전의 모습을 찍고 있는데 그때 누군가 말을 걸어왔다.

"혹시 한국 분이세요?"
"네~ 사진 찍어 드릴까요?"
"아니요, 제가 지금 막 도착했는데 한국 분을 보니까 반가워서요."

나도 길을 잘 모르는데 길을 물어보면 어쩌지 걱정했는데 기우였다. 동행을 구하시는 분인 것 같았다. 하지만 나는 다음 날 오전 파리로 넘어가는 일정이라 동행을 할 수 없었다. 아쉬운 대로 비가 오는데 우산도 없는 것 같아 큰 길까지 우산을 같이 쓰고 걷기로 했다. 이렇게 우연히 버킹엄 궁 앞에서 만나게 된 채현 씨. 런던에 도착하자마자 호스텔에 짐을 두고 설레는 마음에 무작정 걸어 나왔다고 했다. 아직 아무것도 먹지 못했는데 혼자서는 밥을 먹고 싶지 않다고 해서 저녁 식사를 함께하기로 했다. '한국에서도 치킨 사랑은 밖에 나가서도 치킨 사랑'을 몸소 실천하기 위해 포루투갈 소스에 닭이 구워져 나오는 Nando's를 찾아갔다.

여행에 대한 기대감 때문이었는지 유독 눈이 반짝거렸던 터라 막연히 채현 씨는 학생일 것이라 생각했는데 알고 보니 간호사 일을 하다가 그만두고, 과감하게 홀로 장기간 유럽 여행을 오게 됐다고 했다. 맛난 음식으로 허기를 채우며 한국에서의 삶, 런던의 첫 인상, 공항 에피소드 등 이런저런 얘기들을 나누며 시간을 보냈다. 컨디션이 좋으면 맥주도 한잔하며 더 많은 이야기를 나누고 싶었지만, 비 오는 날 많이 걸어서인지 몸이 좀 쳐지는 느낌이 있어 아쉽지만 식사를 마치고 헤어지기로 했다. 전철 역에서 반대 방향으로 헤어지며 서로의 여행이 무탈하고 즐겁기를 응원했다. 낯을 가리며 쑥스러워하던 채현 씨는 여행을 잘 마치고 돌아왔겠지? 지금은 뭘 하고 있을까? 문득 궁금해진다.

## 영화 속 그 장소, 프랑스 파리 '물랑루즈'

다음 정착지는 프랑스 파리. 제대로 파리의 여인이 되어 홀로 여행이 시작됐다.

어릴 때 니콜 키드먼이 세상에서 제일 예쁜 여자인줄 알았던 적이 있다. 영화 〈물랑루즈〉의 뮤즈로 나오는 니콜 키드먼이 등장하는 첫 장면은 여자인 내가 봐도 홀딱 반할 만큼 매력적이었다. "다이아몬드는 여자의 친구"라며 노래를 하고 춤을 추는데 내가 상대 역할인 이완 맥그리거였다면 영화 촬영하는 내내 공사 구분 못 하고 정신이 나갈 것 같았다. 로맨스 영화를 딱히 선호하는 편은 아니지만 〈물랑루즈〉는 볼거리가 많은 영화라 인생 영화로 손꼽는다. 진하고 화려한 색감, 역동적인 앵글, 동화 같은 전개, 카리스마 넘치는 군무까지! 영화 속 '물랑루즈'와 실제 '물랑루즈'는 다르겠지만 일단 찾아가보기로 했다. Blanche역 바로 앞에 있는데도 그걸 못 찾아서 '물룡루즈', '플랭루우즈' 발음을 바꿔가며 사람들에게 물어 물어 마침내 찾아냈다. 눈앞에 보이는 커다란 빨간 풍차가 달린 외관은 생각보다 전체 크기가 왜소하고, 더욱 빈티지한 느낌이었다.

외관의 빨간 풍차가 프레임에 담기도록 화각이 넓게 나오는 셀카 렌즈를 휴대폰 렌즈에 끼우고 열심히 사진을 찍는데 그 모습이 힘들어 보였는지 관광객 한 명이 대뜸 휴대폰을 내놓으라는 손짓을 했다. 사진을 찍어주겠다는 호의가 고맙기도 했지만 살짝 경계되어 망설였다. 모순이지만 나홀로 여행객은 오픈 마인드와 동시에 모든 이를 경계하는 마인드도 필수이기 때문이다. 특히 나홀로 '여성' 여행객일 경우에는 경계심을 있는 힘껏 키우는 것이 때때로 반드시 필요하다. 휴대폰을 훔쳐 달아날 사람처럼 보이지는 않았지만 혹시라도 그런 일이 벌어진다면 죽을 힘을 다해 쫓아가리라 다짐하고 멋쩍게 '땡큐' 하며 사진을 부탁했다. 이름 모를 그분은 앞선 걱정이 무색하게 마치 연인을 찍듯 열심히 사진을 찍어 주었다. 귀찮을 법도 한데 찍고 마음에 들지 않았는지 검지 손가락을 들며 한 번 더 찍겠다는 표시를 보이고는 한 번 더, 다시 한 번 더 찍어주었다. 커다란 덩치를 가지고 작은 아이폰에 집중하며 너무나도 심각한 표정으로 사진을 찍는 그분과 그 앞에서 어색하게 입꼬리를 올리며 웃는 나의 모습이 대조되어 그 상황이 뭔가 유쾌하게 느껴졌다. '땡큐, 고마워요'라고 여러 번 말했지만 끝까지 사진을 더 찍어주고 싶어 하던 그분이 잊혀지지 않는다. 덕분에 물랑루즈 앞에서 유쾌한 추억을 만들 수 있었다.

생각해보면 나홀로 파리 여행은 특히 위험하다는 인터넷 여행 후기가 많아 처음에는 좀 위축되어 있었는데 은근히 도움을 많이 받고 다녔던 것 같다. 숙소에서 역까지 가는 길을 잃어버려서 한참을 헤매고 있는데 빵집 앞에 있던 할머니가 역까지 데려다 준 일, 숙소에서 아끼던 반지를 잃어버렸는데 청소하던 분이 찾아준 일, RER을 잘못 타서 우왕좌왕하는데 주변에 있던 대학생들이 목적지까지 갈 수 있도록 도와준 일 등 많은 이의 도움으로 안전하고 행복하게 여행을 마칠 수 있었다. 물론 이상하고 못된 사람들도 있었지만 여행이 끝나고 많은 시간이 흐른 지금, 기억을 하나씩 더듬어보면 좋았던 풍경과 사람들이 먼저 떠오른다. 그래서 그 좋았던 기억과 감정 때문에 한 번도 여행을 안 가 본 사람은 있어도 한 번만 여행을 다녀온 사람은 없나 보다.

## 영화 속 그 장소, 〈아멜리에〉의 '카페 데 드 물랑'
물랑루즈에서 조금만 샛길로 올라가다 보면 영화 〈아멜리에〉의 주인공 아멜리에가 일하던 카페가 있다. 프랑스 영화 특유의 새침하면서 사랑스러운 이미지가 잘 드러나는 영화 〈아멜리에〉. 짧은 귀밑 단발머리에 한때 우리 나라에서도 유행했던 짧은 앞머리를 한 오드리 토투의 통통 튀는 매력으로 꽤나 인기가 많았던 영화로 기억한다. 영화 연출 자체도 판타지가 가미되고 예쁘게 만들어졌지만 무엇보다 엉뚱하면서도 미워할 수 없는 캐릭터의 아멜리에, 그 주인공이 제일 기억에 남는 영화다.

때로는 눈살이 찌푸려질 정도로 지나치게 엉뚱하지만 자신만의 확고한 세계관과 커뮤니케이션 방법이 있다는 것은 아멜리에의 강점이라고 생각했다. 모두 눈치를 보며 자기의 색을 타인에게 적당히 맞춰 사는 세상이라 온전히 '마이 웨이'로 삶을 사는 아멜리에가 적어도 나에게는 동경의 대상이었으니까. 주변인들이 동의할지는 모르겠지만 나는 꽤나 눈치를 많이 보는 편이기 때문이다. 눈치를 많이 보고, 눈치가 빠르기 때문에 이득을 본 적이 많았음에도 불구하고, 요즘에는 그렇게 눈치를 보며 사는 것이 어찌나 귀찮고 피곤하게 여겨지는지 모르겠다. 그래서 내 눈에는 앞뒤 재지 않고 오직 행복과 사랑을 위해 행동하는 아멜리에가 더 대담하고, 매력적으로 보였던 것 같다.

카페에 앉아 늦은 점심 식사를 주문하고 영화 줄거리를 떠올리며 이런저런 사색에 잠겨 있는데 비어 있던 옆자리에 긴 머리의 여자가 와서 앉았다. 나처럼 영화 때문에 카페를 방문했는지 카페 구석구석에 놓여 있는 영화의 흔적들을 카메라에 담기 시작했다. 밥을 먹다가 궁금해서 살짝 들여다보니 이번에는 뭔가를 끄적이고 있었다. 목을 있는 힘껏 빼고 몰래 훔쳐보니 카페 드링크 바 쪽에 걸려 있는 아멜리에의 사진을 보며 따라 그리고 있었다. 그 모습이 마치 영화 속 한 장면 같았다. 그 여자의 예쁘장한 외모 때문에 상황이 더 극적으로 보여진 것도 있겠지만 때마침 창밖 햇살이 여자 쪽을 비추는데 그 모습이 너무 아름다웠다. 게다가 그림까지 잘 그리는 것이 아닌가.

그 모습을 얼른 카메라에 담고 싶은데 몰래 찍다가 걸리면 왠지 어글리 코리안이 될 것 같아 잠시 고민이 됐다. 그래서 속 편하게 허락을 받기 위해 단도직입적으로 여자에게 물었다.

"안녕! 너 지금 되게 매력 있어. 사진 찍어도 돼?"
"나? 정말? 응, 찍어도 돼. 많이 찍어도 돼. 내 옆으로 올래?"

뭔가 카페에서 조용히 그림을 그리던 모습에 감성적이며 수줍은 성격일 것이라 추측했는데 보란 듯이 정반대의 모습을 보여 적잖이 당황스러웠다. 내가 사진을 잘 찍을 수 있도록 적극적으로 자리를 만들어주고, 더욱 그림에 열중하는 모습을 연출해주기까지 했다. 강한 자기 어필에 당황스럽기도 했지만 그 모습이 내심 귀엽게 느껴졌다. 그녀의 휴대폰으로도 그림 그리는 그녀의 모습을 몇 장 찍어 주고 서로 인사를 나눴다. 밀라노에서 디자인 공부를 하고 있는 이로셀라라고 본인을 소개했다. 파리에 한 달간 머무를 예정이라고 했다.

"나는 아멜리에 영화 때문에 이 카페를 찾아왔어. 내가 제일 좋아하는 영화거든. 여기서 그림을 그리고 싶었어."
"나도 그 영화 때문에 여기 왔어!"
"아멜리에 영화 좋아하니?"
"좋아하긴 하지만 너처럼 가장 좋아하는 영화는 아니야. 그냥 나는 주인공 아멜리에가 귀엽고 사랑스러워. 매력 있잖아!"
"응, 그래서 나도 아멜리에를 따라한 적이 있어. 하지만 친구들이 싫어했지."

카페에서 만나게 된
예비 디자이너 이로셀라

이로셀라는 아멜리에의 엉뚱한 모습을 동경했는지 영화 속 행동을 따라한 적이 있다고 했다. 하지만 결과는 영화와 달랐다며 인생은 영화처럼 아름답지 않다는 심오한 말을 했다. 도대체 무슨 행동을 어떻게 따라했다는 건지 더 자세하게 에피소드를 듣고 싶었지만 아쉽게도 카페 웨이팅 손님이 줄 지어 있어 계속해서 자리를 차지하고 있을 수 없었다.

"내일 뭐해? 같이 맥주 마실래?"
"어쩌지? 나 내일은 파리를 떠나야 해서……."
"정말 아쉽다. 하루만 더 있을 수 없겠지? 우리가 운명처럼 다른 곳에서 다시 만났으면 좋겠어!"

이로셀라도 짧은 대화에 아쉬웠는지 다음 날 다시 만나고 싶다는 의중을 비추었지만, 난 다음 날 파리를 떠난다는 거짓말을 하고 말았다. 너무 순식간에 반사적으로 한 거짓말이었다. 귀찮아서? 다음 날 일정이 있어서? 아니다. 다른 이유보다는 그곳에서 이로셀라를 만나 짧게나마 사진을 찍고, 대화를 나누고 그냥 딱 거기까지만 하고 싶었던 것 같다. 아쉬운 순간 멈출 수 있도록. 특별히 인연을 쌓는 것에 대해 마음의 벽이 있었던 것은 아니지만 이 짧은 만남이 아쉽게 기억되어 조금 더 애틋해질 수 있도록 스스로 여기까지라고 선을 그어버렸다. 아멜리에보다 머리카락은 길었지만 자기 삶에 대해 고민하는 모습만큼은 닮은꼴이었던 이로셀라. 지금은 어떤 삶을 살고 있을까?

## 영화 속 그 장소, 〈인셉션〉의 '비라켐 다리'

나에게 있어 레오나르도 디카프리오라는 배우는 잘생기긴 했지만 딱히 영화를 두세 번씩 보게 할 정도로 굉장한 매력을 가진 외모는 아니다. 하지만 그가 주연으로 출연한 영화 〈인셉션〉은 특별히 예외로 벌써 수차례나 집중해서 봤다. 탄탄한 스토리뿐만 아니라 연출, BGM 등 볼 때마다 그 전에 볼 때는 찾지 못했던 포인트를 새롭게 발견하며 감탄하게 되기 때문이다. 영화에서 사람들의 집중을 모으는 첫 장면은 아마도 처음으로 꿈을 설계하는 능력이 발휘되며 다리가 척척 접히는 컷이 아닐까 싶다. 그때 그 장소가 바로 이 비라켐 다리다.

유명한 관광지가 아니라 사람이 많지는 않았지만 독특한 구조 때문인지 그 장소에서 스냅사진을 찍는 신혼부부를 볼 수 있었다. 위로는 지하철이 지나가고, 아래로는 인도, 차도, 자전거 도로가 있는 비라켐 다리는 멀리서 옆모습을 보는 것도 운치 있지만, 자전거 도로 중심에 서서 양쪽 대칭으로 크게 보는 것이 가장 멋있다. 에펠탑의 전체 뷰가 잘 보이는 위치이기도 해서 에펠탑을 보기 위해 찾는 사람도 많다고 했다.

거울에 반사된 것처럼
대칭 구조를 자랑하는 비라켐 다리

혼자 하는 여행이 처음이 아니라서 딱히 힘들거나 외롭다고 느꼈던 적은 없었는데 이 다리에서만큼은 혼자인 것이 너무 아쉬웠다. 이 대칭구조가 완벽하게 드러나도록 사진을 찍어주는 동행이 있었으면 참 좋았겠구나, 센 강을 함께 건너면서 사소한 이야기를 나눌 사람이 있었으면 더욱 좋았겠구나 하는 생각 때문에 아쉬움이 가시질 않았다. 괜히 먼저 한국으로 돌아간 남자친구를 원망도 해보고, 그 와중에 에펠탑을 보면서 '우와, 그래도 에펠탑이 잘 보이니까 좋네'라며 냉탕과 온탕을 오락가락하는 시간을 보냈다.

## 영화 속 그 장소,
## 〈냉정과 열정 사이〉의 피렌체 '두오모 성당'

국가별로 저마다 영화에서 풍기는 분위기가 있지만 일본 영화는 그 특유의 나른하면서도 예민한 정서가 있다. 개인적으로 제일 좋아하는 일본 영화는 〈혐오스런 마츠코의 일생〉이라는 영화지만 일본 그 특유의 연애 감성이 가장 잘 드러나는 영화는 〈냉정과 열정 사이〉라고 생각한다. 이탈리아 밀라노와 피렌체를 배경으로 남녀 각각의 이야기를 덤덤하면서도 섬세하게 풀어내는 이 영화는 마치 피렌체 홍보청에서 만들어낸 것처럼 피렌체의 아름다운 경관을 자랑한다.

나는 지금 이탈리아, 그것도 두오모 성당 앞에 서 있다. 냉정보다는 열정에 가득 차서. 처음에 두오모 성당을 눈앞에서 바라봤을 때는 살짝 톤다운 되어 있는 색감과 웅장함 때문에 뭔가 현실적이지 않게 느껴졌다. 불행인지 다행인지 보수 공사가 한창이라 '아, 현실이 맞긴 맞구나' 하고 실감이 났지만 영화 속 모습, 내가 상상했던 그 모습 그대로 눈앞에 크게 펼쳐져 있어 마치 내가 그래픽 합성 화면 속 일부가 된 듯한 기분이었다. 때마침 두오모 성당 바로 옆에 자리를 잡고 열심히 연주를 하던 노신사의 모습까지 더해져 마치 누군가 일부러 연출한 모습처럼 보이기까지 했다. 영원한 사랑을 맹세하는 연인들의 성지로 잘 알려진 두오모 성당. 영화 속 아오이와 준세이가 무려 10년 만에 재회하던 그 장소, 성당의 꼭대기에 올라가면 달콤한 사랑을 속삭이는 많은 커플들을 만날 수 있다고 한다. 게을러야 하는 이번 여행의 규율도 지켜야 하고(게으름을 정당화시켜주는 이 규율을 만든 것은 내가 한 일 중 베스트에 속하지 않을까), 힘들게 올라봤자 깨를 쏟아내는 커플들의 틈에 끼는 꼴이 될 것 같아 나는 과감하게 꼭대기에 오르는 것을 포기했다.

게으름으로 인해 인터넷 후기에서 흔히 보던 앵글의 사진은 찍지 못했지만 미켈란젤로 언덕에 올라 피렌체의 붉은 벽돌 지붕들을 담아왔기 때문에 두오모 성당의 꼭대기를 방문하지 않은 것이 크게 아쉽지는 않았다. 아쉬운 것은 이번에도 단 하나, 연인들의 성지를 연인 없이 혼자 방문한 것, 그것이 가장 아쉽게 느껴졌다. 가을이 연상되는 도시의 색감 때문인지, 스스로를 아오이에 과도하게 대입시켜서인지 괜스레 쓸쓸해지기까지 했다.

평화롭고 잔잔한 느낌이 드는 도시, 길 어딘가에 아오이와 준세이가 애틋한 표정으로 사랑을 확인하고 있을 것 같은 도시, 피렌체. 성격과 성향상 나는 다시 태어나도 이지적인 느낌이 강한 영화 속 아오이가 될 수 없지만 남자친구는 준세이가 될 수 있지 않을까 하는 말도 안 되는 상상을 하며 10년 뒤, 영화 속 그들처럼 설레는 마음을 안고 다시 한 번 방문하고 싶다는 소망을 품은 채 도시를 거닐었다.

### 유혜영의 TIP-2.

피렌체를 대표하는 대부분의 사진들은 보통 두오모 성당이나 조토의 종탑 꼭대기에서 찍은 것이 많다. 그와 비슷한 앵글을 찍고 싶은 사람은 커플들의 닭살을 견뎌내는 덤덤한 마음가짐과 튼튼한 두 다리를 필히 준비해야 한다.

## 잘못 알고 찾아간 영화 속 그 장소, 로마의 '포지타노'

이번 여행의 마지막 도시였던 로마에서는 거의 정신줄을 놓고 여행했다.

아직 20대임에도 불구하고 체력이 저질인지라 오만 가지 생각으로 머릿속이 오락가락하기 시작한 것이다. '몸도 힘든데 그냥 회사 그만두고 몇 달 더 천천히 여행이나 할까', '아, 이제 좀 힘든데 그냥 집에 가버릴까'. 가까스로 마음을 다잡고 얼마 안 남은 여행 기간은 로마를 조금 더 둘러보고 바티칸과 이탈리아 남부 지역을 투어로 다녀오기로 결정했다.

남부 지역 중에서도 알록달록한 색감의 포지타노 마을이 있는 아말피 해변을 가기로 했다. 사실 아말피 해변을 가기로 결정한 이유 중 하나는 그 근처에 '아이언 맨'의 집이 있다는 소문을 들어서였다. 숙소에서 누군가 하는 말을 흘려듣고는 7살 어린애처럼 흥분해서 곧바로 투어를 예약했다. 똑똑한데 유머러스하고, 부자이기까지 한 아이언 맨은 마블 영화에서 제일 애정하는 캐릭터다. 그 이유만으로도 충분하지 않은가.

투어 버스를 타고 도착한 포지타노 마을은 다른 이탈리아 도시들과는 전혀 다른 매력으로 나를 반겨주었다. 버스에서 친해진 몇몇 일행들과 아말피 해변의 보트를 예약했다. 사실 포지타노에 도착하기 전 아무리 인터넷을 찾아봐도 아이언 맨의 촬영지라는 언급이 없어 내심 불안했는데 일행 중 한 명이 말을 걸어왔다.

"언니 그거 알아요? 아말피 해변에서 보트 타고 좀 나가면 절벽 쪽에 아이언 맨 집이 있대요!"

아, 잘못된 정보는 아닌가 보다 하며 안심하고 다 같이 포지타노의 명물인 레몬 맥주를 손에 쥐고 보트에 올랐다. 푸른 지중해를 가르며 레몬 맥주를 마시는데 순간 아이언 맨이고 뭐고 다 잊고 여기가 천국이구나 싶었다. 끈적한 바다 바람이 아닌 더위를 잊게 해주는 시원하고 청량한 바다 바람을 맞으며 한참을 가다 보니 절벽 끝에 위치한 대저택이 눈에 들어왔다. 그제서야 깜박했던 아이언 맨의 집이 떠올라 두근거리는 가슴을 부여잡고 열심히 사진을 찍는데 아까 말을 걸던 동행이 보트 선장에게 질문을 던졌다.

"저 집이 아이언 맨 집 맞죠?"
"저 집? 저 집은 그냥 부잣집인데? 아이언 맨 얘기는 처음 들어봐~"

뒷통수를 맞은 기분이었다. 그저 '부자'의 집을 그리도 열심히 찍었다니. 뻘쭘한 표정을 지으며 나를 바라보던 동행과 눈이 마주치자 웃음이 터지고 말았다. 아이언 맨의 집을 볼 수 있게 될 줄 알고 방문한 포지타노였지만 결국 아이언 맨의 집은 볼 수 없었다. 아니, 내가 본 것이 아이언 맨의 집일 수도 있다. 아무려면 어떤가? 아말피 해변에서 마신 레몬 맥주가 영국에서 마신 기네스보다 더 맛있었으니 그걸로도 충분하지!

여기가 천국이구나

**유혜영의 TIP-3. 로마를 방문한다면 바티칸 투어와 남부 투어를 즐길 수 있다.**
바티칸 투어는 여행사에 따라 종일 투어뿐만 아니라 최근 반일 투어도 생겼으니 스케줄,
컨디션에 맞춰 예약하는 것이 좋다. 바티칸의 경우, 각 작품과 도시에 대해 가이드의 상세
설명을 들으면 더 유익하고 재미있게 관람할 수 있고, 무엇보다 기다리지 않고 입장할 수
있어 가이드 투어를 적극 추천한다. 남부 투어는 각 여행사에 따라 방문 도시, 소요시간,
방문 코스가 달라지므로 여행 후기를 꼼꼼히 살펴보고 선택하는 것이 좋다.


## 사진보다 두 눈에 더 많이 담아온 귀한 시간들

안식월 기간 동안 여행을 하며 런던, 케임브리지, 파리, 베니스, 피렌체,
로마, 바티칸, 폼페이, 포지타노 등 다양한 도시를 방문하고, 각 도시에
자리하고 있는 영화 속 장소들을 찾았다. 글에 다 담지는 못했지만 영화
〈천사와 악마〉의 바티칸, 런던 〈노팅힐〉의 포토벨로 마켓, 〈로마의 휴일〉
의 진실의 입, 〈다빈치 코드〉의 루브르 박물관, 〈마리 앙투아네트〉의 베
르사유 궁전 등 영화관이나 TV 사각 프레임으로 확인했던 모습들을 내
두 눈으로 직접 확인할 수 있어 더 뜻깊은 시간이 되었던 것 같다.


개인적으로 여행에서 사진을 열심히 찍는 편이 아니라 이후 시간이 지나
기억이 퇴색되면 어쩌나 하는 걱정도 된다. 하지만 장소별로 함께했던 사
람들, 그들과 나누었던 대화, 혼자 사색하며 거닐던 시간 등을 기억해내
면 그때 당시 눈에 담았던 장면들도 모두 함께 기억 속에서 되살아난다.
열심히 담아온 내 두 눈과 머리를 믿는 수밖에!


여행을 다시 한 번 되짚어보니 '한 달의 시간이 참 금방 갔구나'라는 것이
새삼스레 느껴진다. 마치 어릴 적 앨범을 들추어 보며 머나먼 기억을 돌아
보는 것 같은 기분이다. 그만큼 꿈같은 시간이었다. 정말 말 그대로 꿈같
은 시간. 꿈꿔왔던 여행을 했고, 꿈을 꾼 것처럼 행복하고 즐거운 충전의

시간을 가졌다. 물론 '유혜영'의 배터리 충전을 위해 뒤에서는 내 몫까지 묵묵히 해내준 고마운 동료들이 있었다는 것 또한 잘 알고 있다. 이 고마운 마음은 훗날 그들이 각자의 배터리를 충전하고, 각자의 꿈같은 시간을 보낼 때 온 힘을 다해 조력하는 것으로 갚아야지.

아직 멀었지만 두 번째 안식월 휴가는 과연 갈 수 있을까?
간다면 어디로, 어떻게 가게 될까?
그 상상만으로도 나는 또 설렌다.

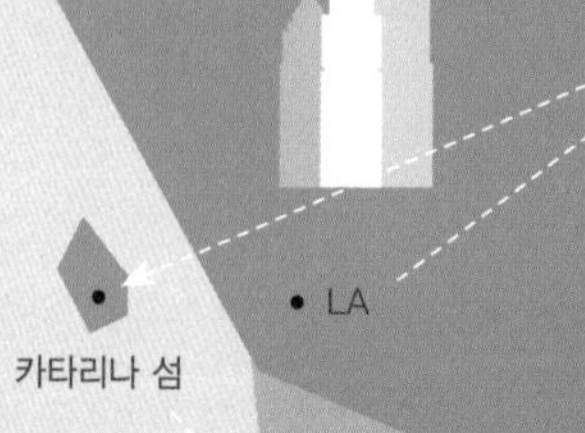

미국
멕시코
라스베이거스
LA
카타리나 섬
엔세나다

# 세 모녀가 함께한,
# 죽기 전에 꼭 그랜드 캐니언

장은영



누구나 힘듦과 고민을 가지고 살지만,

대자연을 마주하는 순간

아무것도 아닌 것이 된다.

## 나에게 안식월이란?

안식월은 '퇴사'와 같다. 그 이유는 대부분의 직장인들은 퇴사하지 않고는 한 달 동안 쉴 수 있는 기회가 없기 때문이다. 하지만 한 달 동안 주머니 두둑하면서도 돌아갈 곳이 있는 '세상에서 가장 마음 편한 백수 생활'을 할 수 있기 때문에 사실 퇴사보다 더 좋다. 나는 지금 두 번째 안식월인데 첫 번째 안식휴가 때는 서울 5대 궁 투어를 했다. 물론 주말에도 갈 수 있는 곳이긴 하지만 서울에 여행 온 여행자처럼 평일에 한적하게 문화재해설사 설명도 들으며 궁을 둘러보는 경험을 했다. 그리고 이번 안식월에는 먼 나라를 여유 있게 즐기다 올 수 있었다.

안식월은 '입사'와 같다. 그 이유는 안식월 동안 새로운 마음과 에너지를 충전할 수 있다는 것이다. 3년 정도 일하다 보면 힘든 마음이 쌓이고 이런저런 여러 가지 생각에 싱숭생숭한 시기인데, 한 달 안식월을 보내고 나면 내가 일할 때 즐거웠던 기억과 처음 회사에 출근할 때의 마음이 새록새록 떠오른다. 한 달의 안식월을 마치고 복귀하기 전에는 아쉬운 마음에 다시 한 달 전으로 시간을 되돌리고 싶기도 하지만, 또 다른 3년을 시작할 수 있는 에너지가 충전되기 때문에 새로운 회사에 첫 출근하는 것처럼 설레는 마음이 들기도 한다. 물론 '아쉬움≥설렘'이긴 하다.

### 장은영. 기획관리본부 차장

회계학과를 나와 외국계 여행사 회계 담당자를 거쳐 엔자임헬스에 합류했다. 회계, 총무, 인사 등 엔자임헬스 내부 지원 업무를 담당하고 있다. 엔자임헬스의 살림꾼이다. 회사에서 숫자에 가장 강한 사람들 중 한명이어서 숫자에 약한 사람들의 선망의 대상이자, 꼼꼼하게 오류를 잡아내는 두려움의 대상이기도 하다.

## 어쩌면 10년 전부터 준비한 미국 여행

나에게 주어진 꿀 같은 안식월 한 달, 처음으로 미국 땅을 밟아보기로 결심했다. 3주간의 일정으로 엄마와 언니가 함께했다. 직장생활 또는 결혼생활을 하고 있는 내 친구들 중 나의 긴 여행 일정에 맞출 수 있는 사람이 단 한 명도 없었다. 사실 시도조차 하지 않았다. "혹시 2월에 나랑 3주간 미국 여행 할 수 있니?"라고 물어보면 자랑하는 거냐며 욕만 얻어먹을 것 같았다. 하지만 무엇보다 가족과 여행하는 것이 가장 편하기도 했다.

미국은 항공권만 구입해서 그냥 떠날 수 있는 나라는 아니다. 미국으로 여행하려면 ESTA를 신청해서 승인을 받아야 한다. ESTA는 전자여행허가제로 현재 미국은 무비자로 여행이 가능하지만 보안상의 이유로 미국 여행에 대한 사전 승인을 받는 절차이다. 웹사이트를 통해 신청 가능하고 한 번 신청하면 2년간 유효하다. ESTA 승인을 받지 않았다면 한국에서 출발하는 항공기에도 탑승할 수 없다. 함께 여행하는 일행이 가족이라면 가족 동반으로 ESTA를 신청할 수 있다. 당연히 3명 동반으로 ESTA를 신청하려는데 언니가 갑자기 질문을 한다.

"너 예전에 미국 대사관 가서 뭐 하고 그러지 않았니?"

그랬네! 생각해보니 난 미국 비자를 발급 받은 적이 있었다. 사실 한국인이 미국에 무비자로 여행할 수 있는 Visa Waiver Program(미국 비자 면제 프로그램)은 2008년 연말부터 적용되었다. 그 전에는 여행 비자를 신청하는 경우 재직증명서, 소득금액증명서, 은행 잔고증명서 등의 서류 제출을 하고 미국 대사관에 직접 방문해 인터뷰도 하는 복잡한 심사를 통해 여행비자를 발급 받을 수 있었다. 첫 취업을 하고 1년이 딱 되던 그 시점에 미국 비자를 신청했었다.

그 당시 미국 여행 계획도 없었는데 비자를 받았었던 이유는 내가 가고 싶어도 비자가 없으면 못 갈수도 있다는 것이 싫었던 것 같다. 그 후 미국 비자가 있는 여권의 유효기간이 만료된 후 새 여권을 사용하면서 미국 비자에 대한 기억조차 사라져버린 것이다. 당연히 비자 유효기간도 만료되었을 것이라 생각했는데, 세상에! 그 비자의 유효기간이 2016년 9월까지였다. 그래서 나는 10년 전에 발급받은 여행비자를 통해 미국 여행을 갈 수 있었다.

선견지명인가. 10년 전에 난 미리 준비한 거다. 내 안식월을 위해.

그 다음 여행 준비는 여행자 보험이었다. 사실 여행자 보험은 준비라고 할 것도 없을 정도로 은행이나 보험사 사이트에서 간단하게 가입할 수 있다. 그런데 이 과정에서 새로운 사실을 알게 되었다. 여행자 보험은 대부분 여행지에서의 질병, 상해, 분실 등에 대한 보상을 해주는데 60세 이상의 연령은 대부분 질병 부분을 제외한 상해, 분실 등에만 가입이 가능한 것이었다. 내가 여행자 보험을 가입하기 시작한 것은 십여 년 전 지인의 동생이 미국에서 갑자기 맹장수술을 했는데 여행자 보험에 가입하지 않아 낭패를 봤다는 얘기를 들은 후부터였다. 그런 나에게 질병 보상이 되지 않는 여행자 보험이란 여행을 망설일 만큼 큰 난관일 수밖에 없다. 보험사마다 일일이 전화로 문의해 결국 인천공항에서 직접 가입할 경우 60세 이상도 질병 보상이 가능한 상품이 있다는 걸 알게되어 출국일에 인천공항에서 가입했다.

나이가 많으면 질병에 걸릴 확률이 높아서인지 여행자 보험료도 꽤 비싸고, 심지어 70세 이상부터는 여행자 보험 가입 자체도 거의 불가능하다고 한다. 갑자기 부모님이 더 연로해 지시기 전에 여행을 많이 보내드려야겠다는 생각이 들었다.

## 공항 나갈 때까지 끝난 게 아니다

2015년 12월. 갑자기 포털사이트에 '걸그룹 멤버들이 미국 입국 심사에서 거절을 당해 다시 한국으로 돌아왔다'는 기사가 올라왔다. 검색해보니 미국에 도착해서 공항 밖으로 나가보지도 못하고 다시 비행기를 타고 한국으로 되돌아오는 사람들이 적지 않았다. 대부분 불법 취업을 의심해서 입국 거부를 하는 것이었다. 인터넷에서 입국 거부 경험담을 읽다 보니 왠지 불안했다. 10시간 비행기 타고 가서 취조만 당하다가 다시 한국으로 되돌아온다는 것은 생각만 해도 공포였다. 혹시 몰라 한국에서 재직 중임을 증명하는 명함과 급여통장 내역 등을 준비했다.

멀게만 느껴지던 안식월 디데이가 드디어 다가왔고, 구정 연휴의 마지막 날 우리 세모녀는 집을 나섰다.

10시간 동안 4편의 영화를 본 후 LA공항에 도착했다. 도착의 기쁨도 잠시, 출입국 심사를 기다리던 중 우리 앞에서 심사 받은 여러 명의 사람들이 공항 직원과 함께 다른 곳으로 가고 심지어 한 서양인 남자는 그 자리에서 수갑을 채워 데리고 가는 것이 아닌가……. 이런 긴장감에 속이 타 들어갔고, 드디어 우리 차례가 되어 입국 심사관 앞에 섰는데 다행히 간단한 질문 몇 개만 한 후 별일 없이 통과되었다.

나중에 그랜드 캐니언 투어에서 만난 한 한국인 여학생에게 들었는데 그녀는 미국 입국할 때 입국 심사 조사실로 가서 하루 종일 조사를 받고 한밤중에 공항 밖으로 나왔다고 한다. 학생인걸 증명하라고 해서 수강신청 내역과 성적표까지 보여줬지만 학생이라도 부적절한 일(유흥업소 등)을 할 수 있지 않냐며 계속 추궁하고, 오히려 솔직하게 말하는 것이 좋다며 끊임없이 회유했다고 한다. 결국 그 학생은 입국 심사 과정에서 시간이 너

무 지체되어 예약한 민박집에 투숙도 못했다고 당황스러웠던 그 당시를
설명해주었다.

미국도 보안상의 이유가 있겠지만 비행기 타고 온 타국의 사람을 다시 돌
려보낼 거라면, 차라리 한국에서 철저하게 심사하는 것이 나을 것 같다.
날아가는 여행 경비와 불필요한 불안감, 거부당했을 경우의 분노는 정말
생각하기도 싫은 일이다. 지금도 우리는 참 다행이었다는 생각이 드는데
사실 내 돈내고 관광하러 가는 입장에서 입국 거부 사유도 없는 내가 왜
이런 마음을 가져야 하는지 부당하게 느껴진다. 어쩌면 한국에 입국하는
제 3국가의 사람들도 그런 마음이 들까? 한국에 도착해서 자국민들은 쉽
게 통과되는데 타국의 사람들은 길게 줄 서 있는 것을 보면 마음이 편치
않다. 그들도 기분 좋게 한국에 입국하기를.

## 선인장의 도시 LA

LA에 도착해서 내가 가장 놀란 것은 선인장이다. 황당하겠지만, 식물 그 선인장 맞다. 식물 키우는 것을 좋아해 사무실 책상에도 여러 식물들을 키우는데, 특히 선인장은 손가락만 한 것이 대부분이었고 그마저도 거의 한 계절 지나면서 시들해지다 죽어버리곤 했다. 그런데 LA 사람들은 마당이나 길가에 선인장을 심어놓았는데 그 크기가 내 키보다 컸다. 선인장 공룡을 본 기분이랄까? 내가 알고 있는 거의 모든 종류의 다육 식물들이 나무처럼 크게 자라 꽃이 펴 있는 것들도 많았다. 기후가 식물에게 적합해서인지 선인장 외의 다른 나무들도 정말 크고 울창했다. 고속도로변이나 동네 길가의 잡초가 한국에서 몇 십만 원에 팔릴 선인장이거나 로즈마리를 비롯한 허브들이었다. 어딜 가나 선인장들이 너무 예뻐서 나도 모르게 사진을 찍고 있었고 몇 뿌리 뽑아오고 싶은 마음을 억눌러야 했다. 나중에 찾아보니 LA가 가뭄이 심한 편이라서 정원이나 가로수를 심을 때 물이 적게 사용되는 선인장을 많이 사용한다고 한다.

'진 폴 게티(Jean Paul Getty)'를 아시나요?

이번 여행 전에는 알지 못했지만, 평생 기억하게 된 이름이다. 폴 게티는 1914년부터 석유 사업을 시작해 엄청난 부를 축적한 석유 재벌이다. 그는 평생 전 세계를 누비며 미술품을 수집했는데, 그 양이 엄청나서 1954년에 LA 말리부에 위치한 자택에 'J. 폴 게티 뮤지엄'을 만들어 개관했다. 그 이후에도 계속적으로 미술품의 양이 늘어나자 저택 부지에 박물관을 위한 건물을 신축했다. 그리고 게티 뮤지엄이 보수공사를 하게 되면서 '게티센터'라는 미술관을 신축해 일부 미술품을 이전시켜 전시했고, 말리부 뮤지엄은 공사를 마치고 '게티빌라'로 다시 문을 열었다. 폴 게티는 1976년에 사망했고 그 후 그가 재산을 출연해 만든 게티재단에서 미술품 및 박물관들을 관리, 운영하고 있다.

같은 재단에서 운영하지만 두 박물관의 느낌은 전혀 다르다. 먼저 전시 작품에서 게티빌라는 고대 그리스, 로마, 에트루리아의 예술품을 전시하고 있고, 게티센터는 고흐, 르누아르, 모네, 고갱, 세잔 등 유명 작가의 회화 작품뿐만 아니라 조각, 고서, 도자기, 유럽 궁전의 가구들로 재현해 놓은 방까지 다양한 예술품을 전시하고 있다. 내 개인적인 취향에는 게티센터의 전시품들이 훨씬 좋았다. 전시된 작품들을 보면서 도대체 한 사람이 어떻게 이렇게 많은 예술품을 모을 수 있는지 믿기지가 않았다.

두 박물관은 건물 자체도 독특하고 멋있다. 게티빌라는 굉장히 화려한 느낌인데, 1세기 로마식 별장인 빌라 데이 파피리(Villa dei Papiri)와 비슷하게 만들었고, 화려한 색의 대리석으로 장식 된 바닥과 대리석 기둥, 그리고 천장과 벽화까지 미국과는 매우 다른 이국적인 느낌의 건물이다. 반면 게티센터는 심플하고 모던한 느낌으로 모두 흰색의 선과 면으로 비슷하면서도 전혀 다른 여러 동의 건물들이 모여 있다. 건물과 계단 등 대부분이 이태리산 흰 대리석으로 지어졌고 건축 기간만 14년, 건축비가 무려 1조 원이 들었다고 한다.

그리고 또 한 가지, 두 박물관 모두 특색 있는 정원이 있다. 게티빌라에는 안뜰 2개와 외부정원 2개가 있는데, 안뜰의 경우 건물에 둘러싸인 'ㅁ' 자 공간에 크고 작은 연못과 식물, 벤치 등을 꾸며놓았고, 외부에는 허브 정원과 분수가 장식된 정원이 있다. 특히 두 개의 안뜰은 안락한 느낌이 들어 하루 종일 그냥 앉아 있고 싶었다. 게티센터에는 세 개의 외부 정원이 있다. 그중 하나는 건물 옥상에 있는 정원으로 다양한 종류의 선인장을 꽉 채워 심어 마치 선인장 섬이 건물에 솟아 있는 것 같다. 미술관 건물들 옆으로 조성된 중앙 정원은 여러 종류의 식물을 자연스럽게 배치하고 산책 길과 인공 계곡을 만들어 마치 동산 속 오솔길을 걷고 있는 기분이었다. 상쾌한 발걸음으로 내려간 중앙 정원의 끝에는 꽃의 미로가 있다. 미로를 따라 걸어 내려가면 화사한 꽃들이 만개해 있는데, 꽃을 안 좋아하는 사람도 감동받을 정도이다. 한 주 전만 해도 꽃이 하나도 피지 않았다고 하는데 마침 우리 세 모녀가 왔을 때 꽃들이 활짝 핀 건 행운이었다. 엄마가 특히 좋아하셨다. 바라보고 만져보고 눈으로 코로 내 몸의 감각이 행복했던 시간이었다.

게티빌라 중앙 정원, 게티센터 중앙 정원

게티빌라, 게티센터는 주차비만 제외하고 입장 및 관람은 무료이다. 상주하고 있는 관리 직원들도 몇 백 명은 돼 보이는데, 이 비용도 모두 게티재단에서 내고 있다고 한다. 아마 폴 게티는 자신이 사랑했던 미술품을 여러 사람에게 공유하는 방법으로 재산을 사회에 환원하려고 했을 것이다. 좋은 일을 해서일까, 이 두 박물관이 존재하는 한 LA를 방문했던 사람은 '진 폴 게티'라는 이름을 평생 기억하게 될 것이다. 미술품을 좋아하는 사람, 꽃이나 식물을 좋아하는 사람, 건축물을 좋아하는 사람, 멋진 여행 사진 한 장 찍고 싶은 사람 등 누구라도 이곳을 후회하지 않을 것 같다.

## 꿈에 그리던 LA 해변

LA 하면 해변을 빼놓을 수 없다. 한국처럼 영하의 날씨는 아니지만 그래도 겨울이라 해수욕을 할 수는 없었다. 아쉬운 마음에 도시락을 싸서 해변으로 피크닉을 갔다.

처음 찾은 해변은 말리부 비치 끝자락에 있는 곳이다. 말리부는 유명 연예인이나 부자들이 별장을 구입해 휴가를 즐기는 곳으로 알고 있는데, 해변 바로 앞에 별장 같은 집들(그 집들에서는 창밖으로 말리부 해변이 보인다.)을 지어놓았다. 해안도로를 달리는데 바다보다 집 구경을 더 많이 했던 것 같다. 우리 목적지인 해변은 지인이 우연히 발견한 이름도 잘 모르는 작은 해변으로, 절벽 위에 테이블이 몇 개 있고 그 절벽 아래 나무 계단을 내려가면 해변이 펼쳐지는 곳이었다. 테이블에 우리가 가져온 도시락을 펼치고 와인과 함께 낭만적인 식사를 즐겼다. 그리고 식사가 끝날 즈음, 해가지며 해안선을 따라 멋진 석양이 펼쳐지기 시작했다.

두 번째 해변 투어도 지난번과 동일하게 맛있는 도시락을 준비해서 출발했다. 가장 먼저 간 산타모니카 해변. 지난번과 다르게 날씨가 더 쌀쌀하고 안개도 껴서 왠지 스산한 날씨였다. 해변가로 가서 돗자리를 펴고 앉았는데, 뭔가 불길하다. 갑자기 하늘이 어둑어둑해지는 기분이 들어서 위를 쳐다보니 헉! 갈매기 떼가 우리 위에서 빙빙 돌고 있었다. 음식을 보고 달려든 녀석들인데 주위를 돌기만 하는 것이 아니라 어떤 공격적인 녀석은 우리가 들고 있는 음식에까지 달려들어 마치 우리가 그들의 먹잇감이 된 기분이었다. 해변에 수백 명의 사람들이 있었지만 새들은 공포영화처럼 우리만 둘러싸기 시작했고 우리 세 모녀는 부랴부랴 음식을 챙겨서 도망 나왔다. 엄마는 태어나 이렇게 많은 갈매기 떼를 한꺼번에 본 것도 처음이지만, 새가 공포스러울 정도로 무서웠던 것도 처음이시란다. 나역시. 새 공포증이 있는 사람들이 있다는데 왠지 이해가 될 것도 같았다. 결국 우린 차 안에서 도시락을 먹고 베니스 비치로 이동했다. 베니스 비치도 다른 해변처럼 굉장히 큰 해변인데, 여긴 좀 맥이 풀린 느낌이랄까……. 허름한 상점들이 쭉 늘어서 있는데, 스케이트보드나 술집, 옷집 등이 대부분이다. 그 중간중간 '그린닥터'라고 써 있고 직원들이 나와 호객행위를 하고 있는 곳이 있는데 마리화나를 판매하는 곳이라고 한다. 상점가를 걸어가다 보면 해변가 야외에 휘트니스 센터가 있다. '머슬비치'라고 불리우는 곳이다. 마치 우리나라 뒷산 약수터의 운동기구처럼 그냥 길가에 개방되어 있어 사람들이 운동하는 모습을 지나가면서 구경할 수 있다. 좀 더 걸어가다 보니 굉장히 큰 스케이트보드 트랙이 있고 여러 명의 스케이트보더들이 현란한 기술을 연마하고 있었다. 이제 막 걷기 시작했을 작은 꼬마도 부모와 함께 스케이트보드를 연습하고 있는 모습은 신기했다. 나중에 얼마나 잘 타려나 저 꼬마는.

산타모니카 비치. 저렇게 큰 갈매기 수십 마리 떼가 한꺼번에 몰려든다

아직은 쌀쌀한 날씨지만 바다에 뛰어들어 서핑을 즐기는 현지인들도 많았다. 그곳의 파도는 우리나라에서 바람이 꽤 불 때 볼 수 있는 제법 큰 크기의 파도인데, 사실 이 정도는 되어야 서핑을 즐길 수 있다고 한다. 작년에 동해에서 서핑을 시작하고 스케이트보드도 이제 막 입문한 입장에서 베니스 비치의 환경이 부러울 따름이다. 베니스 비치를 끝으로 LA에서의 해변 투어는 마무리하기로 했다. 다음엔 꼭 여름에 와서 해수욕을 즐기고 갈 테다!!!!!

## 라스베이거스는 출발지라서 갔을 뿐!

사실 나에게 라스베이거스는 그랜드 캐니언 투어의 출발지 그 이상의 의미는 없었다. LA에서 라스베이거스로 가는 여러 방법 중 버스를 이용했다. 우리가 이용한 버스는 예약을 빨리 할수록 티켓 가격이 할인되는 시스템으로 유명한 버스였는데 세 명이 함께 이용할 수 있는 테이블과 엄마를 위한 넓은 좌석을 예약하기 위해 추가 비용을 지불했다. 2층 버스 구조로 되어 있고 안에 화장실도 있다. LA에서 라스베이거스까지 총 다섯 시간이 걸리는데 밤 12시에 출발하는 심야 버스를 탔기 때문에 자면서 가느라 다섯 시간이 그리 길게 느껴지지만은 않았다.

딱 하루 있었지만 라스베이거스는 정말 나와 맞지 않는 곳이었다. 먼저 굉장히 긴 대로변에 횡단보도가 달랑 2~3개뿐이고 대부분 육교로 길을 건너야 했다. 교통체증 때문에 그렇다고 하는데 에스컬레이터가 없는 육교도 많아 길 한 번 건너는 것도 나의 체력을 뚝뚝 저하시켰다. 또 그냥 내 기분일수도 있지만 많은 사람들이 술에 취해 초점 없는 눈빛으로 돌아다니는데 마치 영혼이 빠져나간 도시 같은 느낌이었다. 하지만 그 무엇보다 가장 큰 이유는 담배 연기였다.

라스베이거스의 모든 호텔 1층에는 흡연이 자유로운 카지노가 있다. 어느 호텔을 가던지 그 호텔을 들어가고 나올 때 자욱한 담배 연기를 뚫고 지나가야 하는 것이다. 담배 연기를 끔찍하게 싫어하는 나는 금연 호텔이 있거나 카지노에 별도의 유리문이 설치되지 않는 한 라스베이거스에는 다시 가지 않을 것 같다.

## 대망의 그랜드 캐니언

그랜드 캐니언 투어는 여러 종류가 있는데 대부분 당일로 웨스트림에 다녀오는 투어가 일반적이다. 미국 가기로 결심 한 후, 검색을 하면 할수록 웨스트림보다는 그랜드 캐니언을 제대로 볼 수 있는 사우스림에 가고 싶어졌기에 투어상품을 알아보았다. 내가 선택한 투어는 한국인이 운영하는 1박 2일 투어로 그랜드 캐니언 사우스림, 엔탈롭 캐니언, 호스슈밴드, 자이언 캐니언을 모두 돌아보면서 캠핑카에서 1박 투숙하는 상품이었다. 그랜드 캐니언의 중요 포인트를 돌아보면서 차량으로 이동하는 동안 쉴 수도 있고, 또 언제 그랜드 캐니언에서 캠핑을 해보겠냐 싶어서 고민하지 않고 선택했다. LA에서 라스베이거스를 갈 때 심야버스를 타고 이동하게 된 가장 큰 이유도 그랜드 캐니언 투어에서 차로 이동하는 시간이 많아 차에서 충분히 부족한 잠을 보충하면서 피곤을 풀 수 있을 것 같았기 때문이다. 투어는 커플 2팀, 혼자 여행 온 학생 1명, 우리 3명, 가이드까지 총 9명이 함께했다.

## 1만 년은 살아남을 거라는 후버 댐

후버 댐은 원래 투어 여정에 포함되지 않았는데 가이드가 부모님과 함께 온 우리 일행을 배려해서 중간에 잠시 들렸다. 가이드의 부모님께서 일찍 돌아가셨기 때문에 부모님과 함께 온 일행이 있으면 조금 더 신경 써 주신다고 한다. 가이드의 그런 이야기를 들으니 엄마와 함께 여행하기로 결심한 내가 조금은 대견스럽기도 하고, 우리 세 모녀에게 지금이 얼마나 소중하고 행복한 순간인지 다시금 깨달을 수 있었다.

우리는 '그냥 뭐 댐이 댐이겠지……' 하며 주차장에서 내려 터벅터벅 계단을 올라 갔는데 어머나! 후버 댐은 정말 굉장한 규모였다.

1936년에 이 거대한 댐이 완공되었다는 점을 감안하면 더욱 놀랍다. 가이드가 이 댐의 건설에 얽힌 비화가 많다며 설명해주었는데 공사를 하면서 100여명의 인부가 사망했고, 건설에 들어간 콘크리트의 양이 정말 엄청나서 댐 깊은 곳의 콘크리트는 아직 굳지 않았을 수도 있다고 한다. 미국의 한 다큐멘터리 프로그램의 분석에 따르면 만약 인류가 지구에서 사라지게 되면 보통 건물은 500년 안에 사라지지만 후버 댐은 1만 년 동안 버틸 수 있다고 한다. 게다가 만약 후버 댐이 터지게 되면 미 서부 대부분의 도시는 물에 잠길 수 있다고 하니 그 규모를 짐작할 만하다. 또한 후버 댐 건설 당시 건설 노동자들이 휴일에 도박과 유흥을 즐기려고 라스베이거스를 방문하면서 라스베이거스가 카지노의 도시로 발전했다는 설, 아니면 후버 댐 건설 시 중국 노동자가 많았는데 도박을 좋아하는 그들이 즐길 수 있도록 카지노를 만들었다는 설도 있다고 한다. 암튼 오래된 걸작을 둘러싼 소문과 비화는 계속 만들어지겠지…….

미국의 7대 건축물 중 하나로 손꼽히는 후버 댐은 영화 배경으로도 많이 등장했는데, 그 중 내가 본 영화는 〈트랜스포머〉로 악당 로봇이 보관되고 있던 장소였다. 후버 댐은 네바다 주와 애리조나 주 경계에 위치하고 있어 후버 댐을 지나가면서 1시간의 시차가 발생한다고 했는데 정말 휴대폰 디지털 시계의 시간이 바뀌었다. 희한하다. 한 나라 안에 시차가 있다니, 그리고 이 휴대폰은 어찌 이리 똑똑한 것인지.

## 그랜드 캐니언 사우스림, 아! 이게 진짜 그랜드 캐니언

후버 댐을 짧게 돌아본 후 약 네 시간을 이동해서 그랜드 캐니언 국립공원에 도착했다. 국립공원 내에 셔틀버스가 다니고 있어 우리는 차를 주차장에 세우고 셔틀버스를 타고 이동했다. 셔틀버스에서 내려 조금 걸어가다 갑자기 가이드가 일렬로 서서 앞사람의 어깨를 잡고 눈을 감으라고 한다. 마치 어릴 적 기차놀이처럼. 모두가 눈을 감고 주춤주춤 걸어가다 멈춘 후 우향우. 눈을 뜨라는 말에 맞춰 다 같이 눈을 뜬 순간 모두 똑같이 감탄사를 내뱉었다. "아!!! 그랜드 캐니언!"

인터넷 검색을 하면 쉽게 찾아볼 수 있는 딱 그 사진과 같은 모습이었다. 아마 20억 년 태고 때부터 그 모습 그대로 변하지 않았을 그랜드 캐니언.

사진과 같은 모습인데 그 규모와 깊이는 말로 설명할 수 없다. 정말 압도당한 느낌이랄까. 살짝 아래를 내려다 보는데 그 깊이가 너무 깊어 실감이 나지 않을 정도다. 고소공포증이 있는 사람은 그냥 보는 것만으로 심장마비가 올 수도 있을 것 같다. 추락의 위험이 있는 곳에는 철조망 가이드라인이 있고 위험하다는 표시도 있지만 정말 많은 사람들이 사진 한 장 찍으려고 절벽 낭떠러지에 무리해서 올라간다고 한다. 매년 여러 명이 추락사하거나 실종되고 있다는데 아무리 경고하고 말려도 말을 듣지 않는 젊은이들이 많다고 한다. 실제로 우리가 갔을 때도 아슬아슬하게 위험해 보이는 뾰족한 절벽 끝에 올라가 있는 사람들을 여러 명 봤다. 가이드 말로는 추락하면 시체 찾는 것 자체가 어려워 그냥 실종이라고 한단다. 여러 포인트로 이동하면서 가이드만 알고 있는 안전한 포토 포인트에서 사진을 찍었다. 그중 그랜드 캐니언을 내려다보고 있는 인생샷을 찍었는데, 앞쪽에 공간이 좀 있어 절벽이 아니었는데도 너무 아찔해서 사진 찍는 동안 눈을 질끈 감았다.

광활함을 만끽한 후 일몰을 보기 위해 이동했다. 그랜드 캐니언의 겨울 날씨는 변덕스러워 눈이 오거나 흐린 경우가 많은데 우리가 간 날은 다행히 날씨가 좋아 그림같은 일몰을 볼 수 있었다. 세 모녀가 이런 멋진 장관을 함께할 수 있어 가슴이 뜨거워졌다. 좋은 것을 좋아하는 사람과 함께 할 수 있다는 것은 축복이다. 이번 여행처럼. 함께해서 행복하다.

다 같이 눈을 뜬 순간 모두 똑같이 감탄사를 내뱉었다.

"아!!! 그랜드 캐니언!"

## 애증의 캠핑카

해가 지고 나니 기온이 급속도로 떨어지기 시작했다. 몸까지 덜덜 떨리는 추위다. 아니나 다를까 물이 얼어서 캠핑카에서 물을 사용할 수 없고, 세면과 화장실은 도보로 3분 걸리는 공동 화장실에서 해결해야 한다고 한다. 이런 상황에 익숙하지 않으실 엄마가 내심 걱정됐다. 아니, 사실 내가 더 걱정이다.

충격도 잠시, 숯불 위에 통 삼겹살이 지글지글 익어가고 갓 지은 밥에 보글보글 된장찌개가 나오기 시작하자 걱정과 분노가 눈 녹듯 사라졌다. 일단 배가 터지도록 신나게 저녁을 먹었다. 하지만 막상 씻을 시간이 되니 슬슬 걱정이 앞선다. 캠핑장의 공동 화장실이라서 나름 샤워실도 있지만 벽과 천장만 있을 뿐 여기서 샤워는 커녕 머리라도 감았다가는 살아서 한국 못 가겠다 싶었다. 얼음물 같은 차가운 물로 이가 시려서 양치도 세면도 최소한으로 했다. 가이드 말로는 밤 11시 이후에는 은하수도 볼 수 있다고 했지만, 추운 날씨에 피로가 몰려오니 모두 그냥 잠을 청하기로 했다. 다행히 난방은 잘되어서 춥지 않게 잘 수 있었는데, 문제는 새벽에 생겼다.

엄마가 새벽에 화장실에 가고 싶어진 것이다. 걸어서 3분 정도의 거리지만 황야 같이 허허벌판에 가로등도 없어 누가(?) 공격을 해도 아무도 모를 정도로 적막하다. 엄마 혼자 보내는 것이 아무래도 찜찜해서 옷을 주섬주섬 입고 따라 나섰다. "와~~" 밖으로 나오자마자 내 입에서 감탄사가 터졌다. 지평선 끝에서 끝까지 촘촘한 별을 보고 있으니 지구가 둥근 것이 확실했다. 당장 카메라를 들고 나와 사진을 찍기 시작했다. 사진을 찍다 보니 달 옆으로 세로로 길쭉하게 구름이 두 줄 있었다. 특이한 구름이다 생각하며 사진을 확대하니 작은 별들이 촘촘하게 모여 있었다. 구름이 아니고 은하수였다. 책에서만 읽었던 '푸른 하늘 은하수'의 그 은하수를 여기에서 보나니…… 추위도 잊고 하늘을 감상했다. '엄마 덕분에 또, 공동 화장실 덕분에 은하수도 보고 좋은 점도 있네'라는 마음으로 자다 만 잠을 다시 청했지만, 아침에 깨어나니 '아, 죽겠다. 역시 난 캠핑은 안 맞아. 이제 캠핑카는 쳐다보지도 않겠어!!'라는 마음이 밀고 올라왔다. 역시 난 캠핑은 안 하는 것으로!

새벽에 찍은 반짝반짝
밤하늘의 은하수

## 인디언의 땅, 엔탈롭 캐니언

엔탈롭 캐니언은 Upper와 Lower 두 곳이 있는데 우리가 간 곳은 Lower다. 사실 그랜드 캐니언이 있는 이 넓은 땅은 원래 인디언 원주민들의 땅이었지만 지금은 그 땅을 모두 빼앗기고 대부분의 인디언 원주민들은 인디언 보호 구역에서 열악하게 살고 있다고 한다. 그랜드 캐니언이 포함된 애리조나 대부분의 상업 구역도 인디언이 아닌 외부 자본에 의해 운영되고 있다. 엔탈롭 캐니언은 나바호 인디언 보호 구역 내에 위치하고 있어 투어를 하려면 무조건 나바호 원주민 가이드와 함께해야 한다. 15명 정도 모이면 나바호 가이드 1명과 함께 투어를 시작하는데 우리는 브리트니라는 18세 정도 된 가이드와 함께 투어를 시작했다. 아무것도 없는 사막을 향해 걸어가는데 미리 알아보고 오지 않았다면 도대체 왜 이쪽으로 가는지 의아해 했을 것이다. 저 멀리 사방을 둘러봐도 온통 사막뿐이다. 한 10분쯤 걸어가니 갑자기 땅 밑으로 내려가는 계단이 나왔다.

Lower 엔탈롭 캐니언은 사암층에 물이 지나가면서 만들어진 동굴 같은 협곡으로 계단을 한참 내려가면 그때부터 본격적인 투어가 시작된다. 오렌지색 모래벽에 물결이 만들어낸 무늬와 틈을 비집고 들어온 햇빛이 만들어내는 모습은 보는 각도마다 물결치듯 살아 움직이는 것 같아서 아무리 사진을 찍어도 담아낼 수 없다. 다른 팀의 가이드들이 기타도 치고, 오카리나를 불기도 하는데 동굴 속처럼 음악소리까지 더해져 정말 감동적이었다. 마치 경이로운 세계에 잠시 다녀온 것 같았다. 투어를 마치고 땅 위로 올라오자 브리트니가 모래로 작은 산을 만들고 물을 부어가며 엔탈롭 캐니언이 생긴 원리를 설명해주었다. 지금도 비가 많이 오면 갑자기 협곡에 물이 차서 투어를 할 수 없다고 한다.

## 호스슈밴드

엔탈롭 캐니언에서 차로 30분 정도 이동하면 호스슈밴드(Horseshoe Bend)에 도착한다. 콜로라도 강이 지나가는 곳인데 이름처럼 위에서 내려다 보는 강 모습이 말발굽 모양 같은 곳이다. 콜로라도 강은 사막에 물을 공급하는 중요한 강인데 네바다, 애리조나, 유타 등 6개 주를 지나가면서 그랜드 캐니언의 침식 지형 형성에도 큰 역할을 한다. 주차장에서 내려 작은 동산 하나를 넘어가면 도착하게 되는데 동산을 걷는 동안 선인장, 모래, 흙먼지 등 사막 지대를 물씬 느낄 수 있다.

동산을 넘어 점점 평평한 지대로 이동하는데 잠시 후 절벽이 나오고 그 아래로 콜로라도 강이 흐르고 있었다. 인터넷에서 본 완벽한 모양의 말발굽 모양의 사진을 찍어보려고 노력했는데, 내 짧은 팔로 찍으려면 절벽 끝으로 너무 다가가야 하기 때문에 몇 번 시도하다 포기했다. 셀카봉을 가져왔다면 가능했을 것 같지만, 셀카봉이 있다해도 절벽 끝을 잡고 찍기엔 팔다리가 후들거릴 것 같긴 하다. 용기가 필요했지만 목숨이 더 귀하니까 난 여기까지.

## 신들의 정원, 자이언 캐니언

자이언 캐니언(Zion Canyon)은 19세기 몰몬교인들이 정착하면서 그 아름다운 모습이 마치 신들의 정원 같다고 해서 이름 붙여진 곳이다. 자이언 캐니언에는 폭약이나 기계의 사용 없이 사람의 노동력만으로 산을 뚫어 만든 긴 터널이 있다. 내부에 조명이나 현대적인 시설을 전혀 추가하지 않아 터널 안은 칠흑 같이 어둡다. 터널 중간에 만들어놓은 창문으로 들어오는 빛이 유일해서 라이트를 꼭 켜고 이동해야 한다. 게다가 옛날 자동차의 크기에 맞춰 만든 터널이라 폭이 좁아 지금의 차량으로는 양방향 통행이 불가능하다. 그럼에도 불구하고 터널을 확장하기 보다는 이 터널을 그대로 보존하기 위해 터널의 양쪽 입구에 국립공원 직원들이 상주하며 반대편에서 차가 출발했는지 확인한 후에 차량을 통과 시킨다. 자이언 캐니언은 트레킹을 해야 그 진면목을 느낄 수 있다지만, 우리는 시간 관계상 차를 타고 이동하면서 봤다.

## 'Grand'의 의미

그랜드 캐니언의 웅장함과 거대함을 경험한 후 웬만한 규모에는 'Grand'라는 단어를 붙이기 힘들 것 같다. 예전에 미국 영화에서 자기가 태어난 주 밖으로 나가본 적 없다거나 자기 고향을 벗어나고 싶어 하는 인물이 등장하면 '그냥 떠나면 되지 왜 저러나?'라는 생각이 들곤 했다. 그런데 미국에 와보니 충분히 그럴 수도 있겠다 싶다. 어떤 주는 한반도 면적보다 크니 평생 그 주를 벗어나 본 적이 없을 수도 있을 것 같다. 그랜드 캐니언 근처에서만 차로 여행하는데 그 땅의 크기에 질릴 정도였다. '태어나서 보고 자란 땅의 스케일이 다르니 미국인과 한국인은 여러모로 다르겠다(누가 더 좋고 나쁘다는 의미가 아닌 그냥 정말 다르다는 의미)'는 것을 확실하게 느낀 여행이다.

죽기 전에 한 번은 가봐야 할 곳이 그랜드 캐니언이라고 했는데 정말 잘 다녀왔다는 생각이 든다. 엄마에게 다소 힘든 일정은 아닐까 떠나기 전 고민을 많이 했는데, 대부분 차로 이동하고 많이 걸어도 30~40분 정도라서

나이가 좀 있는 분들에게도 무리가 없는 적당한 투어이다. 투어를 마치고 엄마도 "좀 힘들어도 오길 잘했다"고 말씀하셔서 뿌듯했다. 혹시 누군가 부모님과 함께 그랜드 캐니언을 방문 할 예정이라면 내가 다녀온 코스를 추천한다. 나는 다음에 기회가 된다면 좀 더 긴 일정으로 그랜드 캐니언만 더 여유를 갖고 찬찬히 돌아보고 싶다. 대자연이 주는 경외감에 그동안 살면서, 일하면서 쌓인 힘듦이 소소하게 느껴졌다. 어깨가 살짝 가벼워지는 느낌이다. 힘들 땐 남산타워만 올라가도 위로가 되는 것처럼. 고민이 생겼을 때 어깨가 무거워졌을 때, 대자연을 마주하는 것만으로도 힐링이 된다. '오늘 삶의 무게=마음 먹은 만큼' 내가 만든 나만의 좌우명이다. 때때로 견딜 수 없이 힘든 날이 있지만 가까운 뒷산이라도 산책하며 생각만이라도 긍정적으로 가볍게 하면 숨통이 트인다. 힘든 일도 다 지나가…….

## 내 생애 첫 크루즈

이번 여행에서는 '내 생애 처음'인 것들이 많은데 그중 하나가 크루즈다. 롱 비치에서 출발해 카타리나 섬에서 1박, 멕시코 엔세나다에서 1박 정박한 후 돌아오는 4박 5일 일정의 크루즈였다. 숙박은 물론 대부분 식사가 무료이고, 추가 요금을 내는 메뉴가 있긴 하지만 기본 메뉴만으로도 충분히 만족스럽다. 식당도 코스 요리가 제공되는 레스토랑, 뷔페, 햄버거, 피자, 부리또&타코 등 다양하게 운영되고 심지어 피자 코너와 룸 서비스는 24시간 운영되기 때문에 본인 의지만 있다면 24시간 끊임없이 먹을 수 있다. 반면 술은 무료가 아니고 가격도 꽤 비싼 편이다.

크루즈 여행을 하고 오면 살이 기본 5kg은 찐다는 얘기가 있다고 하는데 본능대로 한다면 가능할 것 같다. 크루즈에 승선한 인원은 직원만 1,000명 정도이고 승객이 2,000명, 총 12층 규모에 카지노, 가라오케, 공연장, 휘트니스 센터, 스파, 조깅코스, 수영장, 워터 슬라이드가 있다.

다양한 오락시설과 매일 밤마다 공연되는 쇼를 관람하다 보면 배 안에만 있어도 지루할 틈이 없다. 그리고 방을 비울 때마다 메이드가 방 청소를 해주기 때문에 씻고, 옷 입고, 먹고, 걸어 다니는 것만 하면 된다. 세상에 이런 호사가 없다. 또 복도나 라운지 등에서 매일 다양한 콘셉트로 사진을 찍어주고 다음 날 인화해서 전시해두고 마음에 드는 사진은 구입할 수 있게 한다.

배가 이동하는 동안 하루 종일 배에서만 지내는 'Sea Day'가 하루 있었다. 그날 점심에는 수영장에서 DJ가 틀어주는 음악을 들으며 태닝을 했다. 배가 고프면 언제든지 수시로 피자나 타코, 햄버거를 가져다 먹었는데 특히 'Guy's Burger Joint' 햄버거가 맛있었다. 미국 유명세프 Guy

Fieri가 만든 버거 체인이라고 하는데 개인적인 취향으로는 미국에서 유명하다는 "In-N-Out', 'Shake Shack'보다 Guy's Burger Joint'가 지금도 생각날 정도로 맛있었다.

저녁 식사는 'Formal Night'로 말 그대로 의상을 제대로 갖춰 입고 식사를 하는 것이다. 특히 승객들이 드레스나 정장을 입고 돌아다니면 크루들이 사진을 찍어준다. 그냥 대충 찍어주는 것이 아니라 다양한 콘셉트의 배경과 조명이 설치된 포토존에서 친절하게 각도나 포즈까지 조절해주기 때문에 스튜디오에서 찍은 사진과 별반 다르지 않다. 사진 구입은 유료인데 우리는 세 모녀가 다 같이 찍은 사진 한 장과 엄마의 독사진 한 장을 기념으로 구입했다. 특히 엄마는 본인 결혼식 이후 드레스를 입어본 적도, 진한 메이크업도 해본적 없으셨기 때문에 쑥스러워 하시면서도 엄청 즐거워하셨다. 나중에라도 이 사진을 꺼내 볼 때마다 크루즈에서의 즐거운 기억과 쑥스러워 했던 그날의 엄마가 생각날 것 같다.

## 첫 번째 기항지, 카탈리나 섬

카탈리나 섬(Catalina Island)을 한 바퀴 도는 버스투어를 신청했다. 귀여운 빈티지 버스를 타고 약 30분 정도 섬을 둘러 보고 카탈리나 섬에서 가장 유명한 카지노 빌딩의 내부 투어를 하는 것이다. 카탈리나 섬은 츄잉검 재벌인 윌리엄 리글리 주니어가 소유한 개인 섬으로 그가 섬을 소유하게 되면서부터 섬을 개발하기 시작했다고 한다. 그때 섬에 일하러 온 사람들이 처음에 텐트를 짓고 살다가 그 자리에 집을 짓게 되어서 대부분의 카탈리나 섬의 집들은 미국의 일반적인 가정집과는 다르게 정원이 없다. 야생동물이 잘 보존되어 있는 카탈리나 섬은 환경보호에 굉장히 엄격하다고 하는데 이 때문에 섬으로 자동차를 들여오는 것이 굉장히 어렵고 실제 주민들의 주 교통수단은 '골프 카트'이다. 집집마다 골프 카트가 한 대씩 세워져 있고, 섬 입구에는 관광객에게 골프 카트를 대여해주는 곳도 있다. 그래서인지 카탈리나 섬은 굉장히 깨끗하고 바닷물도 투명해서 바다 속 물고기가 그대로 다 보였다. 실제로 카탈리나 섬은 다이빙 포인트로 매우 유명하다.

카탈리나 섬에서 가장 눈에 띄는 건물인 카지노 빌딩에 도착하니 나이 지긋하신 가이드 할아버지가 기다리고 있었다. 카지노 빌딩은 도박을 하는 카지노가 아니고 '카지노'라는 단어가 '사람들이 모이는 곳'이라는 뜻도 있어서 그런 의미로 지은 이름이라고 한다. 마을 복지관으로 사용되고 있으며 주로 전시장, 공연장, 극장 등으로 사용된다고 한다. 카지노 빌딩은 천장이 돔 형태로 된 극장으로 어느 자리에서나 소리가 잘 들리도록 정교하게 설계 되었다고 한다. 실험 삼아 우리는 한곳에 앉아 있고 가이드가 멀리 왔다 갔다 하며 얘기를 해도 신기하게 말소리 크기가 동일하게 들렸다. 카지노 내부의 의자 밑에 쇠로 된 서랍 같은 것이 눈에 띄었는데, 이는 옛날 남성들의 중절모를 보관하는 서랍이었다고 한다. 그렇지 모자가

구겨지면 안 되지.

투어가 끝나고, 우리는 걸어서 섬을 둘러보기로 했다. 작고 아기자기한 집들이 다양한 원색으로 칠해져 더욱 예쁜 도시인데, 미국 여행 동안 너무 넓은 곳만 다녀서인지 이렇게 작은 도시가 오히려 정감 있고 편안한 느낌이 들었다. 여기의 특산품이 타일이라고 하는데 공원이나 길가의 화단에 그리고 상점 외부 등에도 이 지역의 그림이 그려진 독특한 타일로 장식되어 있었고 타일만 파는 타일 전문점도 있었다. 여유롭게 산책하듯 걸으며 나도 모르게 '내가 나이 들고 은퇴하게 된다면 이런 곳에서 평안하게 살고 싶다'는 생각이 들었다. 요트, 서핑, 스쿠버다이빙 등 다양한 해양 스포츠를 즐길 수 있고 바닷물도 너무 깨끗해서 다시 LA에 오게 되면 꼭 카탈리나 섬에서만 며칠 지낼 예정이다.

산꼭대기에서 내려다 본 중심가 아발론

## 두 번째 기항지, 멕시코 엔세나다

두 번째로 정박한 곳은 멕시코의 '엔세나다'(Ensenada)라는 도시다. 멕시코는 치안이 특히 위험한 편이라 개인적으로 다니는 것보다 단체 투어를 하는 것이 좋다. 우리는 멕시코의 유명한 관광지인 라부파도라(La Bufadora)에 다녀오는 투어를 예약했다.

투어가 시작되기 전 시간이 조금 남아 주변을 천천히 걸어 나가 보기로 했다. 멕시코는 위험하니 주의해야 하고 말을 시켜도 그냥 지나가야 한다는 얘기를 하도 많이 들어서인지 걸어가는 동안 호객행위 하는 상인들과 택시기사들이 말만 걸어도 불안한 마음이 가득했다.

어느 정도 걸어가도 특별한 것이 보이지 않았는데 갑자기 '스타벅스' 카페가 보여 반가운 마음에 들어갔다. 신기하게도 전 세계 어느 곳에서나 동일한 인테리어나 직원들을 보니 괜히 마음이 놓이고 편안해졌다. '스타벅스'는 고객이 집도 사무실도 아닌 편안한 제3의 공간으로 느끼게 하는 것이 목표라는 얘기를 들었었는데 나도 모르게 그들이 원하는 대로 그들의 전략에 걸려들어버린 것이 신기했다. 잠시나마 느꼈던 낯선 곳에 대한 두려움은 사라지고 짧게나마 안식의 시간을 갖고 투어 시간에 맞춰 우리를 기다리고 있는 투어버스에 올랐다.

우리 가이드의 이름은 '카ㄹㄹㄹ롤리나'(오타가 아니고 멕시코 r발음을 나름대로 표현)이다. 약 30인승 버스인데 투어 인원이 10명밖에 되지 않아 넉넉하게 한자리씩 차지하고 카롤리나의 설명을 들으며 이동했다. 엔세나다는 멕시코에서 제일 처음 와인을 만든 곳으로 약 120개의 와이너리가 있고, 와인의 맛도 뛰어나다고 한다. 처음에는 스페인에서 와인을 전량 수입했었는데, 이후 스페인 선교사들이 멕시코에서 와인을 만들기 시작했고 그 맛이 굉장히 뛰어나서 더 이상 스페인에서 수입할 필요가 없을 정도였다고 한다. 이 사실을 알게 된 스페인 국왕이 멕시코의 와인 생산을 금지시켰고, 멕시코는 스페인으로부터 독립한 이후에야 다시 와인을 생산하게 되었다고 한다. 물론 멕시코에는 데킬라라는 더 대표적인 술이 있어서인지 그다지 멕시코 와인이 유명해지지는 않았다고 한다. 와이너리 투어도 있다고 하니 혹시 엔세나다에 갈 기회가 되면 체험해 보는 것도 좋을 것 같다. 또 엔세나다는 농산물 생산도 많이 하고, 바닷가에서 랍스터와 참치도 양식한다. 이런저런 가이드의 얘기를 들으며 이동하다 보니 드디어 우리 목적지에 도착했다.

버스에서 내려 길가 양쪽으로 멕시코 기념품과 추러스, 해산물을 구워서 파는 식당 등이 쭉 늘어선 거리를 10여 분 걷다 보니 드디어 '라부파도라'에 도착했다. 라부파도라는 블로우홀(Blow Hole)이다. 블로우홀은 파도가 해안의 바위에 부딪히면서 아주 높게 물기둥이 솟아 오르는 곳을 말하는 것이다. 라부파도라에 가까워 질수록 해안가 바위에 부딪히는 파도가 벌써부터 굉장히 험하다. "꺅~~" 갑자기 사람들 비명 소리가 들린다. 바다가 조용하다가 '펑~' 소리가 나고 한 1~2초 후 물기둥이 솟아올랐다. 물기둥의 파편을 맞으며 즐기는 사람들(나중에 가이드가 free shower라고 표현했다), 소리 지르며 도망가는 사람들, 우산을 준비해온 사람들 등 굉장히 다양한 모습으로 라부파도라를 즐기고 있었다. 물기둥을 배경으로 사진을 찍는데 물벼락의 위력이 생각보다 강력해서 펑 소리가 나면 나도 모르게 몸이 쫄면서 반사적으로 도망치게 된다. 결국 굴욕사진만 수두룩하게 남겼다.

바닷가에 왔으니 바로 앞에서 즉석으로 구워주는 가리비를 먹었다. 바다를 바라보고 앉아 즉석에서 가리비 살을 자르고 토마토, 양파, 모짜렐라 치즈에 소스를 섞어 가리비 껍질에 올려 불에 구워주는 조개구이를 먹으니 천국이 따로 없었다.

가리비를 맛있게 먹고도 버스에서 내려 걸어오면서 이미 봐둔 식당에서 타코를 또 먹어야 했기 때문에 주차장 쪽으로 다시 발걸음을 돌렸다. 어디를 가면 먹어야 할 것을 야무지게 챙기는 편이다. 이상하게도 해외여행을 가면 먹는 것 자체도 소중해진다. 한 끼 한 끼가 추억의 산물 같아서일까? 매콤하고 담백한 멕시코 음식은 한국인의 입맛에 잘 맞는 것 같다. 타코를 먹은 곳은 간판도 없는 작은 식당이었는데 즉석에서 바로 만들어 주는데 내 생에 최고의 맛있는 타코였다. 정신 없이 후다닥 먹어 치운 후에야 사진도 안 찍고 먹었다는 걸 알았다. 인생 최고의 타코는 내 기억 속에만 남겨두는 것으로.

크루즈 같은 큰 배는 흔들리는 느낌이 없을 것이라 예상했지만 4박 5일 내내 배가 흔들리는 것이 계속 느껴졌다. 배멀미할 정도로 괴로운 것은 아니라서 활동하는 데 문제는 없었다. 그런데 4박 5일간 그 흔들림에 내 몸이 익숙해졌는지 크루즈에서 내린 후 반나절 정도는 계속 땅이 흔들리는 느낌이 들어 전신이 흔들흔들했다.

첫 미국 여행 내내 머릿 속을 맴돌던 생각은 그냥 '크다'였다. 땅이 너무 커서 회사들이 모여 있는 도심 지역을 제외하면 대형마트나 쇼핑몰 등의 건물들은 대부분 1층 건물이고, 높아도 3층 그리고 건물보다 주차장이 더 크다. 마트 한 번을 가더라도 차를 타고 10분 이상 나가야 하고 자가용이 없는 생활은 불가능했다. 물론 도시마다 느낌이 다르겠지만, 미국의 그 광활함은 나에게 조금 낯설었다. 동남아나 유럽 여행 다닐 때는 멀쩡하셨던 엄마도 이번 미국 여행에서는 마지막 날부터 몸져 누우셔서 귀국 후 한 달 정도 컨디션을 회복하시느라 좀 고생하셨다. 물론 나이가 조금 더 드셔서 그런 것도 있지만, 넓은 곳을 종횡무진 다니시느라 고단하셨던 것 같다. 안식휴가 덕분에 3주간 나름 여유 있는 일정으로 다녀왔음에도 힘든 부분이 많았는데, 1주일 정도 일정으로 미국 여행을 하는 사람들이 오히려 존경스러워진다.

이 글을 쓰면서 미국의 추억을 떠올리는 것도 잠시, 벌써 다음 안식휴가는 어떤 일정으로 보낼지 고민하고 있다. 생각만 해도 자꾸 입꼬리가 올라간다. 3년 후 다시 찾아올 '세상에서 가장 마음 편한 백수 생활'을 기다리며 노트북을 덮는다.

## 미국 여행

### ① 메가버스 이용

미국 여행 시 도시 간 이동을 버스로 할 예정이라면 메가 버스를 이용해보자. 예매하는 순서가 빠를수록 운임이 싼데 운이 좋으면 1인당 1달러로 이용할 수도 있다. 테이블이 있는 조금 넓은 자리는 예약금이 추가될 수 있다.

### ② 그랜드 캐니언 사우스림

시간적인 여유가 된다면 그랜드 캐니언 사우스림을 가보길 추천한다. 운전을 좋아한다면 렌트해서 다녀도 좋지만, 운전자의 피곤함을 생각하면 투어 상품을 이용하는 것이 좋을 것 같다.

### ③ 크루즈 예약

미국에서 출발하는 크루즈는 특가 세일을 하는 경우가 빈번하다. 예약 사이트를 수시로 체크하다 보면 놀라운 가격으로 예약할 수도 있으니 조금만 부지런하게 찾아보길 추천한다.

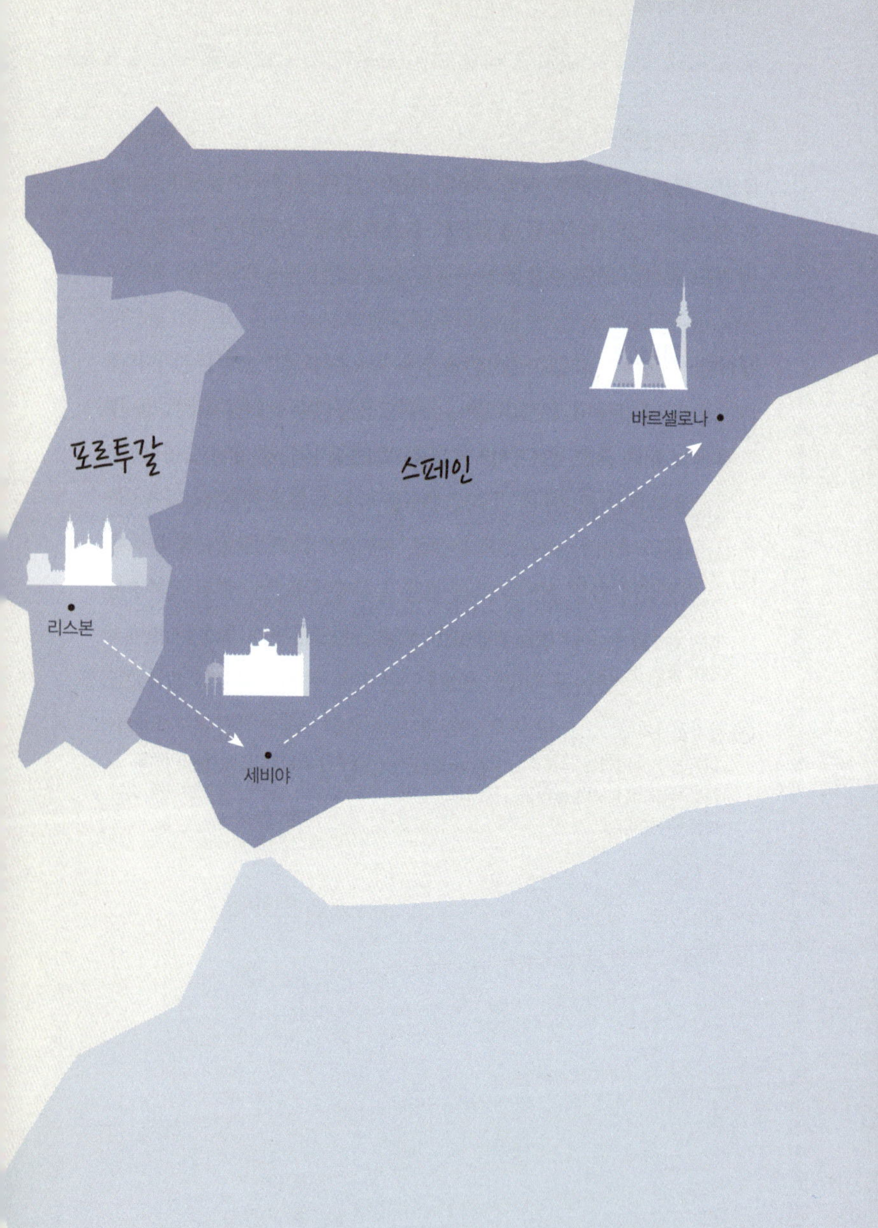

포르투갈
스페인
바르셀로나
리스본
세비야

# 내면의 '나'를 찾아 떠난
# 리스본 야간비행

이미진

삶의 첫 안식월 기간 동안에는

그 무엇보다 내 안에 목소리를 듣는데

집중해보겠다고 다짐했다.

## 나에게 안식월이란?

유대인들이 7년에 한 번씩 안식년을 가졌던 이유는 다시 좋은 땅에서 농사를 짓기 위해서였다. 내 첫 번째 안식월 역시 길지 않은 시간이었지만 내가 가진 토양(마음가짐)을 재정비하는 시간이었다. 결과적으로 안식월 이후에 내 토양에서 자라는 작물(성과)은 더 단단해졌다고 믿어 의심치 않는다. 작물을 키워내기 위한 토양의 에너지가 어느 때보다 강렬해졌기 때문이다. 업무로 바빴던 지난해 1월 후배에게 "나 (안식월) 가도 돼?"라고 조심스럽게 물었을 때 "당연히 가셔야죠!"라고 해맑게 답해줬던 그날이 기억난다. 회사에서 허락한 1개월의 시간을 반으로 쪼개 2015년 3월 이른 봄, 2주간의 시간 동안 첫 안식월을 다녀왔다. 3월의 유럽은 정말 더할 나위 없이 아름답다.

## 이미진. 헬스케어 PR본부 차장

유학 중 인사경영(HR)을 전공해 주로 법률이나 기업 시스템 분야를 배웠다. 대학교 마지막 학기에 지인이 해외로 떠나는 바람에 '대타'로 PR회사 인턴을 하며 우연히 천직을 만나 업계에 발을 담그게 됐고, 그렇게 한 우물을 계속 파다 보니 어느덧 10년차 PR인이 되었다. 외국계 광고회사에서 헬스케어 PR을 시작했고 제대로 된 specialist의 길을 가고자 마음먹으며 자연스레 엔자임헬스를 만나게 됐다. 그렇게 5년이 흘러 2016년 현재 엔자임헬스는 내게 가장 오래 함께한 직장이 되었다.

## 척박한 토양에서는 질 좋은 작물이 나올 수 없다
_휴식, 선택 아닌 필수여야 하는 가장 분명한 이유

내 PR 커리어는 대학교 마지막 학기 우연한 기회로부터 비롯되었다. 처음 PR을 시작한 곳은 조그만 패션 PR 회사였는데 인력이 부족하다 보니 상대적으로 경험의 폭이 넓어졌고 커리어의 기초를 닦는 데도 도움이 되는 시간을 보냈다. 말 그대로 밤낮 없이 일했지만 번아웃은 커녕 늘 에너지가 넘쳤다.

패션 시장에 불황이 찾아올 때쯤 커리어의 방향성을 고민하기 시작했다. 고민의 핵심은 흔들리지 않는 '지속 가능성'. 그래서 '사회가 필요로 하는 일'을 찾다 보니 어느새 헬스케어 산업에 마음이 가 있었다. "몰라서 아픈 사람이 없는 세상"을 만들겠다는 포부로 외국계 광고회사의 헬스케어 사업부에 입사해 몇 년간 헬스케어 PR에 흠뻑 빠져 지냈다. 20대 사회 초년생이 꺼내기 어려운 낯뜨거운 이야기(피임약 브랜드)부터 식사 중에 꺼내기 미안한 이야기(변비약), 그리고 누군가의 큰 아픔 때문에 눈물짓는 이야기(희귀 난치성 질환)들을 주제로 다루며 헬스케어 분야에서 넓고 다양한 경험을 쌓았다.

한편으로는 몸 사리지 않고 자꾸 일을 떠안는 내 모습에 선배들이 걱정하기도 했다. 두 번의 직장에 걸쳐 상사로 만난 어떤 분은 나를 '불나방'이라고 부르며 "회사생활은 100미터 달리기가 아니라 마라톤이야. 페이스 조절을 안 하고 뛰다가 지치면 큰 일"이라고 늘 조언을 해주었다. 뒤돌아보니 어른 말씀이 틀린 거 하나 없다고 느끼지만 그때는 참 말도 안 듣는 후배였다. '업'의 지속 가능성만큼이나 내 안에 지속 가능한 에너지(Sustainable Energy)를 유지하는 게 중요하다는 사실을 그때는 알지 못했던 것 같다.

웬만큼 열심히 해서는 성실함을 인정받기 힘든 경쟁 사회에서 우린 자기 몫을 해내고자 모두 치열하게 살아가고 있다. 행복을 미래로 유보하며 현실에 지치고, 스트레스로 알코올(또는 위장약)에 대한 의존도가 높아지거나 번아웃 증후군으로 의욕까지 잃기도 한다. 모든 것은 유한한 에너지를 가지고 있다. 사람도 예외가 아니다.

농경지에서도 쉼 없이 계속해서 작물(성과)을 키워낸다면 토양(마음가짐)이 척박해지기 마련이다. 유대인들이 7년에 한 번씩 '안식년'을 보낸 이유가 바로 이 때문이었을 것이다. 농경사회 밖에서도 우리는 모두 한 번씩 휴식이 필요하다. 사회는 계속해서 토양의 에너지를 필요로 하고, 질 높은 작물을 생산할 의무도 공유하고 있으니 말이다.

## 삶의 진정한 감독은 '사고'(accident)
### _임의적 우연에서 비롯된 필연적 사건들

삶의 진정한 감독은 '사고'(accident)라고 했던가. 지난해 1월, 출근길 지하철에서 즉흥적으로 리스본행 티켓을 결제하며 안식월을 떠나게 되었다. 회사에서는 '3년 근속, 1개월 안식휴가'라는 시스템을 통해 휴식을 장려해왔지만 성격상 막상 '지르지' 못했던 게 현실이다. 그렇게 망설이기만 7개월, 출근길 문득 떠오르는 영화 속 한마디가 내게 용기를 보태줬다.

> "우리가 우리 안에 있는 것들 가운데 작은 부분만을 경험할 수 있다면
> 그 나머지 부분은 어떻게 되는 걸까?" _영화 〈리스본행 야간열차〉

우리는 영화나 책, 사진 등의 간접적인 경험을 통해 한 도시에 대해 로망을 품곤 한다. 내겐 영화 〈리스본행 야간열차〉의 배경이 된 리스본이 바로 그런 도시였다. 누군가에게 파리, 프라하가 사랑이 이뤄질 것 같은 도

시고, 뉴욕이나 런던이 성취를 가져다 줄 것 같은 도시라면 리스본은 내 안의 숨겨진 자아를 찾아 줄 것 같은 도시였다. 홍보라는 업의 특성상 상대방의 의견에 귀 기울여야 하는 시간이 많다 보니 정작 내 안에 소리를 듣기 위해 시간을 들이지 못했던 게 사실이다. 치열한 일상 속 한 달의 휴식, 삶의 첫 안식월 기간 동안에는 그 무엇보다 내 안에 목소리를 듣는 데 집중해 보겠다고 다짐했다. 그렇게 결정하게 된 여행지가 리스본, 그리고 포르투갈만큼이나 화려한 역사를 지닌 이웃나라 스페인이다.

## 침묵만큼 많은 것을 이야기하는 것은 없다

"와, 진짜 리스본이야."

출장을 제외하고는 처음으로 유럽 땅을 밟게 된 시간이었다. 꿈꾸던 도시로의 특별한 여행인지라 정말 리스본을 뼛속까지 느끼고 오겠다는 의지로 가득 찼던 시간이었다. 시내 어느 식당이 맛있고 전망이 좋은 카페가 어딘지는 어차피 검색만 하면 수도 없이 찾을 수 있을 터, 진짜 포르투갈을 좀 더 알아보겠다고 욕심을 냈다. 영화 〈리스본의 야간열차〉를 다시 돌려봤고, 페르난두 페소아의 글을 읽었다.(파울로 코엘료 작품을 비행기에 가지고 탄 건 부끄러우니까 비밀. 포르투갈어로 트위터를 하는 게 생각나 갑자기 반갑게 책장을 뒤졌었는데. 맞다! 코엘료는 브라질 사람이었어.)

사실 〈리스본행 야간열차〉라는 작품을 접하기 전까지 포르투갈에 대해 아는 것이 정말 없었다. 짤막한 지식이라곤 『나의 라임 오렌지 나무』에 나오는 뽀르뚜 아저씨의 고향, 부르마블에 등장하는 생소한 도시, 호날두와 피구를 배출한 축구 선진국, 그리고 마카오에 에그타르트를 전수한 나라 딱! 그 정도였다. 영화를 통해 처음 관심 갖게 된 리스본이란 도시는 스크린 넘어 전해지는 안개 낀 듯한 분위기와 과거에 머물러 있는 듯한 복고적인 인상을 풍기며 매력을 발산했다. 그 후로 주변으로부터 리스본 여행담을 전해 들으며 이 도시에 대한 로망이 점점 커졌다. 그리고 1년 뒤, 휴식에 관대해 본적 없던 내가 안식월이라는 제도를 통해 리스본행 비행기에 오르게 됐다. 더 좋았던 건, 때 마침 운 좋게도 취향 참 비슷한 친구 하나가 쉬는 중(백수)이어서 여행길에 함께 오를 수 있었다는 것. 여행은 '어디'로 가는지 만큼이나 '누구'와 함께하는지가 중요한 일이니까 말이다.

인천공항을 떠나 경유지인 프랑크프루트를 거쳐 저녁 무렵 리스본에 도착했다. 소박한 느낌의 공항을 나와 호텔로 이동하기 위해 버스를 타고 이베리아반도를 가로지르는 떼주 강(Rio Tejo)을 따라 이동했다. 꿈꾸듯 마주한 도시 리스본은 마치 우리의 마음을 읽은 것처럼 가장 리스본다운 안개 낀 날씨로 우릴 맞아주었다. 순간순간을 놓치고 싶지 않아 창밖 경치에 집중했다. 그러다 보니 버스 안에 있던 30분 동안 우리는 딱 한마디를 나눴던 것 같다.

"와, 진짜 리스본이야."

그렇게 리스본에 도착했고, 호텔 체크인 후 겨우 두세 명이 탈 수 있는 작은 엘리베이터를 타고 방으로 올라가 창가의 야경을 바라보다 잠이 들었다.

## 끝에서 만난 새로운 시작
### _여행, 새로운 장소를 통해 내면에 집중하는 시간

알랭드 보통의 『여행의 기술』에서는 여행이 장소의 문제가 아니라 심리적인 문제임을 강조한다. 나 역시 이 여행에 담긴 나의 심리적 문제, 익숙한 공간에서 벗어나 스스로를 낯설게 바라보기에 집중하고자 했다. 가볍게 아침 식사를 하고, 가장 리스본다운 지역을 방문하기 위해 버스에 올랐다.

포르투갈의 서쪽, 유라시아 대륙의 최서단에 위치한 호카곶(Cabo da Roca)이란 곳이었다. 유럽 각지의 고등학생들이 수학여행을 오고 날씨가 좋을 때는 사방으로 보이는 수평선 덕분에 지구가 둥글단 사실을 피부로 느낄 수 있는 장소이다.

호카곶 입구에는 포르투갈의 국민 시인 카몽이스(Luis de Camoes)의 시구가 적혀 있다. "onde a terra se acaba, e o mar comeca…" '땅이 끝나고 바다가 시작되는 곳'이라는 시구가 적힌 이곳에 발길을 잠깐 멈추고 다시 한 번 글을 읽어봤다. 그 한마디가 어쩌면 내 상황과 닮아 있어서였을까? 3년이라는 시간을 마치고 갖는 안식월의 시간은 '떠나기 위해서'가 아니라 '다시 돌아가기 위함'이었기 때문에 말이다. 경험해보지 못한 새로운 것에 대한 두려움, 긴장감, 그리고 설렘. 이 모든 마음가짐이 끝보다는 새로운 시작과 닮아 있기 때문에 말이다. 그렇게 잠깐 시구가 적힌 벽을 바라보며 몽상을 하고, 밖으로 나가 땅의 끝, 바다의 시작에 서 있는 특별한 기분을 만끽했다. 여행 기간을 통틀어 가장 특별한 순간이었다.

여행을 하다 보면 늘 '시간이 천천히 갔으면' 생각한다. 어째서였을까, 호카곶이 지극히 개인적인 장소로 느껴지던 그 순간, 나는 '이제 돌아가도 괜찮아'라고 생각했다. 그래, 경험의 가치와 깊이에 있어 시간은 그렇게 중요한 요소가 아니다. 순간에 얼마만큼 충실했는지가 그 경험을 결정짓기 때문이다. 더 좋은 것을 갈망하기 앞서, 현재를 가치 있게 만드는 일에 충실해야지. 이 여행에서, 그리도 일상으로 돌아가서도.



호카곶 입구에 적혀진 카몽이스의 시구

## 내 영혼은 비밀스러운 오케스트라
### _그래요, 내 마음 나도 몰라요

호카곶을 지나 그곳에 시구를 남기고 간 시인 카몽이스가 안치되어 있
는 제로니모 수도원을 찾았다. 파란 하늘과 양털구름, 대형 분수대가 어
우러져 아름다운 풍경을 만들고 있었다. 새 떼로부터 수도원 건물을 보
호하기 위해 전기 충격기와 새를 쫓는 소리가 주변에 퍼지고 있었고 근처
에는 에그타르트의 시초가 되는 벨렘 과자점이 위치해 있었다. 벨렘 과자
점은 수도원에서 성직자들의 옷에 풀을 먹이기 위해 계란 흰자만를 사용
하고, 남은 계란 노른자로는 에그타르트를 만들면서 시작되었다고 한다.

화창한 날씨가 반가워서 커피 한잔 손에 쥐고 에그타르트를 나눠 먹자며 친구와 함께 과자점으로 향했다. 그런데 이게 왠일? 커피는 테이크아웃은 안 된다고? 짐작은 했다만 귀족 정신이 몸 속 깊숙이 베어 있는 포르투갈 사람들은 거리를 다니며 커피를 마시지 않는단다. 앉아서 커피 마실 시간이 없는 사람에겐 테이크아웃이 아니라 한입에 털어 넣을 수 있는 에스프레소를 권장한다고.

결국 툴툴거리며 에그타르트만 한아름 사 가지고 나왔지만 다행이도 옆집에는 이름만 들어도 반가운 스타벅스가 있었다. 그렇게 한 손에 커피, 다른 손에는 에그타르트 한 상자를 들고 산책로를 향했다. 벤치에 앉아 "참 날씨 좋다"를 연발하다 눈이 마주친 노부부에게도 에그타르트를 몇 개 나누었다. 사이 좋은 노부부와 몇 마디를 주고받으면서야 비로서 낯선 땅에서의 조금은 경직된 마음을 내려놓았다.

벨렘과자점 에그타르트 상자와
옆집 스타벅스 커피

저녁 무렵 우리는 호텔로 발길을 돌렸고, 당연히 우리의 대화 주제는 사원 근처에서 만난 그 노부부였다. "나도 꼭 그분들처럼 나이 들어갔으면 좋겠어"라고 친구가 말했다. 나도 고개를 끄덕였다. 롤모델 또는 동경의 대상은 종종 만나지만 사실 나이가 들어 내가 지니고 싶은 가치가 무엇인지는 생각해본 적이 없다. 그 노부부처럼 나이가 든다는 건 내게 어떤 의미였을까?

역시 가장 익숙한 사람이면서도 가장 모르는 게 자기 자신이다. 의식적으로 마음속에 귀 기울이지 않는 이상 알 수가 없다. 그날 만난 노부부의 밝은 표정에서 느껴지는 에너지를 동경했고, 조금 더 자세히는 이른 봄 함께 산책하는 다정한 부부의 여유로움, 젊은 사람들과 거리낌 없이 소통하는 소탈함, 삶의 마지막 여정을 함께할 동반자가 있다는 사실, 족히 80세는 되어 보이셨던 할머니지만 여전히 고우셨던 피부가 아마도 나의 '나이 듦'에 대한 생각을 끄집어낸 것 같다.

> "내 영혼은 비밀스러운 오케스트라다.
> 내 안에서 어떤 악기가 연주되고 울리는지
> 현악기인지 하프인지 심벌즈인지 북인지 모른다.
> 나는 나 자신이 교향곡 같다는 것만 알 뿐이다."
> _페르난두 페소아

그렇다. 영혼의 소리는 비밀스러운 오케스트라여서 속속들이 들어보지 않으면 합주곡 소리에 불과하다. 의식적으로 귀 기울였을 때만 그 안에 어떤 악기가 연주되고 있는지 알아낼 수 있다. 여행이 아니더라도 익숙한 것을 낯설게 보는 시간은 합주곡 속 작은 소리를 찾아내는 경험을 선물한다. 물론 낯선 여행지에 있다면 그 경험의 크기는 더욱 증폭되곤 한다.

## 여행을 생활처럼, 생활을 여행처럼
### _익숙함 속에서 낯선 것 찾기, 낯선 곳에서 익숙함 찾기

특별한 장소, 동행, 이벤트를 떠나 모든 여행이 특별한 이유는 시간의 한 정성에 있다고들 말한다. 의식하고 있지 않지만, 곧 돌아갈 것을 알기에 여행지에서는 모든 사소한 순간들이 특별하고 또 소중하다. 하지만 삶 전체를 놓고 봤을 때 우리는 대부분의 시간을 여행지가 아닌 치열한 일상 속에서 보내게 된다. 그러니 여행의 기쁨에 심취해 '여행 의존적'인 삶을 산다면, 지루하다고 여겨지는 그 나머지 시간이 너무 아쉽지 않은가?

리스본에서의 며칠 동안 우린 이러한 본질적인 문제에 집중해 있었고, 꿈같은 도시에서의 설렘을 한국으로 가져가기 위해 나름의 트레이닝을 했다. 여행지에서의 시간을 일상처럼 보낼 수 있도록, 가급적 일상과 가까운 일들(동네 산책하기, 장 보기, 커피 한잔 마시며 고민 이야기하기)을 시도했다. 화려한 관광지나 유적을 찾아다니는 만큼이나 길가의 젊은이들이나 자판의 상인들과 소통하는 데 시간을 보냈고, 또 대화의 주제로 삼았다.

한적한 오후 시간, 떼주 강 인근 잔디밭에서 시간을 보내는 젊은이들, 퇴근 무렵 저녁거리를 마련해 귀가하는 중년 남성들, 길거리에서 군밤과 꽃을 파는 여성과 카페에서 분주히 일하는 알바생들. 여행자의 눈으로 바라봤을 땐 너무 특별한 장면들이지만 당사자들에겐 다른 날과 다를 바 없는 일상이 아닌가. 삶을 특별하게 만드는 건, 특별한 장소, 동행, 이벤트가 아니라 상황을 대하는 마음가짐이 분명하다.

지금 몸담고 있는 회사가 위치한 서울의 정동길은 서울 시내 어느 곳 보다 사계절이 뚜렷하고 아름답기로 유명하다. 하지만 이곳에 살거나, 출퇴근을 하는 경우엔 그 감동이 반감되곤 한다. 그래서 정동길의 아름다움을 가장 인식하지 못하고 있는 사람들은 바로 정동길에서 살아가고 있는 사람들이기도 하다. 한국에 돌아온 지금, 나는 매일의 설렘을 되찾고자 일상을 낯설게 대하기 위한 의식적인 노력을 해보고 있다. 어쩌면 마지막일 인연들, 장소, 시간. 이렇게 생각하면 특별하고 소중하지 않은 것이 없는데……

짧은 기간의 여행을 통해 정동길의 설렘을 되찾을 수 있어 다행이다.

퇴근시간 저녁거리를 마련해
귀가하는 중년 남성들

어쩌면 마지막일 인연들, 장소, 시간.

이렇게 생각하면 특별하고 소중하지 않은 것이 없는데…….

## 우리가 했던 모든 일이 사랑이라면 죽어도 괜찮다
_추억, 그렇게 서글픈 어감이지 않아도 돼

리스본에서 며칠을 보낸 뒤 우리는 차로 스페인 국경을 넘었다. 의도치 않게 리스본행 야간열차의 회상 신을 똑같이 따라했다. 꿈꾸던 도시와의 이별이라 아쉬움이 없지는 않았지만, 또 다른 여정의 시작이란 생각에 마음이 들떴다. 스페인에 들어서자마자 눈을 즐겁게 해준 것은 오렌지 나무로 이어진 가로수길이었다. 가로수가 오렌지라니. 정말 축복받은 기후다. 매연에 노출된 관상용 오렌지라 식용으로는 추천하지는 않는다는데, 과거에는 마멀레이드로 만들어 씁쓸한 맛을 중화시키고 영국에 수출하기도 했단다.

시작이 끝을 예고하는 것처럼 언제나 끝은 시작과 마주하고 있다. 그렇기 때문에, 끝이라는 아쉬운 순간을 대하는 마음에 조심할 필요가 있다. 리스본과 작별하고 스페인과 만나 행복한 순간을 마주한 것처럼, 살면서 수만은 리스본과 작별해도 더 많은 스페인과 마주할 수 있을 것이다.

## Go Somewhere That Makes You Feel Small

_답이 없는 걱정거리가 있다면 어디로든 떠나라

카톨릭이 국교인 스페인은 도시마다 경이로운 수준의 대성당이 들어서 있다. 특히 남부의 세비야 성당은 세계 4대 성당 중 하나로 손꼽히고 있는데, 1402년부터 100여 년에 걸쳐 지어진 탓에 이슬람 건축과 고딕, 르네상스 양식이 조화를 이루고 있는 것이 특징이다. 성당 내부에는 금을 사용한 장식이 곳곳에 보이는데, 이는 사치스러움이 아니라 내구성 측면에서 금만큼 비용 대비 효율적인 자재가 없다는 이유 때문이라고 한다.

바티칸 성베드로 성당, 런던 세인트 폴 성당, 그리고 약간의 논란이 있지만 밀라노 두오모 성당과 더불어 세계 4대 성당에 이름을 올리고 있는 세비야 성당은 건립 당시 "후대가 이 성당을 지은 우리가 미쳤다고 생각할 만큼 장엄하게 짓자"라는 모토로 했다고 한다. 실제로 천장의 높이나 전체적인 규모, 디테일, 아름다운 외관과 내관 모든 것이 경이로운 수준이었다. 세비아뿐만 아니라 스페인에서 만난 모든 성당과 왕궁은 놀라운 역사적 가치를 자랑하고 있었다.

성당 첨탑으로 올라가 도시 전체를 바라보니 마음이 시원해졌다. 내 마음속과는 비교할 수 없이 큰 세상을 바라보며, 너무나도 작은 내면의 문제들을 가벼이 바라볼 수 있었다. 하루하루의 스트레스가, 답 없는 고민들이 불현듯 아무것도 아닌 것처럼 느껴졌다. 얼마 전까지 삶을 뒤흔들어놓을 것 같은 장애물마저 너무나 작게 느껴져 웃음이 나는 순간이었다. 이렇게도 이 여행은 순간순간 깨달음을 주는구나. 고맙다, 내 안식월.

## 성가족 성당 밖에서 만난 인간 가우디
### _과정을 간과한다면 결과도 모방할 수 없다

'성가족 성당'은 스페인 여행자들이 빠뜨리지 않고 방문하는 바르셀로나의 명소이다. 스페인을 여행하면서 세비야, 코르도바, 톨레도 등 규모나 역사 면에서 빠지지 않은 성당을 살펴봤지만 바르셀로나에 위치한 성가족 성당은 규모와 역사, 설계 구조, 그리고 그 안에 담긴 철학까지 감탄을 금치 못할 이야기들로 가득했다.

그럼에도 불구하고 개인적으로 성가족 성당에서 가장 인상 깊게 느낀 부분은 건축물의 장엄한 역사도, 건축 양식도 스테인드 글라스도 아닌 성당 밖 1층짜리 건물이었다. 이 자그만 건물은 19세기에 준공하고 21세기가 지나서야 완성하게 될 이 성당 건립을 위해 가우디가 '지속 가능성'을 고민했음을 깨닫게 해준 증표이다. 성당이 완공되는 수백 년의 시간을 앞두고 가우디는 이곳에 뼈를 묻을 자신 그리고 함께할 동료들의 지속 가능한 삶과 헌신을 지켜내기 위해 성당 부지 앞에 조그만 학교를 지었다. 성당 건립이라는 성스러운 일을 하면서도 동시에 가족들과의 행복도 지켜나갈 수 있도록 하기 위해서 말이다.

'결과'가 아니라 '기본'과 '과정'에 집중한 발상이 성가족 성당을 있게 한 것이 아닐까? 그렇게 가우디가 두 세기 전 지은 성당 밖의 조그만 학교는 결과에만 혈안이 된 우리에게 나지막히 이야기를 건네고 있었고 성당 안 곳곳에 남겨진 기록들을 살펴보며 우린 건축가가 아닌 인간 가우디에 대한 애정을 갖기 시작했다. 설계 당시 구현한 성당 모형을 보며, 성당 내부의 스테인드 글라스를 통해 반사된 색색의 빛을 보며 약속했다. 2026년 완공되면 꼭 다시 오자, 여기.

이렇게도 이 여행은
순간순간 깨달음을 주는구나.
고맙다, 내 안식월.

Myrrham
Thus

## 안식월을 준비하는 누군가에게

포르투갈의 시인 페르난두 페소아는 이렇게 말한다.

"들판은 실제로 푸른 것보다 묘사할 때 더 푸르게 된다."

우린 반복되는 일상 속에서 가끔 일탈을 꿈꾸지만, 막상 현실을 벗어나 새로운 곳에 익숙해지면 꿈꾸던 것과는 다른 모습이 펼쳐진다는 사실을 알고 있다. 일상에서 벗어나 마주하는 곳도 머지않아 또 현실이 되니까. 하지만 이러한 이유로 일상에서 벗어나는 시간의 힘을 과소평가하지 말자. 새로운 장소에 갔을 때 어떠한 의미 있는 발상이 시작될지는 모르잖은가? 우리가 우리 안에 있는 삶의 작은 부분만 살게 된다면, 나머지에 무슨 일이 생길지 아무도 모르는 것처럼 말이다.

지금 안식월을 계획하고 있다면 '가장 나답지 않은 일'을 선택하라고 권유하고 싶다. 그동안 사회적으로 가장 이상적인 상에 맞추어 생각하고 말하고 행동했다면, 한 번쯤은 이 틀을 깨고 나만의 색깔을 찾아내보기 바란다. 이 작업을 위해서는 먼저 '편안한 행동반경'(Comfort Zone)을 깨고 나오는 게 필요할 것이다. 익숙한 곳, 익숙한 사람들 사이에선 익숙한 방식으로만 생각하기 마련이다. 가능한 멀리 있는 곳, 생소한 곳, 다른 언어를 사용하는 곳으로 떠나 감당 못 할 만큼의 자유를 만끽하면서 내면의 목소리에 귀 기울였을 때 기대 이상의 값진 경험을 할 수 있게 될 것이다.

하지만 떠나간 시간 동안, '다시 돌아가야 할 곳'이 있다는 사실만은 꼭 기억했으면 한다. 돌아가야 할 곳이 있다는 책임감과 위로감이 한정된 시간 동안의 경험을 더욱 강렬하게 각인시켜 줄 것이다. 나에게 안식월이라는 시간은 '내면을 바라보는 일'을 통해 어쩌면 지루했던 일상의 소중함을 깨닫는 순간들이었다. 안식월을 준비하는 다른 누군가도 떠나간 곳에서 느끼는 자유로움과 내면의 목소리, 그리고 일상의 소중함을 깨닫게 되는 소중한 경험을 얻게 되기를 바란다. 내가 느낀 것처럼.

## 포르투갈 & 스페인
## 여행자를 위한 몇 가지 Tip

### ① 적게 소유하기

편안하게 이동할 수 있도록 가급적 짐은 적게 챙겨 가는 것이 좋다. 살면서 꼭 필요 것과 그렇지 않은 것을 구분하는 능력이 생길 수 있다. 여행지에서 꼭 필요한 물건이 생긴다면 현지 슈퍼마켓을 적극 활용하자. 여행지에서 구비한 아이템(슬리퍼, 생필품, 옷 등)은 이후에도 생각보다 오랫동안 사용하며 기억에 남는 기념품이 되기도 한다.

### ② 여행을 생활처럼

여행하지 말고, 그곳에서 살아보기 바란다. 간단한 준비물은 운동화와 요가 팬츠 정도로 새벽에 인근 산책로를 뛰는 것부터 시작해보라. 무거운 DSLR보다는 스마트폰을 적극 활용하자. 눈으로 보이는 것보다는 그때의 감정을 기록한다면 뻔한 여행 스토리가 아닌 나만의 기록이 탄생한다.

### ③ 현지어 구사하기

영어를 사용할 경우 세계 어디에서도 기본적인 소통은 가능하지만, 현지어를 조금이라도 배워 간다면 여행지에서 더욱 풍부한 경험을 할 수 있다. 특히 장터나 게스트하우스를 방문했을 때 더욱 그렇다. 개인적으로 바르셀로나 시장에서 친구와 꽤 값이 나가는 촛대를 구입하는 데 짧은 스페인어를 사용했더니 영어로 불러 준 가격에서 반절이나 할인을 받은 경험도 있다.

④ 소매치기 조심하기

스페인과 포르투갈은 큰 범죄보다 집시들에 의한 소매치기가 많이 발생한다. 가방을 앞으로 매면 내 것, 옆이나 뒤로 매면 집시들의 것이 된다. 가급적 작은 가방을 이용해 외투 안으로 가방을 매면 도난 위험이 적다.

⑤ 소금은 조금만

스페인과 포르투갈 음식은 한국인들의 입맛에 잘 맞는 편이지만, 간이 조금 강한 경우가 많다. 여행기간 동안 나트륨 섭취량을 조절하기 위해선 생활 밀착형 스페인어 "Sin sal" (소금 빼고) 또는 "Poco de sal"(소금 조금만)을 기억해보면 좋다.

⑥ 와인 즐기기

국내에서는 포르투갈, 스페인 와인이 흔한 편이 아닌데, 그 이유가 두 국가의 와인 내수량이 너무 많아서란다. 날씨가 좋다 보니 포도 재배가 잘되고 와인 값도 싸다. 가격이 너무 싸다보니 한국으로 사가고 싶은 유혹이 들지만, 그것보다 현지에서 많이 맛 보는 것을 권하고 싶다. 특히 포르투갈에서는 다양한 포트 와인(Port wine)을 맛볼 수 있고, 포도가 익기 전 어린 포도송이로 만들어 산미와 스파클링 감까지 갖춘 값싼 비뉴베르드(Vinho verde)도 맛볼 수 있다. 마찬가지로 와인 선진국인 스페인에서는 어느 마트를 방문에도 1유로에서 20유로 사이 수백 가지 다양한 종류의 와인을 구입할 수 있다.

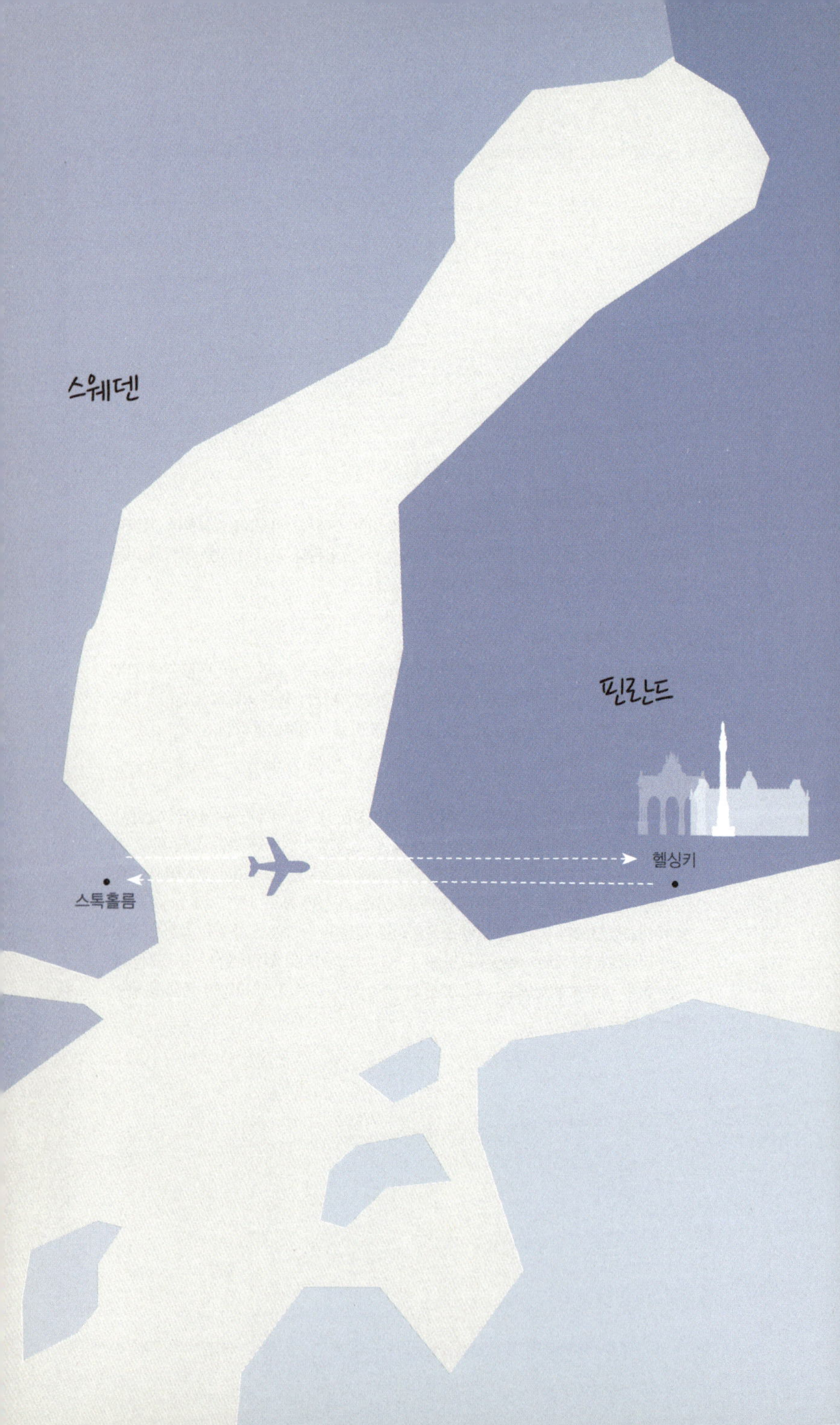

스웨덴
핀란드
헬싱키
스톡홀름

# 북유럽의 잠 못 이루는 밤,
# 가족과 함께한 백야

김동석

나는 북유럽의 낯선 백야에

좀처럼 잠을 이루지 못했다

밤이 깊어 갈수록

백야의 깊이도 깊어졌다

## 나에게 안식월이란?

안식월은 '배려'다. 맨 처음 이 제도를 만들기로 결심했을 때 '과연 될까'라는 생각이 마음 한편에 있었던 것이 사실인데, 안식월을 다녀온 직원들이 벌써 40번째에 가까워지며 이제 '되는구나'라는 뿌듯함이 있다. 매일매일 쉴 틈 없이 서비스를 제공해야 하는 커뮤니케이션 회사의 특성상 1개월 동안 한 사람이 자리를 비운다는 것은 '배려'가 없으면 불가능하다. 일단 남은 동료들이 그 자리를 잘 채워줘야 하고, 고객사에서도 이를 용인해줘야 하는 데 둘 다 그리 쉬운 일은 아니다. 안식월 제도가 이렇게 정착되게 된 것은 직원들 스스로 제도가 지속될 수 있도록 힘들더라도 빈자리를 훌륭하게 채워줬기 때문이다. 고객사들도 안식월 제도를 이야기하면 싫어하기보다는 오히려 부러워하고 격려해줬기 때문에 가능했다고 생각한다. 요즘은 회사 전체 직원수도 늘었고, 장기 근무자들도 늘어서 한꺼번에 몇 명이 자리를 비우기도 하지만, 서로의 '배려'가 있기에 가능한 것이라 생각하며 고객과 직원 모두에게 감사한다.

**김동석,** 엔자임헬스 대표

20년째 헬스 커뮤니케이션 한 우물만 파고 있다. 일만 보고 달려오다 보니 자신도 모르게 한 회사의 대표가 되어 있는 경우. 본인은 천성이 경영에 소질이 없다고 투덜대면서도 엔자임헬스를 10년째 가꿔왔다. 큰 회사보다는 좋은 회사 만들기에 열중하고 있다. 특히 직원들의 복지는 '크기'가 아닌 '의지'의 문제라는 신념으로 복지가 좋은 건강한 회사. 돈보다 가치를 중요시하는 회사를 만들어가고 있다.

## 우리 셋은 그렇게 북유럽으로 떠났다

북유럽 여행을 하루 앞둔 날 저녁. 마음이 설레었다. 어디를 여행하든 여행 전날 밤은 항상 설렘으로 가득하다. 그러나 나에게 그 설렘의 실체는 여행을 앞둔 모든 사람들이 갖는 그것과는 사뭇 달랐다. 미지의 세상을 여행하는 기대에서 오는 설렘이라기보다는 드디어 여행을 가게 됐다는 '안도'에서 오는 설렘에 가깝다.

사업을 시작하게 되면서 가족의 시간은 회사의 시간만큼 치밀하게 계획되지 못했다. 가족의 시간은 언제나 회사의 시간에 따라 변할 수 있는 대기조와 같았다. 가족 휴가 계획 역시 급한 일이 생기면 뒤로 미뤄지기 일쑤였다. 갑자기 생긴 업무로 길고 거창한 여행 계획이 서울 근교로 바뀐 적도 적지 않다.

아내 역시 광고회사를 다니며 밤낮 없이 일에 빠져 있던 때여서 가족 여행 일정을 잡기도 어려웠다. 지금 생각하면 나보다 훨씬 바빴던 아내야말로 안식월이 필요했던 것 같다. 우리 부부는 30~40대를 광고인 아내와 PR인 남편으로 살았다. 방향이 비슷한 회사를 다닐 때는 출근 차량 안에서, 때로는 집에서, 여행 때도 서로의 비딩 주제를 가지고 토론을 하고, 콘셉트와 아이디어를 공유하는 동반자였다. 승진과 명성 등에 대한 욕심이 있었던 것도 아닌데 우리는 새벽까지 일에 몰두했다. 그냥 광고홍보가 재미있었다.

얻는 것이 있으면 잃는 것이 있듯 우리 부부가 일에 몰두하는 사이, 어린 딸에게 많은 시간을 쏟지 못했다. 딸은 대한민국의 대부분 맞벌이 부부들처럼 부모의 사랑보다 주위 친지들의 사랑을 더 많이 받고 자랐다. 바쁜 우리 부부를 대신해 큰어머니께서 집에 상주하시며 아이를 돌봐주셨다.

딸에겐 항상 부족하고 미안한 엄마 아빠였다.

그래서일까 나의 안식월 휴가에는 항상 가족이 함께했다. 일에 빼앗긴 아빠의 역할, 남편의 역할을 조금이나마 보상해주고 싶었기 때문일 거다. 사업을 시작하고 그동안 나는 총 세 번의 안식월을 가졌다. 사업 초기 안식월 제도를 처음 만들며 사장이 먼저 모범을 보여야 제도가 정착될 수 있다는 생각에 2009년 첫 번째 안식월을 맞았다.

사업의 쓴 맛을 느끼며 고군분투하다가 갑자기 찾아온 마치 정지된 것 같은 여유의 시간. 일을 끊을 때도 금단증상이 있는지 편안함보다는 불안감이 엄습했다. 며칠은 회사 메일을 수시로 체크하며 대표가 부재한 회사 상황을 살피기도 했다.

그러다 시작한 딸아이와의 유치원 등굣길. 채 10분이 되지 않는 거리의 유치원에 가는 동안 딸아이는 병아리처럼 연실 재잘거리며 수다를 떨었다. 그동안 아빠에게 할 말이 많았었나 보다. 작고 옴팡진 딸 아이의 손을 꼭 잡고 걷는 동안 회사 걱정도 일 걱정도 없는 행복감을 느꼈다. 나는 주저 없이 한 달의 안식월을 온전히 아이를 위해 쓰기로 결심했다. 씻기고, 먹이고, 놀아주고, 함께 그림을 그리며 문득문득 발견하는 딸 아이의 맑은 눈빛과 말투와 습관과 투정들 그 모든 것이 새로웠고 사랑스러웠다.

혼자 놀기의 진수를 보여주었던 가현이 인형 친구들

딸아이가 미술에 소질이 있어 엄마, 아빠보다 더 가까운 말동무 종이 인형 친구들을 매일매일 만들고 있는 것도 알게 됐다.

나는 왜 일을 하는가? 나는 왜 사업을 하는가? 직원뿐 아니라 사장에게도 일과 가정의 조화가 중요하다는 당연한 사실을 깨닫는 순간이었다. 딸과의 한 달 간의 동행은 어떤 화려한 여행보다도 충만한 안식의 시간이 되었다.

2012년 맞이한 두 번째 안식월은 아내에게 추억을 선물하고 싶었다. 2012년 런던 올림픽이 시작되기 바로 전 주에 우리 가족은 런던으로 안식월 여행을 떠났다. 영국 런던은 우리 부부에게는 아주 특별한 곳이다. 2001년 직장생활 4년차 때 아내와 나는 잘 다니던 광고회사와 홍보회사를 그만두고 영국으로 무작정 출국했었다. 결혼한 지 2년이 넘어설 때다. 거창한 계획도 없었다. 아내는 순수한 토종 촌놈인 나에게 좀 더 큰 세상을 보여주고 싶다며 영국 런던행을 제안했다. 나는 결혼 때 아버지의 병환으로 제대로 가지 못한 신혼여행을 대신한다는 생각으로 무모한 아내의 제안에 쾌히 동의했다.

퇴직금까지 톡톡 털어 떠난 낯선 영국 땅에서의 생활은 녹록하지 않았다. 토종 한국인에게 매일 먹어야 했던 세인즈베리(영국의 슈퍼마켓 브랜드)의 식빵은 걸레를 씹는 듯 거칠게만 느껴졌다. 가진 돈이 많지 않은 가난한 동양인 젊은 부부에게는 쉽지 않은 생활이었지만, 사랑과 젊음이 가득했던 달콤한 시간이기도 했다. 스리랑카 부부 집에 방 하나를 얻어 지낸 9개월 동안의 신혼여행 같았던 런던 생활. 짧은 기간이었지만 우리 부부를 더욱 강하게 묶어준 내 인생에 가장 깊게 각인된 시기이기도 하다.

두 번째 안식월은 그 젊은 날의 추억 여행이었다. 딸에게 엄마 아빠가 함께했던 추억의 장소들을 일일이 설명해줄 수 있는 행운의 시간이기도 했다. 인생은 추억을 만들며, 또 그 추억을 추억하는 과정이 아닐까. 젊은 신혼부부가 거닐던 그 공원을 딸과 함께 걸었다. 우리 부부가 무척이나 좋아했던 런던의 공원들. 런던의 빨간 이층 버스. 그리고 도심의 재래시장과 뒷 골목골목들. 가능한 우리 일행은 식당에 들르기보다는 슈퍼마켓에서 식료품을 구입해 스튜디오(요리가 가능한 숙소)에서 하루도 거르지 않고 함께 요리를 했다. 나중에 안 사실이지만, 딸은 런던에서 가장 좋았던 추억을 런던아이도, 빅벤 시계탑도, 빨간 이층 버스도, 버킹엄 궁전도 아닌 슈퍼마켓에서 함께 장을 보고, 스튜디오에서 엄마 아빠와 요리를 만들어 먹었던 때로 기억하고 있었다. 인생의 행복은 거창한 것보다 사소한 것에 있다는 것을 실감했다.

그리고 다시 찾아온 우리 가족의 세 번째 안식월. 항상 그렇지만 우리 가족의 여행지 선택은 아주 소소한 이유로 결정되곤 했다. 이번 안식월 여행도 그랬다. 아빠와 딸이 겨울을 싫어한다는 점(사람도 동물처럼 동면을 한 후 봄에 다시 깨어났으면 좋겠다고 생각할 정도). 안식월이 아니면 언제 가족이 함께 북유럽을 마음 놓고 가보겠냐는 점 등등이 고려됐다. 물론 최근 북유

럽의 단순한 디자인에 매료된 아내의 암묵적 동의(윤허)가 없었다면 불가
능한 일이었겠지만 말이다.

딸은 아빠를 많이 닮았다. 아빠와 딸의 추위 공포증은 무려 여행 짐의 반
을 패딩과 겉옷으로 채우게 만들었고(유럽은 여름에도 춥다는 것을 알기에) 아
빠와 딸의 라면 사랑은 컵라면을 박스로 가져가기에 이르렀다. 더 많은
컵라면을 가져가기 위해 컵라면 용기, 면, 스프를 따로 포장해 부피를 줄
이는 치밀함(?)을 보이기도 했다. 여행 내내 컵라면은 어떤 현지 음식보
다 맛있는 부녀의 맛난 양식이 되었고, 엠에스지(MSG) 스프는 만능 양
념이 되었다. 거기에 타이레놀, 부루펜, 활명수, 백초 등 비상 상비약들
을 챙겨 넣었다.

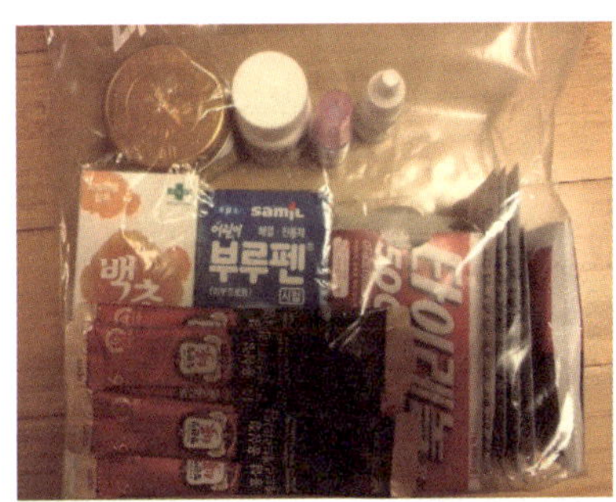

해외여행 갈 때, 가장 중요한 것은
상비약과 컵라면

성격도 취향도 모든 면에서 비슷한 딸과 우리 부부에게 맞지 않는 것이 있
다면 그건 다름 아닌 디지털 취향이다. 우리 부부는 광고와 PR을 업으로
하면서도 트위터, 페이스북, 카카오톡 등 SNS와 디지털 기기 활용을 극
도로 싫어한다. 겉으로는 따뜻한 체온이 느껴지는 아날로그 감성이 사라
지는 것을 안타까워하는 로멘티스트라며 스스로를 위로하곤 하지만, 실
상은 둘 다 심각한 기계치이기 때문이다. 반면 딸 아이는 컴퓨터와 스마
트폰 자판 위에서는 신의 손놀림을 자랑하는 디지털 강자다. 이번에도 예
외없이 두꺼운 북유럽 여행서를 무려 세 권이나 들고 여행을 떠났다. 세
가지 책 모두 나름대로 장단점이 있어 어느 것 하나 버릴 수가 없었다. 딸
아이 입장에서는 손 안에 스마트폰 하나면 될 것을 늘 노땅 티를 내는 아
빠 엄마가 한심해 보였을 수도 있었겠다.

설레는 마음에 일정보다 서둘러 깬 아침. 공항버스를 타러 가는 길에 보
슬비가 내리기 시작했다. 그렇게 우리 셋은 북유럽으로 떠났다.

## 백야(白夜), 북유럽의 잠 못 이루는 밤

스웨덴 스톡홀름. 도시는 소박했다. 공항도 호텔도 식당도 국제도시라는 명성에 걸맞은 화려함은 찾아볼 수 없었다. 서울 도심의 분주함과는 다른 평온함, 차분함이 감돌았다. 규모가 가치를 대변하지 않는다는 걸 실감했다. 기업 역시 규모가 아닌, 철학이 가치를 대변해 주는 것처럼 말이다. 이렇게 작고 소박한 도시가 세계적인 도시가 될 수 있었던 이유가 궁금해졌다.

공항에서 버스를 타고 스톡홀름 중앙역에 내렸을 때 우리에게 이방인이라는 느낌을 들게 한 것은 다름아닌 사람들이었다. 잡지 화보를 금방 찢고 나온 모델 같은 금발의 남녀들. 대충 걸친 옷과 가방을 들고 가는 모습들이 흡사 화보 촬영장을 방불케 했다. 지금까지 갔던 어떤 국제 도시에서도 느끼지 못한 이국적인 광경이었다.

걸어서 10분 거리에 있다는 호텔을 찾아가는 길은 스톡홀름 사람들만큼이나 낯설었다. 구글맵의 디지털 기술과 여행책자의 아날로그 기술을 총동원해봤지만 결국 30분을 중앙역 근처에서 헤매다 지하철을 이용할 수밖에 없었다. 스톡홀름의 지하철은 말 그대로 땅아래(地下) 기차였다. 큰 짐가방을 들고 끝없이 지하로 지하로 내려가는 계단. 겨우 한 정거장을 가기 위해 한 시간 넘게 허비한 셈이다. 숙소가 있는 Radhuset역에 도착해 무거운 가방을 끌고 지상으로 나왔을 때 도시엔 이미 잔잔하고 옅은 어둠이 깔리기 시작했다.

우리가 스톡홀름에서 묵게 될 Clarion Amarnatem 호텔 로비는 소박했지만 정갈했다. 방은 4성급 호텔에 어울리지 않게 너무 작았다. 가방 둘 곳을 찾기 힘들 정도였지만 우리 세 명이 지친 몸을 누이기에는 충분했다. 소박함에 오히려 정감이 갔다. 아침마다 조식을 먹었던 호텔 로비 옆 오픈식 뷔페 식당에는 늘 달콤한 빵 굽는 냄새가 났다. 빵을 좋아하지 않는 나조차도 행복해 지는 향기다. 4일을 이 호텔에 머물며 무던히도 많이 드나들었던 식당이다. 조식 때마다 늘 창가자리에 앉아 출근하는 동네 현지인들을 관찰하며 쉬는 자의 여유를 한껏 즐겼다. 지나놓고 생각해보니 식당은 물론이고 이 호텔에 동양인은 거의 우리 가족뿐이어서, 오히려 우리가 그들의 관찰 대상이었을지도 모르겠다.

첫날은 짐을 정리하고, 호텔 근처 식료품 점 쿱(Coop)에 들러 간단하게 저녁 간식거리를 장만했다. 중앙역에서 겪었던 무용담(?)을 안주 삼아 수다를 떨다 보니 어느새 밤 11시. 창밖은 여전히 환했다. 말로만 듣던 백야(白夜)였다. 백야는 낮 같은 밤이 아니었다. 새벽녘 일출 때 볼 수 있는 어스름한 불빛에 가까웠다.

잠이 오지 않았다. 문득 스웨덴 사람들은 백야를 어떻게 견뎌내는지 궁금해졌다. 우울증이 많을 거야. 빛이 부족해서 비타민D 보충제가 잘 팔리지 않을까? 여기서 치료용 조명기구를 개발해 팔면 대박이 날 거야. 북유럽 낭만의 도시 스톡홀름에서 헬스케어 비즈니스 아이디어를 생각하고 있는 내 모습에 헛웃음이 났다. 몸은 여행을 왔는데 머리는 사무실에 놓고 왔나 보다.

북유럽의 잠 못 드는 밤. 이렇게 나는 북유럽의 낯선 백야에 좀처럼 잠을 이루지 못했다. 밤이 깊어 갈수록 백야의 깊이도 깊어졌다.

밤이 깊어 갈수록 백야의 깊이도 깊어졌다.

## 여행의 참맛은 움직일 때가 아닌 멈출 때

우리 가족에게는 여행 원칙이 하나 있다. 한 도시에서 오래 머물기. 두 번째 안식월 휴가 때도 우리는 런던에서만 무려 15일을 보냈다. 런던 외곽 케임브리지에 잠깐 다녀온 것을 제외하고는 내내 런던 구석구석을 누볐다. '생활하지 않으면 여행이 아니다'라는 생각 때문이다. 여행은 멋진 건물을 보러 가는 것 만이 아니라, 그곳의 생활을 조금이나마 경험하러 가는 것이다.

이번 북유럽 여행 역시 10일 동안 스웨덴 스톡홀름과 핀란드 헬싱키만을 보기로 했다. 피요르드 해안에 대한 유혹도 있었지만, 멋진 경치보다는 그들의 소소한 생활과 그 공간이 궁금했다. 오늘은 스톡홀름의 대표적인 관광지인 구시가지 감라스탄을 찾기로 했다. 조식을 든든하게 챙겨 먹고 슈퍼마켓 쿱에 들러 과일, 생수, 간식을 챙긴 후 걸어서 시내로 향했다.

마음에 여유가 생겨서인지 어제는 보이지 않았던 풍경이 눈에 들어오기 시작했다. 거리를 오가는 다양한 인종의 사람들과 붉은색 버스, 이민자들이 운영한다는 스톡홀름의 거리 피자집, 길거리 곳곳에 위치한 아기자기한 디자인숍들, 한여름이지만 제법 한기가 느껴지는 선선한 날씨, 그리고 비가 오다가도 구름을 뚫고 눈부시게 내리 쬐는 강한 햇볕까지. 감라스탄 가는 길, 여유를 갖고 다시 보게 된 스톡홀름은 어제의 낯선 사람, 낯선 이질감과는 사뭇 다른 정겨운 풍경들이었다. 선입견을 갖고 세상을 바라보지 않기. 알게 되면 더 매력적인 사람들이 있듯, 세상은 알면 알수록 더 많은 것이 보이게 되는 것 같다.

아담한 구시가지 감라스탄은 하루에도 수십 번씩 다른 색깔로 빛났다. 북유럽의 베니스라는 칭호가 무색하지 않게 스톡홀름은 바다빛과 하늘빛과 형형색색의 건물빛이 어우러져 시시각각 다른 인상을 주었다. 특히 오래된 구시가지 감라스탄의 이런 모습은 흡사 인상파 화가들의 그림을 보는 듯했다. 우리에게 옛 것은 헌 것일뿐이다. 하지만 옛 것이 담고 있는 역사와 이야기는 시간이 흐를수록 더욱 힘을 갖는다. 오히려 새 것이 그 역사와 이야기를 담기 위해 얼마나 많은 세월을 필요로 할지를 생각하지 않을 때가 많다. 새 것과 큰 것에 집착하는 서울의 풍경과 옛 시간을 오롯이 품은 감라스탄의 풍경이 대비됐다.

감라스탄의 첫 방문지는 노벨 박물관. 김대중 대통령도 소개되어 있었다. 감옥에 계신 김 대통령의 서신과 김대통령을 위해 이휘호 여사가 직접 떠서 선물했던 덧신이 기증품으로 전시되어 있었다. 하나의 신념을 위해 인생과 목숨을 건다는 건 어떤 의미일까? 인생의 동반자와 그 어려움을 함께한다는 건 또 어떤 의미일까? 김대중 대통령의 옥중 서신과 이휘호 여사가 사랑하는 남편을 위해 마련한 남루한 덧신에서 대통령의 직함과 노벨상의 명성 뒤에 감춰진 따뜻한 부부애의 위대함을 엿볼 수 있었다. 우리 부부는 덧신에 얽힌 사연을 함께 읽으며 서로 손을 잡았다. 전혀 위대할 것 없는, 내세울 것 없는 소시민 남편과 어려운 시간을 같이 한 아내, 그리고 좀 더 가치 있는 회사를 만들고 그 신념을 지킬 수 있도록 독려하고 지원해준 아내가 고마웠다.

여행의 참맛은 움직일 때가 아닌 멈췄을 때라고 했던가. 구름 사이로 갑자기 따뜻한 햇볕이 쏟아지기 시작했다. 감라스탄을 감고 흐르는 바닷가 선착장 근처 벤치에서 우리는 길을 멈췄다. 멈추자 보이기 시작하는 갈매기 떼의 작은 움직임들, 멀리 점처럼 보이는 작은 배들의 행렬, 바닷물 위 잔잔하게 일어나는 파문, 스톡홀름 사람들의 바쁜 움직임, 여행자들의 웃음소리, 발길에 닿아서 반짝반짝 빛나는 보도 블록까지……

딸아이가 스마트폰으로 빅뱅 노래를 틀었다.(북유럽 한복판에서 빅뱅이라니.) 빅뱅의 도전적 가사와 음악조차도 감라스탄에서는 낭만적인 서정시가 되어 공기 중에 흩어졌다. 유난히 노래 듣기를 좋아하는 딸. 여행 내내 딸은 DJ 역할을 마다하지 않았다. 같은 풍경도 듣는 노래에 따라 감성이 달라지곤 했다. 음악이 가진 힘이다. 감라스탄의 고풍스러운 골목길, 화려한 왕궁, 멋진 보초병 교대식보다 바닷가에 앉아 아무런 생각 없이 가족이 함께 음악을 듣고 흥얼거리던 때가 지금 더 생각나는 것은 무슨 이유일까? 벤치 주위를 어슬렁거리는 갈매기가 음악을 들으며 스톡홀름 바닷가에서 게으름을 떨고 있는 우리 가족의 모습을 닮아 있었다.

감라스탄 지구에서 쇠데르말름(주거 지역)으로 이동했다. 아침 일찍 중앙역에서 스톡홀름 카드 3일권을 구매했기 때문에 관광지의 입장과 시내 교통수단을 부담 없이 이용할 수 있었다. 물론 스톡홀름 카드의 가격은 다소 부담스러웠지만. 버스 차장으로 스쳐가는 스톡홀름의 거리와 여름 풍광이 구름 사이로 다시 나온 햇볕을 받아 눈부셨다. 어디에 내리든 상관없었다. 우리가 보는 모든 것이 새로웠으니까.

지도를 들고 요즘 핫하다는 소포 지역의 '어반델리' 매장을 찾아나섰다. 어반델리는 질 좋은 식자재와 식사를 함께할 수 있는 곳이다. 언젠가 우리 회사도 건강한 식자재를 재배하고 유통하고 조리하는 일을 꼭 해보겠다는 명확한 신념이 있어 더욱 스톡홀름 사람들은 어떤 식사재를 이용하는지 알고 싶었다. 초행길, 특별한 이정표가 없는 주거 지역에서 어반델리 매장을 찾기는 의외로 쉽지 않았다. 조금 지쳐갈 때쯤 한적한 공간에 작은 공원이 나왔다. 스웨덴 가족들이 아이들과 시간을 보내고 있었다. 잔디밭에 앉아 물끄러미 아이들 노는 모습을 한참 동안 지켜봤다. 지구 반대편에서도 결국 살아가는 방식은 다르지 않구나 싶었다. 모두에게 행복의 조건은 다르겠지만, 공통분모는 결국 가족이다. 아이의 노는 모습을 바라보는 젊은 부부의 모습이 행복해 보였다.

가까스로 찾아간 어반델리. 조금 고급스런 슈퍼마켓이랄까? 간단한 요기를 할 수 있는 식당이 함께 붙어 있다는 것을 제외하고는 그리 특별할 것이 없었다. 한국 음식 코너도 마련되어 있었는데 현지 교민이 납품하는 것으로 보이는 고추장, 된장 등 장류 코너의 포장 디자인이 투박하면서도 예뻤다. 엄청나게 비싼 가격에 구입은 하지 못했지만, 스톡홀름에서 국산 자동차와 국산 스마트폰보다 국산(한국인이 만든) 고추장, 된장을 먼저 보게 된 셈이다.

근처 자그마한 잡화점 가게들을 우리 동네 산책하듯 하나하나 둘러보았다. 스웨덴 생활 디자인 제품의 특징을 살피며 수다를 떨다 보니 어느새 옅은 코발트빛 어스름이 도시에 내려앉기 시작했다.

## 부모는 아이의 마음을 모른다

하루 정도는 아이를 위해서(?) 박물관 투어를 하기로 했다. 스웨덴에 온 김에 내년이면 중학교에 입학할 아이의 세계사에 대한 학습 의욕을 북돋기 위한 부모의 욕심이 작용했다는 편이 더 맞겠다. 호텔에서 버스를 타고 세르옐 광장역으로 가서 트램을 탔다. 트램이 이국적 풍경을 자아내기도 했지만, 애초 머무는 동안 모든 스톡홀름의 교통수단을 이용해보자는 목표도 있었다. 오전 10시 전에 스칸센에 도착했다. 스칸센은 일종의 민속촌+동물원+수족관이 함께 어우러진 스웨덴의 야외 박물관이다. 천천히 걷고 쉬고 보고 먹으며 스칸센 전체를 둘러봤다.

8 411 62 19
Pass &
ID bilder
på minuten
INDISK

트램을 타고 다음 장소로 이동하는 동안 비가 내리기 시작했다. 수다스 럽던 우리 가족은 트램 창가에 부딪쳐 흘러내리는 빗방울 사이로 실록 이 아름다운 창밖 풍경을 말 없이 바라봤다. 비는 사람의 마음을 텅 비 게 하는 능력이 있다. 복잡한 고민들이 머리 속에서 사라진 무념의 상태. 아주 잠시지만 스톡홀름 트램 안에서 안식월이 선사한 진정한 선물을 받 은 느낌이었다.

비도 피할 겸, 지친 몸도 쉬게 할 겸 수상 레스토랑에서 스테이크와 피자 로 점심을 해결했다. 아침부터 서둘러서 딸이 살짝 지쳤었는데 역시 딸의 피로는 맛있는 고기로 해소된다. 나는 딸이 즐거워하는 것만 봐도 즐겁다.

삐삐랜드로 유명한 유니바켄까지 찾아갔으나 유아들에게 적합한 곳이라 는 여행 책자 문구를 발견하고는 나름 성숙한 어린이(초등학교 6학년) 축에 속하는 딸아이에게 맞지 않을 것 같아 건너 뛰기로 했다. 본인같이 큰 어 린이가 갈 곳은 아니라고 동의하면서도 내심 아쉬운 눈치다.

바사호 박물관은 현존하는 가장 오래된 전함으로 첫 항해 때 침몰한 원 형을 그대로 건물에 넣어 전시하고 있었다. 배 자체가 박물관인 셈이다. 길이 62m, 높이 50m, 배수량 1300t에 달한다. 전함이라고는 하지만 배 전체가 180개에 이르는 조각으로 장식돼 있다. 1628년 8월 10일, 437명 의 승무원을 태우고 스톡홀름 항구를 출발했지만 출항과 동시에 강풍을 만나 수심 32m에 가라앉았다. 배의 침몰 원인은 밝혀지지 않았지만 배 의 기능보다는 지나친 화려함으로 치장한 설계의 오류가 아닐까 싶었다. 이어 스웨덴의 생활문화를 전시한 문화사 박물관에 들렀다. 고풍스러운 대학교 건물을 보는 듯 멋진 외관을 자랑했다.

무리한 박물관 투어 때문인지 딸 아이의 몸 상태가 다시 좋지 않아 보였다. 사실 박물관 투어 내내 딸 아이는 별로 흥미 있어 하지 않았다. 점심 스테이크 메뉴에 잠시 열광한 것을 제외하고는 말이다. 우리는 이후 일정을 취소하고 숙소로 돌아왔다. 숙소에 도착하자 아이의 에너지가 되살아났다. 여느 때처럼 열정 가득한 DJ로 돌변한 아이는 스마트폰과 노트북에서 연실 노래를 선택해 들려줬다. 아이돌 스타의 동영상과 최근 소식을 우리에게 들려주며 기뻐했다. 컵라면을 손수 요리해주기도 했다. 어쩌면 아이에게는 엄마 아빠와 빈둥거리며 떠드는 수다가 박물관의 역사 이야기보다 더 재미있는 놀이가 아니었을까 싶다. 아이의 활기찬 모습을 바라보며 우리 부부는 피식 웃음이 나왔다.

격렬하게 아무것도 하지 않으며 아이와 호텔 침대 위에서 딩굴거리고 수다를 떨며 우리는 또 백야를 맞이했다.

## 해피앤딩, 아름다운 공동묘지를 걷다

워낙 계획 없이 즉흥적으로 여행지를 결정하기는 하지만 이번 스톡홀름 여행에서는 꼭 가고 싶었던 곳이 있었다. 다름아닌 우드랜드 공동묘지. 여행 전 블로그를 통해 알게 된 이곳은 공동묘지로는 특이하게도 유네스코 세계문화유산으로 등재된 곳이라는 점에 유독 마음이 끌렸다.

죽음은 인간에게 가장 중요한 주제다. 또한 가장 외면 받고 있는 주제이기도 하다. 공포, 우울, 슬픔이라는 죽음의 전형적 연상이 아닌, 아름다움과 안식으로 승화시켜 설계된 공동묘지. 거기에 더해 마침 회사에서 행복한 죽음, 건강한 죽음에 대한 책을 기획하고 있는 중이어서 더 가보고 싶었다.

우드랜드 공동묘지에 들러 잠시 죽음의 의미를 생각해본다

우드랜드 공동묘지는 스웨덴의 대표적인 건축가 레베렌츠가 설계했다. 이 공동묘지를 보고 감탄한 건축가 승효상 씨는 "죽은 자와 산 자가 함께 어울리는 공간"이라고 표현하기도 했다. 죽은 자와 산 자가 끊임없이 대화하고 교류하는 공간이며 스스로의 삶에 대해 자문하는 사유의 공간이자 인간에 대한 신의 축복을 주제로 하는 대건축이라 칭송했다. 공동묘지라는 선입견 때문일까, 시내에서 전철로 한참을 가야 하는 거리여서 일까. 우드랜드를 찾는 관광객은 많지 않았다. 동양인은 여기에도 우리 가족뿐이었다.

인적이 드물고 날씨도 흐릿해서 공동묘지를 방문하기는 안성맞춤이었다. 공동묘지에 들어서자마자 펼쳐진 푸른 언덕과 그 언덕에 작품처럼 십자가가 서 있었다. 언덕을 넘자 나타나는 빼곡한 숲과 길. 그리고 채 1평이 되지 않는 작은 공간에 서로 다른 사연을 갖고 예쁘게 꾸며진 묘비석들. 묘지라기 보다는 차라리 정원에 가까웠다. 전날 박물관 순례로 지치고 심심했을 딸아이를 생각해 소풍을 가듯 공원을 산책했다. 서로 다른 묘비석들이 간직하고 있을 사연을 서로 상상하며 묘지를 하나하나 감상했다.

자연의 일부인 인간도 결국 죽으면 자연으로 돌아가 이런 아름다운 숲을 만들 수 있구나 하는 생각이 들었다. 간간히 망자를 기리는 성묘객이 숲으로 사라졌다가 숲에서 나오는 모습이 반복됐다. 슬픔보다 아름다움이 느껴졌다. 묘지에 핀 꽃을 가꾸며 망자와의 아름다운 추억을 가꾸고 있으리라.

우리 가족은 벤치에 앉아 아침에 슈퍼에서 쇼핑해 가져온 과일, 샐러드, 빵을 먹으며 꽃이 되고, 나무가 되고, 돌이 되어 아름다운 숲을 이룬 그들과 잠시 함께했다.

## 안녕, 스웨덴, 안녕, 스톡홀름

며칠을 지내니 스톡홀름 시내 지도가 눈에 그려지기 시작했다. 호텔이 있는 동네에서 버스를 타고 시청사를 설계한 아스프룬드의 또 다른 건축물인 시립 도서관을 향해 출발했다. 도서관을 방문한 이유는 열람실의 구조가 원형으로 되어 있어 꼭 사진으로 담고 싶었기 때문이다. 아침 개장과 동시에 들어간 우리는 원형 도서관을 사진에 담기 위해 파노라마로 사진을 찍기 시작했다. 찰칵거리는 버튼 소리가 조용한 정막을 깨고 민폐를 끼치지나 않을까 조심스러웠다. 사각형 건물에서 벗어나지 못하는 우리나라의 건축물과 비교해 원형의 도서관은 책을 읽는 사람들에게 새로운 영감을 주기에 충분했다. 혁신은 굉장히 거창한 것처럼 보인다. 하지만, 실제로 실현된 결과물은 대부분 단순하다. 어쩌면 혁신은 시립 도서관처럼 매일매일 바라보던 사각형의 공간을 원형으로 새롭게 바라보기와 같이 일상 곳곳에 숨어있는 작은 것들 속에 있을 수도 있다.

시립 도서관 관람을 마치고 부지런히 시내 관광을 위해 도심으로 이동했다. 스톡홀름에 다시 비가 내리기 시작했다. 며칠간 너무도 익숙해진 스톡홀름의 비, 건물, 가게, 햇빛, 그리고 사람들.

스톡홀름카드의 제한 시간인 72시간이 다가오고 있었다.

책을 읽으러 가지 않아도, 책을 보러만 가도 좋은 시립 도서관, 격하게 부러운 장소다

## 헬싱키, 생각과는 너무도 다른 첫 인상

익숙해질 만하면 이별이다. 아쉬움이 많다는 건 그만큼 좋았다는 것. 스톡홀름을 떠나는 날 호텔 조식을 더 여유롭게 즐겼다. 창밖으로 지나가는 사람들 모두 한 번쯤 본 것 같은 느낌. 익숙해진 호텔 직원들과도 간단한 눈인사를 하며 체크아웃을 했다. 정들었던 숙소를 뒤로 하고 트렁크를 끌며 중앙역까지 도보로 이동했다.

공항 버스로 스톡홀름 아를란다(Arlanda) 공항에 도착해 다시 핀에어를 타고 헬싱키 반타(Vantaa)공항에 도착했다. 스톡홀름과 헬싱키 공항은 인천공항과는 비교가 되지 않을 정도로 작았다. 별다른 수속 절차도 없었고 짐을 검사하는 절차도 없어 당황스럽기까지 했다. 낯선 시스템 때문인지 짐을 찾아 헬싱키 시내로 향해야 하는데 환승하는 사람들을 따라 환승구 쪽으로 잘못 나가는 통에 공항에서 짐을 찾느라 한바탕 난리가 났다. 공항에서는 이런 일이 흔히 있는 일인 듯싶었다. 소비자 편의 시설은 대한민국이 최고라는 말을 되뇌며 허둥지둥 짐을 찾아 헬싱키 시내에 도착했다.

충격! 헬싱키 중앙역을 중심으로 들어선 건축물들은 우리가 러시아에 와 있는지 핀란드에 와 있는지 의심스러웠다. 산타크로스의 나라 핀란드. 디자인의 나라 핀란드. 아기자기한 건축물로 사랑스런 모습을 상상했지만, 헬싱키 시내의 건축물은 각지고 딱딱했다. 중앙역 한편을 차지하고 있는 대형 부조물은 러시아 혁명시대에나 볼 수 있음직한 작품 같았다. 사람들의 느낌과 생김새도 투박함이 느껴졌다. 그도 그럴 것이 핀란드는 우리 나라처럼 외세의 침입이 잦았다고 한다. 특히 스웨덴과 러시아의 식민지 경험으로 두 나라의 양식이 혼재돼 있다는 사실을 뒤늦게 알게 됐다.

중앙역에서 걸어 10분 거리에 위치한 소코스 헬싱키(Sokos Helsinki) 호텔로 향했다. 딱딱한 외관과는 달리 실내는 핀란드의 단순하고 소박한 디자인 감각이 곳곳에 배어 있는 방이었다. 비슷한 가격임에도 스톡홀름 호텔 방보다 더 크고 쾌적하고 예뻤다. 우리 가족은 환호에 가까운 반응을 보였다.

밖에서 찾지 못한 핀란드의 이미지를 호텔 방에서 찾은 느낌이랄까.

사실 핀란드 헬싱키는 북유럽 핀란드 디자인에 심취한 아내에게는 성지와 같은 곳이다. 실제로 헬싱키에서 지낸 며칠은 디자인 기행에 가까웠다.

첫날은 헬싱키 시내를 둘러 볼 요량이었다. 헬싱키는 중앙역을 중심으로 걸어서 사방 1시간 이내에 왠만한 곳은 갈 수 있을 정도로 작은 도시다. 시내만 놓고 본다면 도보로 사방 30분 이내에 중요한 관광지가 밀집되어 있다.

호텔 조식 후(국가가 바뀌어도 호텔 조식을 동일하다. 빵이 조금 더 딱딱해졌다는 것 빼고는) 첫날의 인지장애(?)를 극복하기 위해 시내 투어에 나섰다. 7월 헬싱키의 날씨는 청명하긴 했지만 여전히 쌀쌀했다. 숙소에서 걸어서 5분 정도 올라가니 헬싱키의 랜드마크인 대성당이 나왔다. 파란 하늘에 돔이 인상적인 하얀 건물의 대성당, 어떤 식으로 사진을 찍어도 예쁘게 나왔다.

파란 하늘에 돔이 인상적인

하얀 건물의 대성당,

어떤 식으로 사진을 찍어도 예쁘게 나왔다.

다시 5분을 더 걷다 보니 우리 가족이 좋아하는 마켓 광장이 나왔다. 노상을 가득 채운 먹거리와 기념품 노점들, 아침을 먹은 지 얼마 되지 않았는데도 불구하고 노상카페에서 커피와 도넛을 사서 현지인처럼 즐겼다. 신선한 과일도 지나칠 수 없어서 체리도 한 봉지 사고(해외만 나가면 체리홀릭이 된다), 핸드메이드 그림도 구매했다. 마켓에서 눈요기를 듬뿍하고 책자에 나와 있는 우스펜스키 사원으로 이동했다. 마켓 광장에서 바라다보이는 붉은색 벽돌이 인상적인 북유럽 최대의 러시아 정교 교회다. 교회 안에 들어서면 교회 신자와 관광객이 뒤섞여 묘한 분위기가 연출됐다. 조심스럽게 사진을 찍는 사람, 기도하는 사람, 건축물을 감상하는 사람, 의자에 걸터앉아 피곤함을 달래는 사람······.

먹방 투어 마켓 광장

우즈펜스키 사원을 나와서 도보로 다시 마켓 광장을 가로질러 에스플라나디 공원에 도착했다. 헬싱키 시내 중심에 위치한 아주 작은 공원이었다. 관광객, 현지인 할 것 없이 벤치에 앉아 망중한을 즐기고 있었다. 에스플라나디 공원은 우리 숙소 근처에 있었고, 이 모든 장소를 도는 데 1시간이 조금 넘는 시간을 소요했을 뿐이었다.

내친 김에 영화 〈카모메 식당〉에 나온 식당을 찾아 나서기로 했다. 물어 물어 어렵게 찾아갔지만 토요일엔 휴무. 오늘은 마침 토요일. 게다가 영화에 나온 대로 특별하지도 않은 그냥 헬싱키 변두리에 있는 작은 식당에 불과했다. 사진이라도 챙겨볼까 해서 카모메 식당 앞에서 사진을 찍고 있는데 멀리서 일본인 대학생 정도로 보이는 사람이 성큼성큼 다가왔다. 그 학생 역시 식당이 닫혀 있는 것을 보고 실망한 눈치다. 우리에게 이곳을 어떻게 오게 됐는지 물었다. 카모메 식당을 한국인이 알고 있다는 사실과 한국인이 영화 〈카모메 식당〉을 보았다는 것에 신기해 하며 다시 성큼성큼 사라지는 학생을 보며 왠지 친근감이 들었다. 일본은 우리에게 가깝지만 먼~나라임에 틀림없다. 하지만 가끔씩 어느 나라보다 가까운 느낌이 드는 건 어쩔 수가 없다.

다시 30~40분을 걸어 시내로 나온 우리는 스토크만 백화점에 들렀다. 매일 저녁 쇼핑을 하던 헬싱키 최대의 백화점이자 우리 가족의 식자재 공수 장소였다. 초코파이만 한 마카롱과 싱싱한 과일, 초밥, 로스트 치킨 등 핀란드에서 구할 수 있는 거의 모든 식재료가 모여 있는 듯했다.

생각보다 낯선 헬싱키의 첫 인상만큼이나, 생각보다 작은 도시 헬싱키에서의 하루는 별 감흥 없이 이렇게 저물어갔다.

## 북유럽 디자인에 푹 빠지다

아침부터 비가 추적추적 내리기 시작했다. 어제의 기억으로는 헬싱키 여행에서 얻을 게 별로 없을 것 같은, 약간의 불안감마저 들었다. 왠지 하루 만에 이 도시를 다 본 것 같은. 처량하게 내리는 빗줄기와 함께 그 불안감은 현실이 되는 듯했다. 우리는 근처 편의점에서 헬싱키 투어리스트 티켓 72시간권을 구매했다. 입장할 만한 관광지가 없을 것 같아서 교통카드만 구매한 것이다. 중앙역에서 트램을 탔다. 헬싱키 시내 전역에는 녹색 트램이 다녔는데 트램 자체가 헬싱키를 떠올리는 주요 이미지가 될 정도로 거미줄처럼 지역 구석구석을 연결해주고 있었다. 심지어 좁은 골목길까지 트램이 다닌다. 마치 자전거처럼.

오늘의 첫 목적지는 '아라비아 박물관'. 100년이 넘는 핀란드의 대표적인 도자기 브랜드인 아라비아를 구경하고 아라비아 팩토리에서 쇼핑을 하기 위해서였다. 또한 헬싱키의 알토 디자인 대학이 가까이 위치해 있다고 해서 디자이너를 꿈꾸는(아니 딸은 알아서 하겠다하고 우리 부부만 그냥 일방적으로 바라기만 하는) 딸 아이에게 대학을 구경시켜주고 싶었다. 트램을 타고 20여 분을 가야 하는 제법 먼 거리에 있었지만, 그만한 값어치를 했다. 북유럽 여행을 하면서 먹는 거 외에는 거의 쇼핑을 하지 않았지만, 아라비아 팩토리의 심플한 생활 디자인 제품들을 보는 순간 지름신이 강령하기 시작했다. 최근 도예를 배우며 그릇에 관심이 부쩍 생긴 아내는 그 큰 공장형 매장을 통째로 한국으로 가져가고 싶다는 격한 표현을 쓰기까지 했다. 정갈한 디자인의 식기들이 눈에 띄었다. 아내와 딸 아이는 모처럼 쇼핑을 즐기는 것 같았다. 얼마 후 우리는 지인들과 가족들의 기념품을 양손에 잔뜩 안고(그릇이 대부분이어서 무게만 나갔지 실제로는 몇 점 되지 않았다) 트램에 오르게 됐고, 너무 무거워 잠시 호텔에 들려야만 했다.

아라비아 박물관이 생활 디자인의 정수였다면, 테펠리아우키오 교회(일명 암석교회)는 핀란드 건축 디자인의 정수를 보여주었다. 트램으로 시내에서 채 5분을 가지 않은 곳에 위치한 언덕길 작은 교회. 커다란 암석의 원형을 최대한 보존하면서 교회건물을 세웠다는데 실제로 커다란 동굴 속에 들어가는 느낌이었다. 유명한 관광지라지만 동네 주민들이 사랑하는 교회이기도 했다. 교회에는 엄숙함이 묻어났다. 보여주기 위한 관광지가 아니라 보고 싶어 찾아가게 만드는 관광지. 북유럽의 관광지들은 인위적이거나 가식적이지 않고 상업적이지 않아서 더 매력이 있었다.

파노라마 사진에 몰래 담아온 교회의 모습. 스톡홀름의 시립 도서관처럼 원형 공간이라 사진에 욕심을 냈다. 입장료는 무료인데 기부금을 받았다. 있던 동전을 모두 긁어 보았다. 전혀 아깝지 않았다. 우리는 교회 벤치에 앉아 서로 아무 말도 하지 않으며 한참을 분위기에 취해 있었다. 거대하고 화려한 대성당에 있을 때보다 더 큰 마음의 울림이 있었다. 아마도 이 교회가 대중의 생활과 유리되어 있는 장소가 아닌, 평범한 사람들이 쉽게 찾을 수 있는 동네에 깊숙이 내려와 있기 때문이었을 것이다.

원형의 암석 교회를 카메라로 다 담을 수 없어 아쉽기만 하다

스톡홀름의 일정이 약간은 빡빡해서 헬싱키에서는 하루에 두 곳 이상을 보지 않기로 했다. 좀 더 느긋하게 여행을 즐기고 싶어서였다. 남들이 전혀 관심을 갖지 않는 버스 정류장과 핀란드 사람들의 일상이 숨 쉬는 길 위에서 우리 가족은 연신 사진을 찍어댔다. 평범한 길거리 위에서도 이렇게 즐거울 수 있다는 것에 다시 한 번 놀랐다. 이렇게 버스 안에서 음악을 듣고, 수다를 떨며 저녁은 또 스토크만 백화점 식당가에서 파스타로 해결했다.

핀란드가 헬싱키가 점점 좋아지기 시작했다. 그만큼 우리 가족도 더 가까워지고 있었다.

## 수오멘리나 섬, 딸의 수다가 많아졌다

어제와 달리 화창해진 날씨. 호텔에서 마켓 광장까지 도보로 가서 페리로 15분 거리에 있는 수오멘리나 섬에 가기로 했다. 보통은 스톡홀름에서 헬싱키로 이동을 할 때 대형 페리를 이용하는 것이 일반적이다. 하지만, 아내가 세월호 참사의 악몽이 생각난다며 극구 만류한 끝에 우리는 비행기로 이동했고, 페리를 타지 못한 아쉬움은 수오멘린나 섬에 가는 배를 타는 것으로 보상 받기로 했다.

수오멘리나 섬은 핀란드 남해안을 지키는 요새였다고 하는데 4개의 섬으로 이루어져 있고 각각의 섬은 다리로 연결되어 있다. 유네스코 세계유산에도 등재되어 있는, 전쟁을 겪은 요새지만 지금은 현지인과 관광객을 위한 공원처럼 보였다. 전쟁을 다룬 박물관, 대포, 교회 등 유적이 남아있다. 바다에서 바라본 헬싱키 시내가 까마득하게 보였다.

섬에 도착하자마자 우리는 배를 함께 타고 온 관광객들의 일반적인 동선과 다른 길을 택했다. 모처럼 화창한 날씨, 우리는 애초 섬 구경보다는 섬의 아름다운 풍광 속에서 유유히 산책을 할 심산이었다. 벤치에 앉아 바다 풍광을 감상하며 그 동네 오리가족들과 대화를 나눴다.

딸의 수다가 많아졌다. 즐겁다는 신호다. 학교 친구 이야기를 쏟아낸다. 평소 차도녀(차가운 도시여자)의 이미지와는 어울리지 않게 들꽃들의 이름을 묻는다. 딸이 행복해 보였다.

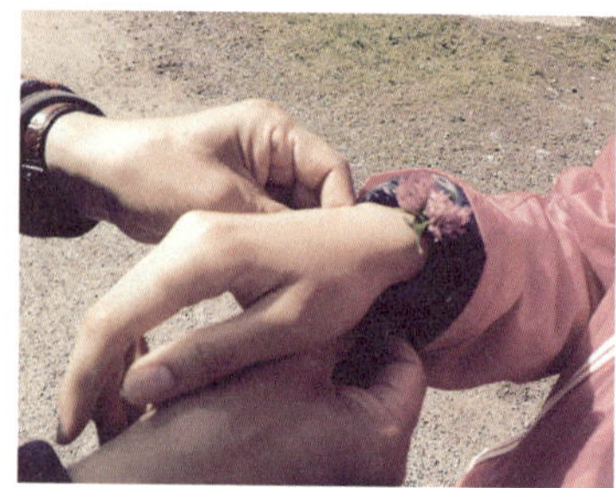

요새에서 망중한을 보낸 후 다시 헬싱키 시내로 돌아왔다. 선착장 근처에 위치한 마켓 광장에서 점심 겸 햄버거와 해물볶음밥을 먹고 잠시 호텔로 들어가 휴식을 취했다. 중심가에 호텔이 있어 가능한 일정이었다. 관광하다가 중간중간 호텔에서 쉴 수 있었고, 이건 딸아이의 컨디션을 조절할 수 있는 좋은 방법이었다. 오후엔 시벨리우스 공원에 가보기로 했으나 딸아이는 호텔방이 마음에 들었는지, 피곤하다며 호텔에서 혼자 남아 쉬겠다고 했다. 아이가 초등학교 6학년이 되니 혼자 두고도 부부가 여행을 나갈 수 있어 다행이기도 하고, 약간 서운하기도 했다.

심심해 할 딸아이에게 노트북을 통째로 안겨주고 부부가 오붓하게 버스를 타고 시벨리우스 공원으로 향했다. 핀란드의 대표적인 작곡가, 시벨리우스를 기념하는 공원인데 스테인레스 파이프 기념비와 시벨리우스의 초상 오브제가 유명한 곳이다.

시벨리우스 공원을 둘러보고 있을 때 익숙한 한국어가 들렸다. 버스를 타고 내려 후다닥 사진을 찍고 돌아가는 패키지로 오신 한국인 어르신 관광객들이었다. 모두가 유쾌한 얼굴들이셨다. 아마 왠만한 유럽 여행을 하셨기에 북유럽까지 오셨으리라는 생각과 너무 짧게 관광지에서 사진만 찍고 가는 모습에 왠지 아쉬움이 교차하기도 했다. 사진만 남을 텐데. 정말 사진만. 아닌가 즐거운 표정이셨으니 즐거움이 남으려나.

시벨리우스 공원 뒤쪽은 해안가를 접하고 있다. 벤치에 앉았다. 헬싱키의 새와 헬싱키의 하늘이 한눈에 들어왔다. 이제 곧 중학생이 될 딸아이의 미래, 초보 엄마로서 쉽지만은 않았던 순간들, 회사의 미래, 그리고 우리 부부가 함께했던 이십 년의 추억들……. 우리 부부는 서로의 속마음을 털어놓으며 서로를 다독일 수 있었다. 이야기를 하다 보면 이야기했다는 자체만으로 문제가 사라질 때도 있다. 여행은 삶을 관조적으로 바라보게 하는 힘이 있다. 그래서 복잡할 때 여행을 떠나나 보다. 우리 부부는 소박하지만 행복한 우리 가족의 청사진을 마음에 담을 수 있었다.

걷는 것보다 앉아 쉬다 보면

우연치 않게 추억의 장소를 남기게 된다.

## 핀란드의 에버랜드에 가다

아침부터 아내는 마리메코 아울렛에 갈 생각에 신이 난듯했다.

핀란드 브랜드 중에서도 아내가 가장 사랑하는 브랜드다. 마리메코는 핀란드를 대표하는 라이프스타일 회사로 화려한 색상과 패턴이 인상적이다. 시내 곳곳에도 마리메코 매장이 있지만 비싼 편이라 아웃렛까지 가야 원없이 쇼핑이 가능하다. 숙녀복, 식기, 패브릭에 생활용품 전반에 걸쳐 분야를 점차 넓혀가는 중이다.

호텔 조식 후 처음으로 지하철을 타고 마리메코 아웃렛으로 향했다. 오렌지색 지하철이 매우 세련돼 보였다. 오전 10시 개장 전 벌써 많은 수의 일본인들이 매장 앞을 서성이고 있었다. 10시 개장에 맞춰 입장. 아내는 쇼핑 중, 딸아이와 나는 마리메코 카페에서 간식을 시켜 먹으며 아내를 기다렸다. 1층 매장과는 달리 2층은 마리메코 디자이너들이 상주하는 듯했다. 기다리는 동안 동양인 디자이너인 듯싶은 직원들이 간간이 눈에 띄었다. 그림 그리기를 좋아하는 딸아이가 나중에 의상 디자인을 전공했으면 하는 마음이 들었다. 어디를 가나 무엇을 보나 딸아이 생각뿐이다.

우리나라에도 마리메코처럼 국가를 상징하는 디자인이나 브랜드가 있으면 관광 상품으로 좋을 것 같았다. 한국에 와서 명품을 사는 것이 아니라 한국에서만 더 특별하게 구매할 수 있는 브랜드가 있다면 더 특별할 것 같다는 생각을 마리메코 브랜드를 보며 느끼게 됐다.

오후에는 린난매키라는 헬싱키 현지인들이 가는 놀이공원에 들렀다. 딸아이가 선택한 여정이다. 린난매키는 헬싱키 시내에 위치해 있다. 아마 동양인은 우리 가족뿐인 듯 현지인들이 우리를 이상하게 바라보는 것 같았다. 관광객이 거의 없는 현지인들의 장소, 가족 단위로 놀러 나온 사람들로 가득했다. 놀이기구를 무서워하는 아내를 혼자 두고, 딸아이와 나는 신기한 듯 두려운 듯 놀이동산의 탈거리를 찾아다녔다. 우리나라보다 더 스릴 있고 신기한 놀이기구가 많아서 놀이기구 자체를 구경하는 것만으로도 재미있었다.

핀란드표 자이로드롭에 딸아이와 함께 올랐다. 헬싱키 시내가 한눈에 들어왔다. 딸과 함께 있어 더 행복했다. 감상도 잠시뿐. 급강하하는 자이로드롭에 혼이 빠져나갈 것 같았다. 놀이기구에서 내려온 나는 초등학교 6학년 딸과 똑같은 수준으로 호들갑을 떨어댔다. 체면을 차릴 필요도 신경 쓸 사람도 없다는 것이 이렇게 좋을 줄이야. 딸 아이는 그 흥분된 경험을 엄마에게 이야기하며 정말 신이 나 있었다.

헬싱키에서의 공식 일정이 이렇게 마무리 되어가고 있었다.

## 안녕, 핀란드, 안녕, 헬싱키

이번 가족 여행의 마지막 날이다. 비행기는 오후 5시 30분 출발 예정이라 호텔 조식 후 짐을 싸서 프론트에 맡겨놓고 오전 일정을 진행하기로 했다. 언제 다시 올지 모를 곳이라는 생각에 떠나기도 전에 아쉬움이 밀려왔다.

오전에는 숙소 근처에 있는 키아즈마 미술관에 들렀다. 블로그에서 본 독특한 미로 같은 내부 구조를 직접 보고 싶기도 했고, 한 도시, 한 미술관 관람을 지키기 위해서 선택한 여정이었다. 현대 작가들의 재기발랄한 아이디어로 가득했다. 마이클 잭슨을 기리는 전시가 기억에 남는다. 천국에 있는 마이클 잭슨이 자신을 사랑하는 팬들에게 못다한 이야기를 하기 위해 다시 현세에 나타나서 인터뷰하는 영상이었다. 마이클 잭슨의 목소리와 매우 유사하게 제작해서 마치 실제 같은 느낌이 들었다. 세상을 이별한 마이클 잭슨을 헬싱키라는 전혀 관계없을 것 같은 곳에서 만나다니…….

오후 자투리 시간을 활용해 호텔 근처에 있는 핀란드를 대표하는 파체르 초콜릿 카페에도 들렀다. 1891년 창업한 회사의 본점으로 내부가 문화재로 지정되어있다고 한다. 우리 나라를 대표하는 초콜릿 브랜드는 뭘까? 가나 초코렛? 아니 100년을 넘긴 우리 나라 브랜드는 몇 개나 될까. 역사가 될 만한 브랜드가 된다는 것이 쉬운 건 아니다. 제품이 아니라 상징이 되어야 하기 때문일 것이다. 그런 브랜드를 만드는 것. 모든 마케터의 꿈이 아닐까.

짐을 챙겨 공항으로 향하는 버스 창밖, 헬싱키의 풍경이 정겹게 느껴졌다.

모두에게 행복의 조건은 다르겠지만,

공통분모는 결국 가족이다.

### ① 7월 북유럽에서의 의상

날씨가 변화무쌍해서 여름 옷들과 함께 얇은 패딩이랑 스카프 그리고 긴바지를 챙겨야 한다. 그렇지 않다면 북유럽의 무시무시한 물가에도 불구하고 현지에서 따뜻한 옷을 구입해야 할지 모른다.

### ② 여행지 관광패스 활용하기

스톡홀름에서는 머무는 일정에 따라 다를 수 있지만 3일 이상 체류한다면 스톡홀름 패스 구매를 추천한다 (교통패스 포함 가능) 그렇지 않다면 걷기엔 애매하게 넓은 관광지를 돌 때마다 돈 주고 교통수단을 이용하기엔 손이 떨린다. 하지만 비싼 패스를 구입하고 나면 정신없이 바쁘게 일정을 소화하게 되는 부작용은 있으니 여행 일정과 여행 경비 그리고 여행 스타일에 따라 결정하면 좋을 것 같다.

### ③ 박물관 투어 티켓 활용하기

핀란드 헬싱키에서 아라비아 공장의 박물관을 투어하고 나면 그 티겟으로 1층 매장 10% 할인이 되니 챙기자. 우리는 구매 완료하고 호텔에 도착해서야 알아버렸다.

### ④ 스토크만 백화점

핀란드 헬싱키의 스토크만 백화점 식료품 매장은 먹거리 천국이다. 질도 좋고 가격도 사 먹는 것 대비 저렴하니 식사를 여기에서 해결하는 것도 좋다. 또한 생필품코너에 가면 선물용으로 좋은 상품들이 많으니 유용하다. 우리 가족은 무민치약과 무민껌을 참 많이도 사왔다.

## 대표가 한 달 동안 자리를 비운다고?

주로 다국적 회사의 **PR** 일을 오랫 동안 해오면서 많은 외국인 **CEO**들이 한 달 가까이 여름휴가를 떠나는 것을 봐 왔다. 휴가 중에는 가능한 연락을 하지 말라는 지침까지 내리면서 말이다.

대표가 한 달이나 자리를 비운다고?

한국인의 시각으로는 좀처럼 이해가 되지 않았다. 하지만, 대표야말로 휴식이 필요하다는 것을 사업을 시작하고 나서야 절실히 느낄 수 있었다. 사업이 잘될 때도, 잘되지 않을 때도, 깨어 있을 때도, 잠이 들어 있을 때도 회사 걱정이 머리에서 떠나질 않았다. 사업 초기에는 이대로 가다가는 쓰러질 수도 있겠다는 생각을 한 적도 있다. 직원 시절 별일 하지 않는 것처럼 보였던 사장님이 얼마나 힘들었을지 내가 사장이 된 후 조금은 이해가 갔다.

비워야 채울 수 있다는 평범한 진리.

그 진리를 안식월이라는 제도로 실천해보기로 마음먹었다. 그러려면 대표를 비롯한 회사의 중요한 누군가가 한 달간 휴가를 떠나도 안정감 있는 회사여야 했다. 회사는 특정인의 힘이 아닌 구성원 모두의 힘으로 돌아간다는 것을 보여주기 위해 시스템이 돌아가는 회사 만들기에 들어갔다. 대표가 한 달쯤 자리를 비워도 전혀 지장 없는 단단한 회사. 구성원이 함께 빛나는 회사.

3번씩이나 안식월 휴가를 다녀왔는데도 회사가 별 문제 없이 여전히 건재한 걸 보니 어느 정도 목표를 성취한 것도 같다. 아니 벌써 40번 째 안식월 휴가가 진행중이니 안정기에 들어선 것 같다. 동료가 안식월을 떠났을 때 다른 동료가 열심히 해줬기 때문에 가능했던 일일 것이다. 함께 노력해준 결과다.

가끔 신입 직원 면접을 볼 때 지원자들이 우리 회사는 복지가 좋은 것 같아 지원했다는 말을 적지 않게 듣는다. 그때마다 해주는 말이 있다.

"회사가 왜 그런 다양한 복지 제도를 만들었을까요? 그만큼 커뮤니케이션 업무가 스트레스 강도가 높고 지치기 쉽기 때문입니다."

커뮤니케이션(소통). 요즘 가장 흔히 듣는 말 중에 하나지만 얼마나 실천하기 어려운 말인가. 커뮤니케이션은 천의 얼굴을 한 사람과 사람들 간에 일어나는 이슈를 관리하고 조정하는 일이다. 피곤하고 어려울 수밖에 없다. 심지어 그 방법을 컨설팅 해야 한다니.

이런 스트레스 많은 일의 특성 때문일까
안식월을 가는 대부분의 직원들은


· 가능한 먼 곳으로 떠나기
· 한곳에 오래 머물기
· 계획을 미리 세우지 말기
· 한껏 게을러지기


급변하고, 바쁜 커뮤니케이션의 고유한 특성과는 사뭇 다른 한 달을 보
내기를 희망한다.


안식월은 단순히 그냥 주어진 한 달간의 휴식이 아니다. 전문가로 성장하
기 위해 치열하게 노력한 사람들, 창조적 해법을 찾기 위해 매진한 사람들
에게 주어진 위로의 선물이다.


3년을 열심히 달려온 당신
당신은 한 달의 휴가를 즐길 자격이 있습니다.


푹 쉬다 오세요.


엔자임헬스 대표 김동석

# 직장인의 한 달 휴가


| | |
|---|---|
| **초판 1쇄 발행** | 2017년 1월 2일 |
| **2쇄 발행** | 2017년 7월 1일 |
| **지은이** | 조민희·서민경·강현우·류정민·이현선 |
| | 김지연·유혜영·장은영·이미진·김동석 |
| **펴낸곳** | 엔자임헬스(주) |
| **펴낸이** | 김동석 |
| **기획** | 유혜미 |
| **편집** | 박혜미 |
| **디자인** | 송하현·이아름·백목련·안수지 |
| **경영지원** | 이현선 |

| | |
|---|---|
| **등록** | 2008년 7월 29일(제301-2008-143호) |
| **주소** | 서울특별시 중구 서소문로 11길 50 신아빌딩 5층 (04515) |
| **전화** | 02.318.5840 |
| **팩스** | 02.318.5841 |
| **홈페이지** | www.enzaim.co.kr |
| **블로그** | blog.naver.com/enzaims |
| **포스트** | post.naver.com/enzaims |

| | |
|---|---|
| **ISBN** | 979-11-952401-3-5 13980 |





이 도서의 국립중앙도서관 출판예정도서목록(CIP)은 서지정보유통지원시스템 홈페이지(http://seoji.nl.go.kr)와

국가자료공동목록시스템(http://www.nl.go.kr/kolisnet)에서 이용하실 수 있습니다.(CIP제어번호: CIP2016030481)